U0170394

微电网与智慧能源丛书

能源互联系统的最优控制与安全运行

张化光　孙秋野　著

科学出版社

北　京

内 容 简 介

本书是作者及其研究团队多年来在能源互联系统研究领域理论成果及工程经验的集成。本书试图在总结能源互联系统研究工作的基础上，借助自适应动态规划方法，对能源互联系统的最优控制与安全运行问题加以深入研究，建立起适用于实际复杂控制场景的自学习最优协同控制基础理论和综合检测方法。本书对综合能源系统领域的调压调频、优化调度、故障检测、运行状态实时监测等问题具有指导、借鉴作用。

本书内容全面、实用性强，既可作为大专院校电气工程类、控制工程类、能源动力类专业的研究生教材，也可作为能源互联系统运行调控专业技术人员的参考用书。

图书在版编目(CIP)数据

能源互联系统的最优控制与安全运行 / 张化光，孙秋野著. —北京：科学出版社，2022.7

(微电网与智慧能源丛书)

ISBN 978-7-03-072705-3

Ⅰ. ①能… Ⅱ. ①张… ②孙… Ⅲ. ①能源管理-互联连续系统-研究 Ⅳ. ①TK018

中国版本图书馆CIP数据核字(2022)第118283号

责任编辑：范运年 / 责任校对：王萌萌
责任印制：师艳茹 / 封面设计：赫 健

科 学 出 版 社 出版
北京东黄城根北街 16 号
邮政编码：100717
http://www.sciencep.com
涿州市般润文化传播有限公司 印刷
科学出版社发行 各地新华书店经销
*
2022 年 7 月第 一 版 开本：720 × 1000 1/16
2024 年 1 月第二次印刷 印张：16 1/2
字数：330 000
定价：138.00 元
(如有印装质量问题，我社负责调换)

丛书编委会

学术顾问：杨学军　罗　安　余贻鑫

主　　编：王成山

执行主编：张　涛

副 主 编：韦　巍　陈燕东

编　　委(按姓氏拼音)：

曹军威　慈　松　郭　力　贾宏杰

华昊辰　雷洪涛　李霞林　刘亚杰

彭勇刚　帅智康　孙　凯　谭　貌

王　锐　夏杨红　张化光

"微电网与智慧能源丛书"序

　　微电网是由分布式电源、储能系统、能量转换装置、监控和保护装置、负荷等汇集而成的小型发、配、用电系统，是具备自我控制和能量管理能力的自治系统，既可以与外部电网并网运行，也可以独立运行，可用于有效解决海岛、高原等偏远地区供电问题，也可以克服大规模分布式能源接入对电网运行造成的不利影响，是我国未来新型电力系统建设的重要组成部分。同时，随着人工智能时代的到来，互联网、信息技术将与能源系统高度融合，大幅提高能源系统智慧化水平，这将为能源转型发展带来新的契机。

　　在国家 973、863 和重点研发计划等项目支持下，近十年我国微电网和智慧能源技术迅猛发展。为推动技术落地，《关于推进新能源微电网示范项目建设的指导意见》和《关于推进"互联网+"智慧能源发展的指导意见》等文件相继发布，通过相关支持政策的制订，推动了微电网和智慧能源技术的广泛应用，已成功建成一批适应各种场景需求的微电网和智慧能源系统实际工程。

　　在技术发展与工程实施过程中，一些大学、科研单位和企业取得了大量研究成果，部分技术已经走在了国际前列。为促进微电网和智慧能源领域技术研究和应用的持续发展，推动相关领域优秀科研成果与技术的广泛应用，我们策划并组织了"微电网与智慧能源丛书"。值得欣慰的是，这一丛书还入选了科学出版社2021 年度的重大出版项目。

　　丛书围绕微电网与智慧能源的基础理论和关键技术，结合已经完成或正在实施的相关领域国家重大研究项目前沿课题，以一线科研人员的优秀成果为依托，分成微电网技术基础、规划设计、保护控制、能量管理、经济运行与智慧能源等部分，力求反映我国微电网与智慧能源领域最新的研究成果，突出科研工作的自主创新性，旨在为学科发展和人才培养贡献力量。

　　相信丛书的出版将为我国大规模分布式能源的智慧化应用发挥积极的推动作用，助力科研工作更好地为国家能源战略需求服务。

2022 年 4 月 12 日

序

　　能源互联系统是以可再生能源为主导、以油气化石能源为支撑、以稳定安全可靠的线路/管道输送为载体的多类型供需用户一体化双向运行的多能互补网络。

　　在协同推进能源低碳转型与安全供给保障需求背景下，能源互联系统是构建我国现代能源体系的关键一环。为了实现国家"双碳"重大战略目标，全面推动能源供给运行模式和技术创新，加强系统内源网荷储多环节互动，提升生产运行全过程调控的网络化、数字化、智能化水平至关重要。能源互联系统包含电、热、油、气等多种能源形式，其通过电力线路和油气管道相互连接并产生交互行为，并且将海量数据信息分享给能源生产者与消费者，实现广泛领域内数据的沟通与互联，从而达到盘活闲置资源、能源有效配置的目的。

　　伴随着现代能源产业绿色发展的新格局，可再生能源高速发展、终端用能的多样化需求使得能源生产、分配及消费形式发生根本性变革，新一代信息技术与能源系统的深度融合，呈现出信能融合、时空异步、分布协调、智能共享等新态势。高度融合的"物质流、信息流和能量流"为系统运行控制带来便利的同时，使得管道传输引发的安全风险会通过多种类型的耦合设备传递到其余能源互联系统，进而导致系统内源荷波动性、时空随机性和控制复杂性愈发显著，最终影响整个系统的优化运行控制与安全可靠运行。

　　能源互联系统安全优化运行技术的深入研究对于实现能源系统的网络化、数字化、智能化意义重大，其科技挑战难题是如何保证以电力线路为纽带的快动态系统运行的稳定性和以管道传输为纽带的慢动态系统的安全性。能源互联系统是通过输电网络、管道网络等将不同能源耦合联结而形成的大规模复杂互联系统，一方面，其具有状态变量高维多尺度、多优化目标相互冲突、子系统之间动态强耦合的特点导致难以采用已有的最优控制理论与技术来实现能源互联系统的协同优化运行控制。另一方面，整个能源系统受到来自网内和网间多利益主体指标的引导并伴随有多异质能源的动态交互影响，导致其全局最优协同控制问题更为复杂。

　　张化光教授及其团队从事能源互联系统的最优控制与安全运行的研究30余年，取得了系统性的创新成果。相关成果分别获得了国家自然科学奖二等奖、国家技术发明奖二等奖、国家科学技术进步奖二等奖，并已在国家电网、中石化、中海油等国内外大型能源企业成功应用，取得了显著的经济效益和社会效益，为能源互联系统的节能降耗、安全运行做出了重要贡献。目前张化光教授作为项目负责人承担了以能源互联系统为主要研究对象的国家重点研发计划变革性项目"分布式信息能源系统的智能进化机理和设计"。该项目针对复杂环境下电、气(油)、热、冷等多种分布式异质异构能源的多尺度动态特性难以智能检测和多分布式异构体难以优化协同控制两大核心科学难题开展研究,建立了适用于实际复杂场景的自学习最优协同控制和综合检测的理论与方法,并成功应用,实现了开放条件下的能源系统安全稳定与优化运行。

　　本书是张化光教授及团队关于能源互联系统最优控制与安全运行问题的理论与技术成果总结。书中详细介绍了自适应动态规划最优控制基础理论、能源互联系统动态特性描述方法、分布式能源最优协同控制技术以及管道实时监测和健康状态评估理论体系等。我相信,书中介绍的成果对于推动我国能源互联系统的网络化、数字化、智能化研究与应用,促进能源系统转型升级以及"双碳"目标的实现都将起到有益作用。希望本书的出版能够给读者带来更多的启发与收获,并激发各界同仁投身我国能源系统网络化、数字化、智能化建设的热情。

中国工程院院士

东北大学流程工业综合自动化国家重点实验室主任

前　言

近年来，作为能源领域革命的核心研究方向之一，能源互联系统得到了广泛关注。能源互联系统是指由电能网络、油气网络、智能调控单元、能源负荷单元(包括供冷/热网络)构成的区域能源网络系统。多种能源通过电力网络和管道网络相互连接并产生交互行为。其中，电力系统的暂态响应时间普遍在毫秒级以下，是典型的快动态系统；而热、冷、气系统的动态响应时间则在分钟/小时级以上，是典型的慢动态系统。整个能源互联系统具备多时间尺度特征且差异巨大，并伴随强交互影响行为和长时演化等特征，实现其全局最优协同控制与安全运行十分困难。

近十年来，尽管能源互联系统在理论及应用上都有一定发展，但仍缺乏一本系统研究能源互联系统最优控制及安全运行问题的专著。本书作者针对复杂环境下电、气(油)、热、冷等多种分布式异质异构能源的多尺度动态特性难以智能检测，以及多分布式异构体难以优化协同控制的能源互联系统研究领域两大核心难题，建立了适用于实际复杂控制场景的自学习最优协同控制基础理论和综合检测方法。本书是作者多年来在能源互联系统研究领域理论与技术成果的系统总结，包含了以自适应动态规划理论、智能监测技术为基础，以解决能源互联系统的最优控制与安全运行问题为动力，而形成的新型能源优化调控体系。

全书共分为8章。第1章阐述能源互联系统对于国民经济和社会发展，尤其是实现"双碳"目标的重要意义，随后简要介绍自适应动态规划方法的理论基础及发展情况。第2章建立能源互联系统的节点静态模型及能源互联区域网系统动态模型。第3章重构油气管网内流体实测数据相空间，证实输油管道内流体数据序列的混沌特性。第4章给出自适应动态规划方法的算法原理与具体计算步骤。第5章借助自适应动态规划方法，提出利用混沌初值敏感性实现的管道微弱泄漏检测方法。第6章构建异构场耦合模型，建立用于全管网高精度内检测的异构神经网络反演方法。第7章借助自适应动态规划方法，实现虚拟同步发电机的参数设计和二次频率控制。第8章提出基于自适应动态规划方法的能源网络电流均衡和电压恢复控制策略。

本书由张化光、孙秋野共同撰写，其中，第1、3、4、5、6章由张化光撰写，第2、7、8章由孙秋野撰写，全书最后由张化光统稿。另有学生王睿、苏涵光、胡旭光参与了本书内公式的校订工作。

本书的主要创新体现在以下三点。①提出了能源互联系统的动态特性描述方法，建立了分布式能源最优协同控制技术，解决了复杂工况下多能配网频率/电压全局优化致稳控制的重大行业难题。②提出了实时混沌检测理论和异构场新概念，创立了管道微弱泄漏报警新方法，报警灵敏度和定位精度比已有方法有了大幅度提高，解决了威胁我国能源安全的"卡脖子"难题。③发现了多动态同胚压缩原理，建立了自适应动态规划最优控制核心方法，奠定了能源互联系统最优协同控制的基础理论。

本书的编撰工作得到了国家重点研发计划变革性课题项目（2018YFA0702200）的资助。特此向一直以来支持与关心作者研究工作的所有单位和个人表示衷心的感谢，特别感谢柴天佑院士为本书作序，同时感谢出版界同仁为本书出版付出的辛勤劳动。书中有部分内容参考了有关单位或个人的研究成果，均已在参考文献中列出，在此一并感谢。

本书聚焦于能源互联系统的最优控制及安全运行问题，对相关领域知识难免有所疏漏，加之水平所限，虽几经订正，书中不足之处在所难免，欢迎广大读者不吝赐教。

作　者

2022 年 3 月 10 日

目　录

第 1 章　能源互联系统概述

1.1　能源系统与双碳战略

能源对于全球经济社会的发展具有重要的推动意义,与人类社会、经济、文化等各个方面都有着密切的联系。每一次人类社会的变革都伴随着能源的发展,新型能源的利用推动经济社会从第一次工业革命、第二次工业革命直到现在的第三次工业革命。人类的需求导致对社会经济发展的要求越来越高,伴随着对能源的依赖性越来越大。传统化石能源为不可再生能源,消耗速度已远远超过了自身的供应速度,致使传统化石能源面临枯竭的境况,同时由于能源的不充分利用,其产生的有害物质对环境也造成了巨大的影响。从长远的可持续发展角度出发,用清洁的可再生能源替代传统的化石能源将是能源结构改革的重要方向。

1.1.1　国际能源发展战略

在国际和国内能源系统发展大战略的背景下,智慧能源的建设势在必行,而以信息驱动的能源系统的高度清洁化、高效化、智能化发展是至关重要的研究课题。

近年来,信息能源系统成为能源领域发展的重要趋势之一[1-3],科研领域和工业领域都在此基础上进行了诸多研究和应用,西方国家更是大力发展。丹麦为了在 2050 年实现 100%可再生能源的目标,十分强调电力、天然气、供暖的融合;德国有“电制氢”(power to gas)、“柏林区域能源系统”(Berlin district energy system)项目;英国技术战略委员会的“创新英国”项目(innovate UK)成立“能源系统弹射器”(energy systems catapult),以用于为英国企业所研究和开发的信息能源系统课题提供支持等。除此之外,美国也推出了科研项目,美国国家可再生能源实验室(NREL)在 2013 年成立了“能源系统集成”(energy systems integration)研究组,IBM 也拥有 Smart City 等项目;澳大利亚 Wollongong(卧龙岗)大学有“智能设施”(SMART infrastructure)研究等。

为了推动信息能源系统的利用,1983 年国际能源署(IEA)率先开展区域供热冷及热电联产的研发与实证项目(IEA DHC/CHP),涵盖美国、英国、德国、加拿大、芬兰、韩国、瑞典、丹麦等国家。同时，从 1990 年起，各国对气候变化的重视程度越来越高，相继提出了多项政策和号召。联合国发起的《气候变化框架公约》(UNFCCC)提出将热电联产作为节能减排的关键技术进行渗透，并由此衍生出了国际热电联产联盟(ICA)。2002 年，ICA 改名为国际分布式能源联盟(WADE)，以发展太阳能、风能等分布式能源为重要主旨。

早在 2008 年，美国北卡罗来纳州立大学提出能源互联网理念雏形，并开展"未来可再生电能传输与管理系统"项目以实现能源的高效利用；同年，德国联邦经济和技术部提出 E-Energy 理念和能源互联网计划。近些年，在信息技术和能源技术的高速发展下，日本在 2016 年发布的《能源环境技术创新战略》中提出利用大数据分析、人工智能、先进传感和 IoT 技术构建多种智能能源集成的管理系统。欧盟在 2018 年提出了综合能源系统 2050 愿景，即建立低碳、安全、可靠、灵活、经济高效、以市场为导向的泛欧综合能源系统。据 2018 年的统计报告显示，有发展可再生能源目标和支持政策的国家数量攀升至 179 个。

1.1.2 国内能源发展战略

随着全球气候变化对人类社会构成的威胁越来越大，越来越多的国家将"碳中和"上升为国家战略，提出了无碳未来的愿景。2020 年，中国基于推动实现可持续发展的内在要求和构建人类命运共同体的责任担当，宣布了碳达峰和碳中和的目标愿景。"双碳"目标的提出有着深远的国内外发展背景，必将对经济社会产生深刻的影响；"双碳"目标的实现也应放在推动高质量发展和全面现代化的战略大局和全局中综合考虑和应对。

2015 年 9 月 26 日，我国在联合国发展峰会上宣布，"中国倡议探讨构建全球能源互联网，推动以清洁和绿色方式满足全球电力需求"，为世界绿色低碳发展提供了重要思路。到 2017 年底，有 87 个国家制定了适应经济发展的可再生能源发电目标，而我国政府也针对信息能源系统先后出台了一系列支持政策，开展重大研发项目进行技术研究，并部署了一批多能互补集成优化示范工程和"互联网+"智慧能源(能源互联网)示范项目。政策主张大力发展能源科技，加快技术创新，充分开发和利用可再生能源，尤其是在新能源并网和储能、微网等技术上的突破，提升电-热-气等系统的调节能力，增强新能源消纳能力[4-6]，发展先进高效节能技术，实现资源优化配置，最终达到能源生产和消费的高度自动化、智能化[7-9]。因此，集中发展能源系统中的智能技术至关重要[10-20]。

新基建主要包括 5G 基站建设、特高压、城际高速铁路和城市轨道交通、新能源汽车充电桩、大数据中心、人工智能、工业互联网等七大领域，旨在为国家高质量发展提供数字转型、智能升级、融合创新等服务的基础设施体系[21,22]。新基建计划的完成离不开能源互联网的成功落地，同时新基建的实施对于能源互联网的发展也有着推动作用。其中特高压与新能源汽车充电桩是能源互联网的两大核心组成部分；5G基站、大数据中心、人工智能、工业互联网为能源互联网的泛在互联及智能管控提供了重要技术支撑；5G基站、城际高速铁路和城市轨道交通及大数据中心是能源互联网中的高能耗用户，需要依托能源互联网获得持续稳定的能源供给，同时也为能源互联网提供稳定的供能业务[23-25]。新基建与能源互联网两者关联密切，相互支撑，彼此成就。

由于不同能源形式的网络相互隔离的局面仍未打破，在我国建设能源互联网，多能源互联互通是目前亟须解决的问题。不同国家必然根据自身的社会属性、资源属性、经济属性等特征来选择合适的能源系统形态，只有这样，才能最大限度地发挥能源作为社会基础保障和经济血液的重要作用[26]。因此，亟须建设具有中国特色的能源互联网，了解"中国特色"是建设基础。张化光、孙秋野率先发起建立了自动化学会能源互联网专委会。

能源互联系统是由电能网络、油气网络、能源负荷单元(包括供冷/热网络)、智能调控单元构成的区域能源网络系统。

(1)电能网络方面。我国地域辽阔，能源分布不均匀。改革开放以来，东部地区先发展起来，这就造成了我国电能的供需地域差异大：东部地区经济相对发达，但电能贫乏，对电能需求相当大，而西部地区经济相对落后，但蕴藏着丰富的资源。因此，我国有着"西电东送"等重大工程，实现电能的地域转移。电能转移的效率及安全性、电能网络的可靠性等仍是需要改进和解决的问题[27-32]。

(2)油气网络方面。我国石油、天然气占一次能源消费能源比重约27%，受资源条件的限制，生产和消费的缺口不断扩大，对外依赖程度分别达到了72%和43%。我国诸多输送管道途经地区人口稠密且输送介质为危险化学品，随着管道服役年限的增加以及第三方施工破坏甚至蓄意偷盗等现象的发生，任何一点泄漏都有可能导致不可挽回的严重后果。如果能够在第一时间发现泄漏状态并且实现准确的泄漏点位置判断，那么就可以为管道及时抢修和减少经济、环境损失提供可靠信息，避免重大事故的发生。

(3)能源负荷单元(供冷/供热)方面。我国供冷/供热目前还是以煤炭石油等不可再生能源为主，在经济快速发展的同时，能源的消耗和碳排放量也不断提升。因此，需要深化能源改革，不断往绿色、低碳方向发展，促进清洁的一次可再生能源的充分利用，使得能源体系"两条腿"走路[33]。

(4)智能调控方面。能源网络覆盖广泛导致在终端不足和不同能源系统的信息难于互联互通[34-38]。目前的能源终端在实际控制操作过程中，仍然需要接收远程的控制系统集中的调控信息，对于环境与用户，能实现基本的信息获取。为了应对新的智能管理要求，需要增加终端智能性，主要体现在：具备数据预处理的功能，实现由数据向知识的转变；终端的态势感知要往自主认知的过程进行转变；

同时，在实时控制上能实现自主控制功能，即实现机械自动化向人工智能化的转变[39-44]。多能源分属于不同的系统，在网侧实现数据的互联互通困难，并且各个能源网络的数据开发利用程度不够。目前我国的能源企业，针对业务系统的数据开发方式主要以统计分析为主，这就导致源头数据质量不高及计算颗粒度大等问题。因此，需要建设信息开放共享的交流平台，同时以人的用能行为与设备机械产生为数据源，共同为能源体系提供持续、高质量、小计算颗粒度的数据。

(5) 价值网络方面。能源市场的开放程度和用户参与度还需要增强，能源市场用户能源企业的社会公益属性与企业属性之间需要协调发展[6]。能源市场用户参与程度不够，无法充分发挥用户侧调节能力。比如电价，我国合同电价、峰谷电价、实时电价等定价机制尚未有效形成，导致能源用户难以主动有效地参与能源价格制定。因此，需要不断地加强能源市场改革，提升用户的参与程度，制定更加科学灵活的能源价格，通过价格机制化解用能峰谷差的矛盾[45-52]。能源公司具有公益属性，导致居民用能能源价格倒挂的特色。在计划经济时代，发电厂和电网最初都是国家无偿投资建设，居民用电很大程度上被认为是一种福利政策。居民用电已经习惯低水平电价，无法理解现行电价是建立在无法满足成本的基础上，并且对电价敏感性较强，因而电价长期处于能源价格倒挂的水平。只有牺牲企业利益，才能成就社会公益。我国能源企业必须是国有企业占据主导地位，必须坚持党的领导，依托党的政策方针支持。同时，需要创造新的能源商业模式，降低用能成本，激发能源经济活力。

1.1.3 "双碳"目标和实现路径

1. "双碳"目标

基于推动生态文明建设的内在要求和构建人类命运共同体的大国担当，我国在第七十五届联合国大会一般性辩论上宣布，"中国将提高国家自主贡献力度，采取更加有力的政策和措施，二氧化碳排放力争于 2030 年前达到峰值，努力争取 2060 年前实现碳中和"。这一重大战略决策涉及经济社会发展各领域，涉及我国经济社会发展中面临的诸多系统性、关键性、深层次问题。正如习近平总书记在主持召开中央财经委员会第九次会议时强调的，"实现碳达峰、碳中和是一场广泛而深刻的经济社会系统性变革"①。实现"双碳"目标，既需要经济调节、技术改进、政策引导，也离不开法治固根本、稳预期、利长远的保障作用。

"双碳"目标事关中华民族永续发展和人类命运共同体的构建，对于我国实现"两个一百年"奋斗目标、引领全球气候治理具有重大深远的意义。

---

① 习近平主持召开中央财经委员会第九次会议强调 推动平台经济规范健康持续发展 把碳达峰碳中和纳入生态文明建设整体布局(2021-03-15). http://www.qstheory.cn/yaowen/2021/03/15/c_1127214373.htm.

　　首先，"双碳"目标是我国引领全球气候治理、推动构建人类命运共同体的必然选择。工业革命以来全球变暖引发的极端天气频发、海水酸化、海平面上升、生物多样性减少以及其他与其相关的自然灾害是人类社会迄今为止所面临的最具挑战性的全球问题。联合国研究报告显示，过去 20 年全球自然灾害的发生频率几乎是 1980～1999 年间的两倍，因气候变化导致的极端天气事件占了其中一大部分。为了应对气候危机，《巴黎协定》将全球"平均""以下"二者删其一并争取实现 1.5℃以下的目标，呼吁各国尽快实现碳排放量达到峰值，争取 21 世纪下半叶实现净零排放。据此，占世界 GDP 总量 75% 和碳排放总量 65% 的国家纷纷提出了碳排放远景目标。可以说，"碳达峰"和"碳中和"已成为全球气候治理体系的新入场券，是构建人类命运共同体的新基石。我国近年温室气体排放量超过 100 亿吨，是全球实现碳中和、保护全球气候系统的关键。在此背景下，我国应当参与国际气候合作，如期并争取提前实现"双碳"目标，参与并重塑全球气候治理体系。

　　其次，"双碳"目标也是实现我国绿色低碳发展、经济高质量发展的内在要求。我国仍面临着严重的环境污染和生态破坏问题，同时也是易受气候变化影响的国家。环境污染与温室气体排放同根同源，很多大气污染物质本身就是温室气体或具有增温潜力的气体。因而，我国可以在应对环境污染的同时控制温室气体的排放。环境污染、生态破坏及气候变化问题源于发展和技术应用，也需要通过高质量发展和科技创新来解决。"双碳"目标实现的唯一路径是绿色低碳和高质量发展。"双碳"目标在本质上就是要推动经济社会发展与碳排放逐渐"脱钩"，而构建绿色低碳发展经济体系则是实现"双碳"目标的关键举措。

　　2. 实现"双碳"目标面临的挑战

　　2021 年 4 月 22 日，习近平总书记以视频方式出席联合国各国领导人气候峰会并发表重要讲话时强调："中方宣布力争 2030 年前实现碳达峰，2060 年前实现碳中和，是中国基于推动构建人类命运共同体的责任担当和实现可持续发展的内在要求做出的重大战略决策，需要中方付出艰苦努力。"[①]

　　分行业来看，从化石能源燃烧或化学变化生成 CO_2 的视角统计，电、热、气、水的生产和供应业约占 46%，制造业约占 28%，交通运输业约占 10%，采矿业约占 5%，生活和其他约占 11%。我国正处于工业化、现代化、城镇化的发展阶段，作为能源消耗大国和温室气体排放大国，"双碳"目标的实现也面临着双重压力和巨大挑战。

　　首先，化石能源依赖型的能源结构在短期内难以完成结构转型。能源结构调整是应对气候变化的关键，是实现"双碳"目标的重中之重。由于资源禀赋特点，我国能源供给体系长期以来均以化石能源为主，碳排放主要来自化石能源的消耗，

---

① 习近平出席领导人气候峰会并发表重要讲话 (2021-04-22). http://www.qstheory.cn/yaowen/2021/04/22/c_1127363342.htm.

其中，煤炭碳排放占碳排放总量的 76.6%，石油占 17.0%，天然气占 6.4%。可以预见，尽管未来传统化石能源的比例将大幅下降，但我国能源结构的高碳特征无法在短期内彻底改变，我国很有可能仍是煤炭占能源结构比例很高的国家。能源领域短期内难以实现"低碳"或"零碳"是我国实现"双碳"目标面临的巨大挑战。

其次，高昂的碳减排成本是对我国经济社会发展的严峻挑战。我国工业化起步迟，城市化过程短，目前尚未完成碳达峰，而碳中和时点又几乎与欧美发达国家同步。这就导致我国"双碳"目标不能完全通过市场机制调节来实现，整个碳排放倒"U"字形曲线呈现高度的人为压缩状态。这意味着，相对于欧美国家，我国实现碳中和的碳减排成本会更高。研究表明，我国未来实现碳中和的综合成本可能要比美国高 2 到 3 倍。按照 2020 年清华大学的报告，我国要实现碳中和目标，需要新增约 138 万亿元投资。对于刚刚完成脱贫攻坚任务的我国而言，如此高昂的碳减排成本无疑是一个严峻的挑战，如果碳减排措施不当很可能会造成企业生产成本增加、商品价格上涨，进而制约经济的平稳增长和社会的全面转型。

最后，缺乏系统有效的法律规制是制约"双碳"目标实现的重要因素。与其他领域相比，我国在气候变化领域的法律体系及法律的有效应用严重滞后，缺乏该领域的综合性立法——相关法律、法规几乎均不是从应对气候变化的视角制定的，相互之间也不协调，甚至存在冲突，法律的实施也与实现"双碳"目标的要求相去甚远。因而，既有法律体系不仅无法为"双碳"目标的实现提供强有力的法律支持，反而可能掣肘"双碳"目标的达成。

3. "双碳"目标实现的路径

党的十八大以来，我国生态环境保护、生态文明建设和全面依法治国取得明显成效，这为"双碳"目标的实现夯实了基础，也为"双碳"目标的实现提供了良好条件。首先，绿色低碳发展理念为"双碳"目标的实现提供了正确路径；其次，能源结构转型和绿色低碳技术为"双碳"目标的实现提供了重要支撑。

实现碳达峰、碳中和不是一个可选项，而是必选项。中国推进碳达峰、碳中和，应放在推动高质量发展和全面实现现代化的战略大局和全局中综合考虑，按照源头防治、产业调整、技术创新、新兴培育、绿色生活的路径，加快实现生产生活方式绿色变革，推动如期实现"双碳"目标。

推进源头防治。按照 30·60 目标加快推进减碳步伐，加强源头管控，防止经济被高碳锁定。深入打好污染防治攻坚战，将降碳作为源头治理的"牛鼻子"，坚持源头防治、综合施策，切实转变理念方法，强化多污染物协同控制和区域协同治理。推进精准、科学、依法、系统治污，严控高耗能、高污染"两高"项目，严把新建、改建、扩建高耗能、高排放项目的环境准入关，开展排查清理，协同推进减污降碳，加快推动生态环境治理模式由末端治理向源头防治转变。

调整产业结构。电力的脱碳必须先于更大范围的整体经济脱碳，要加快推进电力产业的脱碳和结构转型，加速能源清洁化和高效化的发展，逐步淘汰未采用 CCUS 技术的燃煤发电，快速增加以可再生能源为主，以核能、碳捕集、利用和封存为辅的多种技术组合发电。大力推进节能降碳重点工程，加快推进电力、钢铁、有色、建材、石化、化工等重点行业节能改造。推动终端制造产业电气化、数字化、智能化转型，在无法实现电气化或电气化经济效益不可行的情况下，在制造和交通领域改用氢能、生制质能等燃料。加快固碳等环保产业发展，对于难以脱碳的设施和工艺，采用去碳、固碳技术实现碳中和。着重加强生态农业、生态保护、生态修复等产业扶持力度，深入实施重点生态建设工程，完善碳汇体系，提升生态系统质量和固碳能力。

加强技术创新。支持科研人员对碳捕集利用与封存(carbon capture, utilization and storage, CCUS)、等离激元人工光合、微矿分离等关键技术的研发，整合减碳、零碳和负碳技术。采用创新工艺流程，使用热泵技术等改变现有设备、工艺的运作模式，推动节能减排。大力发展电化学储能等新型储能技术，积极推广不依赖化石燃料的关键技术、先进用能技术和智能控制技术，大幅提升资源循环利用效率，推进新型清洁能源回收循环再利用技术的突破和成熟。加快大数据、区块链、人工智能等前沿技术在绿色经济技术中的应用，提升重点行业用能效率，降低用能成本，助力能源高效化、清洁化、可持续化发展。

培育新兴产业。大力发展数字经济、高新科技产业和现代服务业，培育绿色低碳新产业。完善绿色产品推广机制，推广合同能源管理(energy management control, EMC)服务，扩大低碳绿色产品供给。建设碳排放气候变化投融资政策体系，建立以企业为主体的碳交易市场。支持开发碳金融活动，大力发展绿色信贷、绿色债券、绿色保险等绿色金融产品，建立有利于低碳技术发展的投融资机制，探索碳期货等衍生产品和业务，设立碳市场有关基金，激活碳汇资产。

4. "双碳"面临的机遇

为提升国际竞争力带来机遇。"双碳"目标为中国经济社会高质量发展提供了方向指引，是一场广泛而深刻的经济社会系统性变革。快速绿色低碳转型为中国提供了和发达国家同起点、同起步的重大机遇，中国可主动在能源结构、产业结构、社会观念等方面进行全方位深层次的系统性变革，提升国家能源安全水平[53-60]。若合理布局 5G、人工智能等新兴产业，将为自主创新与产业升级带来独特机遇，推动国内产业加快转型，有力提高中国经济竞争力，巩固科技领域国际领先者的地位。

为低碳零碳负碳产业发展带来机遇。2010～2019 年，中国可再生能源领域的投资额达 8180 亿美元，成为全球最大的太阳能光伏和光热市场。2020 年中国可再生能源领域的就业人数超过 400 万，占全球该领域就业总人数的近 40%。"双碳"背景下，新能源和低碳技术的价值链将成为重中之重，中国也可借此机遇，进一步扩大绿色经济领域的就业机会，催生各种高效用电技术、新能源汽车、零碳建筑、零碳钢铁、零碳水泥等新型脱碳化技术产品，推动低碳原材料替代、生产工艺升级、能源利用效率提升，构建低碳、零碳、负碳新型产业体系。

为绿色清洁能源发展带来机遇。在我国能源产业格局中，煤炭、石油、天然气等产生碳排放的化石能源占能源消耗总量的84%，而水电、风电、核能和光伏等仅占16%。目前，我国光伏、风电、水电装机量均已占到全球总装机量的三分之一左右，领跑全球。若在2060年实现碳中和，核能、风能、太阳能的装机容量将分别超过目前的5倍、12倍和70倍。为实现"双碳"目标，中国将进行能源革命，加快发展可再生能源，降低化石能源的比重，巨大的清洁、绿色能源产业发展空间将会进一步打开。

为新的商业模式创新带来机遇。"双碳"目标有助于中国提高工业全要素生产率、改变生产方式、加快节能减排改造、培育新的商业模式，从而实现结构调整、优化和升级的整体目标。环保产业将从纯粹依赖以投资建设为主要模式的末端污染治理方式，转向以运维服务、高质量绩效达标为考核指标的方式。企业也将加快制定绿色转型发展新战略，借助数字技术和数字业务推动商业模式转型和数字化商业生态重构，以体制与技术创新形成低碳、低成本发展模式及绿色低碳投融资合作模式。

1.1.4 "双碳"与我们

近年来，世界各地极端天气频现。根据世界气象组织发布的《2020年全球气候状况》报告，2020年是有记录以来三个最热的年份之一，全球平均温度比工业化之前水平高出约1.2℃，2011～2020年是有记录以来最热的10年。导致全球变暖的主要原因是人类活动不断排放的二氧化碳等温室气体。

生态环境具有公共属性，环境治理需要全社会共同参与。只有全社会信仰法治、厉行法治，以高度的社会责任感认识碳达峰、碳中和这场广泛而深刻的经济社会系统性变革，才能真正推动这项工作在法治轨道上运行并取得实效。立法机关、司法机关积极承担普法责任，实现国家机关普法责任制清单全覆盖，及时普及有关"双碳"目标方面的法律法规及相关国际公约，注重结合执法实践和司法案例增强普法效果。企业要以创新为驱动，大力推进经济、能源、产业结构转型升级，自觉遵守碳排放、碳交易领域相关法律法规，特别是要发挥好先行上线交易企业示范引领作用，尽快把一些有益做法推广到更多领域和更广范围。公众要形成绿色低碳生产生活方式，倡导绿色采购、旧物回收、节水节电、"光盘行动"和零碳出行。总之，要形成实现"双碳"目标人人有责的良好氛围，以理念的更新和行为方式的转变为实现"双碳"目标提供坚实基础。

倡导绿色生活，开展碳达峰全民行动，加强政策宣传教育引导，提升群众绿色低碳意识，倡导简约适度、绿色低碳的生活方式，推动生活方式消费模式加快向简约适度、绿色低碳、文明健康的方式转变。推广使用远程办公、无纸化办公、智能楼宇、智能运输和产品非物质化等技术，开展创建节约型机关、绿色家庭、绿色学校、绿色社区和绿色出行等行动，创建碳中和示范企业、示范园区、示范村镇。不断推广绿色建筑、低碳交通、生活节水型器具，深入广泛开展形式多样的垃圾分类宣传，普及垃圾分类常识，稳步推进垃圾精细化分类。培养市民形成绿色出行、绿色生活、绿色办公、绿色采购、绿色消费习惯，着力创造高品质生活，构建绿色低碳生活圈。

实现碳达峰、碳中和，必须汇聚全社会力量协同推动经济社会的系统性变革。实现碳达峰、碳中和不是政府唱"独角戏"，要促进有为政府与有效市场相结合，构建多元主体间紧密联系、相互配合、协同共进的碳减排利益共同体[61]。应注重多中心多主体参与，构建出政府主导、企业主体、公众共同参与的多元共治新格局。东北大学张化光团队主持了首个能源互联系统的国家重点研发计划变革性项目。

1.2　自适应动态规划技术概况

自适应动态规划方法作为当前处理最优控制问题的常见手段，近年来得到了学界、工业界的广泛关注。本节首先对自适应动态规划技术的基本原理、发展背景和当前研究态势做出简要介绍，为本书后续章节打下基础。

1.2.1　自适应动态规划方法基础知识

20 世纪 50 年代以来，在空间技术和数字计算机实用化的推动下，动态系统的优化理论得到迅速的发展，形成了一个重要的数学分支——最优控制[62]。半个世纪以来动态系统的优化理论不仅有了许多成功的应用，而且已经超出了自动控制的传统界限，在空间技术、系统工程、经济管理与决策、人口控制等许多领域都有越来越广泛的应用，收效日益显著。

动态规划(dynamic programming)是求解决策过程(decision process)最优化的数学方法。20 世纪 50 年代初，美国数学家 Bellman 等在研究多阶段决策过程(multistep decision process)优化问题时，提出了著名的最优化原理(principle of optimality)[63]，也即把多阶段过程转化为一系列单阶段问题逐个加以求解，从而创立了解决这类过程优化问题的新方法——动态规划方法。1957 年 Bellman 出版了他的名著——《动态规划》[64]，这是该领域的第一本著作。该方法与庞特里亚

金 (Pontryagin) 提出的最大值原理和卡尔曼 (Kalman) 的滤波理论并称为现代最优控制理论的三个里程碑[65]。今天，这种方法在生产、收益、资源分配、设备更新、工业控制、多级工艺设备的优化设计、信息处理及模式识别等方面都有成功的应用。

本节首先回顾动态规划方法在控制理论和控制工程方面的基本理论，然后系统地介绍动态规划的核心思想和数学理论，随即讨论传统动态规划方法所遇到的困难和面临的挑战，从而引出本书的核心内容——自适应动态规划理论。在自适应动态规划部分，首先介绍自适应动态规划的基本原理，然后给出自适应动态规划的典型分类及发展现状。

1. 动态规划基本理论

动态规划，从本质上讲是一种非线性规划方法，动态规划方法处理系统最优控制问题的关键是将系统的初值作为参数，然后利用最优目标函数的性质，得到性能指标函数满足的动态规划方程。这个方程是动态规划方法的精髓，它告诉人们本质上整体最优必为局部最优。这个原理称为最优性原理，其可以归结为一个基本递推关系式，从而使控制 (决策) 过程连续地转移，并将多步最优控制问题化为多个单步最优控制问题，达到简化求解过程的目的。

动态规划在控制理论上的重要表现为，对于离散时间控制系统可以得到最优迭代方程，从而建立起迭代计算程序；而对于连续控制系统，除了可以得到最优关系表达式，还可以建立与变分法和极小值原理的关系。

动态规划是一种主要针对多阶段决策过程寻优问题的方法，它既可以用来求解约束条件下的函数极值问题，也可以求解约束条件下的泛函极值问题。它是处理控制矢量被限制在一定闭集内，求解最优控制问题的有效数学方法之一。但是，动态规划的求解受到了待解问题维数的限制，在实际应用方面遭遇到一定困难。比如，假设状态 x 是 n 维的，设离散时间段数为 N，$x(k)$ 的取值离散化段数为 p，则存储量需要 p^n 个单元。控制 u 是 m 维的，设离散时间段数为 N，$u(k)$ 的取值离散化段数为 q，则存储量需要 q^m 个单元。因此，求解这样的最优控制问题所需的计算总次数为 Np^nq^m。如果令 $n=6$、$m=2$、$N=10$，则需要存储的字数为 128000000，大约需要 3 天时间才能完成离线计算任务，显然背离了快捷计算的初衷。这通常被称为动态规划的"维数灾"问题[66]，其极大限制了传统动态规划的推广应用，也使得应用动态规划方法对高维系统 (大多数实际系统均是如此) 的多阶段最优控制问题进行计算变得极为困难。不仅如此，动态规划要求按照时间阶段逆向计算，而同时动态系统的状态又要求根据系统函数按照时间正向顺序计算，这就导致传统动态规划方法的直接应用变得更为困难。

2. 自适应动态规划的定义

自适应动态规划(adaptive dynamic programming，ADP)[67-70]是解决维数灾问题的一种有效方法，它融合了自适应评判设计(adaptive critic designs)、强化学习(reinforcement learning，RL)等技术。自适应动态规划的早期设想由 Werbos[71]提出，其思想是利用函数近似结构，逼近动态规划方程中的性能指标函数和控制策略，以满足最优性原理从而获得最优控制和最优性能指标函数。Werbos[69]采用了两个神经网络来近似性能指标函数和控制策略并得到了很好的效果，随后 Bertsekas[70]将这种结构广泛应用到了非线性系统的最优控制中，因此自适应动态规划也叫作神经动态规划(neuro-dynamic programming)[72]。由于神经网络不仅可以自适应调节自身的权值以最小化性能指标函数，同时又能对最优控制的近似效果给出评价信号，所以许多文献也称该方法为自适应评判设计(adaptive critic designs，ACDs)[73,74]。

需要指出的是，自适应动态规划所使用的两种网络中，评判(critic)网络以执行(action)网络的输出作为直接或间接的输入，用来学习和近似 Bellman 方程中的性能指标函数。而当评判网络学习完毕，误差信号则可以通过逆传播方式来调节执行网络。

3. 自适应动态规划的原理

自适应动态规划是利用函数近似结构，例如神经网络等来近似性能指标函数，从而获得最优性能指标函数和最优控制以满足最优性原理。

整个结构主要由三部分组成：动态系统、执行函数和评判函数。每个部分均可由神经网络代替，其中动态系统可以通过神经网络进行建模，执行网络用来近似最优控制策略，评判网络用来近似最优性能指标函数。后两者的组合相当于一个智能体(agent)，控制/执行作用于动态系统(或者被控对象)后，通过环境(或者被控对象)在不同阶段产生的奖励/惩罚(reward/penalty)来影响评判函数，再利用函数近似结构或神经网络实现对执行函数和评判函数的逼近。但是执行函数是在评判函数的估计的基础上进行，也就是必须使得评判函数最小。评判函数的参数更新是基于 Bellman 最优原理进行的，这样不仅可以减少前向计算时间，而且可以响应未知系统的动态变化，对网络结构中的某些参数进行自动调整。在本书中，控制/执行函数和评判性能指标函数均由神经网络来近似，因而在自适应动态规划算法中也可以称为控制/执行网络和评判网络。

性能指标函数迭代法的思想是直接对最优评判函数进行搜索，通过计算出最优状态值来得到最优策略，是一种逐次逼近法。

一个典型的自适应动态规划的迭代算法由两部分组成，分别对应了评价部分的更新和执行部分的更新。自适应动态规划算法并不是逆序地根据每个阶段实际的代价精确计算的，而是正序地从任意一个初始值开始不断地根据 Bellman 方程进行修正的，这也是自适应动态规划的主要优点之一。

1.2.2 自适应动态规划方法研究历程

自适应动态规划方法在早期发展过程中有着多种近义称谓，包括近似动态规划(approximate dynamic programming)[75,76]、自适应动态规划(adaptive dynamic programming)[77-79]、神经动态规划(neural dynamic programming)[80,81]和自适应评判设计(adaptive critic design)[82-84]等。不同的称谓给算法的推广和进一步发展带来了一定的负面影响，因此在 2006 年由美国科学基金会组织的 "2006 NSF Workshop and Outreach Tutorials on Approximate Dynamic Programming" 学术研讨会上，与会专家学者建议将该方法命名为近似/自适应动态规划，并统一简称为ADP 方法。

经过几十年的发展，自适应动态规划方法已经广泛应用于多种最优化问题的解决中，下面分类总结该方法的研究历程。

1. 最优控制问题(最优调节问题)

自适应动态规划方法一开始是为求解一般的最优调节问题而设计的[85]。2007 年，张化光提出了将经典二次启发式规划(dual heuristic programming，DHP)迭代结构和自适应神经网络权值调节方法相结合的迭代自适应动态规划方法[86]，用于解决一类控制受限的非线性离散系统的最优控制问题。近十年来，关于最优调节问题的研究层出不穷，不仅包括对于线性系统和非线性系统的分析，在算法实现上还有在线方式和离线方式的分别。与此同时，对于动态未知系统的最优控制问题的研究一直贯穿于自适应动态规划方法的发展进程中，如 Q 学习方法常用于动态完全未知的线性系统的最优控制问题求解中。而近些年来，辨识-评判-执行网络结构也已被提出并陆续用于模型未知系统的分析中。在这类方法中，由于引入了辨识网络，系统的动态模型被离线重构并用于值函数的计算过程。值得一提的是，2009 年 Vrabie[87]提出了积分强化学习方法，通过求解积分 Bellman 方程从而摆脱了对于系统内部动态的依赖，然而系统的输入动态仍然需要是已知的。而在 2013 年前后，Luo 等[88]提出了不依赖系统动态模型的自适应动态规划方法，并命名为 Off-policy 方法。对应的计算过程仅需使用系统状态和输入数据，从而完全摆脱了对于系统动态的需求，对后续的研究工作具有极大的启发意义。

2. 最优跟踪控制问题

跟踪过程最优化问题也受到研究者的广泛关注。早在 2008 年，Zhang 等[89]

对于一类离散系统的最优跟踪控制问题,构造出包含被控系统和目标轨迹状态的增广系统,进而给出了基于启发式动态规划(heuristic dynamic programming, HDP)迭代结构的近似动态规划解决方案。随后张化光团队又提出了用于解决一类动态完全未知的非线性连续时间系统最优跟踪问题的自适应控制方法[86]。在此研究中,带有鲁棒补偿项的辨识器模型被用来重构未知的系统动态,从而克服了模型信息未知的障碍。除此之外,Lv 等[91]给出了新型的基于在线辨识模型的自适应控制器设计方法,也获得了较好的跟踪效果。另外,相关文献也针对基于事件触发机制的跟踪控制问题进行了研究。

3. 带扰动的 H∞ 控制问题

工业企业现场运行的系统普遍遭受控制环境中噪声信号的干扰,对于这类系统的鲁棒控制问题一直困扰着控制从业者。特别是,在大多数工控实例中扰动项是无法测量的,这便进一步增加了控制器设计的难度。针对这类问题,研究者们提出了多种方法力求降低扰动信号的影响,实现系统的平稳运行,这样就诞生了H∞ 控制问题。自从学者 Basar 和 Bernard[92]将 H∞ 控制问题的求解转化为对应的零和微分博弈问题的求解以来,大量采用该理念的研究结果已经被提出。Lewis在其专著《最优控制》中已经证明[93],零和微分博弈问题的最优解同时也是对应的 H∞ 控制问题的解,因而在自适应动态规划研究领域,H∞ 控制问题与零和微分对策问题往往采用相似的解决途径。2016 年,Xiao 等[94]在解决带有不确定扰动量的系统鲁棒控制问题时提供了新的思路,通过引入新的性能指标函数来抵消未知扰动项的影响,从而扩展了自适应动态规划算法的应用范围。

4. 微分博弈问题

微分博弈理论已经被应用在包括军事、工业制造、商业决策和电力系统控制等在内的诸多领域。在这类研究中,一般都会考虑协作或非协作的多玩家决策过程,以实现个体或整体的最优化目标。

对于双人零和博弈问题而言,两个玩家彼此独立地选取自己的博弈策略,竞争地实现各自性能指标的平衡。在这类问题中,两个玩家所对应的性能指标是此消彼长的关系,也就是说,其中一个玩家在评价指标上的提升一定代表着另一个玩家的性能指标受损。例如,Al-Tamimi 等[95]分别给出了依托于 HDP 结构和 DHP结构的迭代学习方法,用于解决线性离散时间系统的双人零和博弈问题,并给出了迭代结果的收敛性证明。随后 Zhang 等[89]提出了一种新的迭代近似最优控制方法,能够同时处理纳什平衡点存在和不存在两种情况下的离散系统微分对策问题。近些年来,不依赖模型信息的方法也已经提出。

而在多玩家非零和博弈问题中,各玩家在协作实现整体目标的同时,又彼此独立地追求各自收益的最大化。这类问题的核心目标是要解决一类耦合汉密尔顿-雅可比(Hamilton-Jacobi，HJ)方程[96-100]。当讨论线性系统的非零和博弈问题时，耦合 HJ 方程又可简化为一类代数黎卡迪方程[93]。然而现实生产生活中的真实系统动态以非线性形式居多，鉴于对应的耦合 HJ 方程中非线性项和耦合项的存在，这类问题的解析解往往难以获得[101-103]。

为了解决上述提及的困难，自适应动态规划方法已经被用于微分博弈问题的求解中[104-109]。Vamvoudakis 等[104]提出了一种新的在线自适应控制方法，以解决一类连续时间非线性系统的多人非零和博弈问题。2018 年，Su 等[109]建立了新型的辨识-执行-评判机制以近似地求解一类动态未知的非线性系统所对应的多玩家非零和博弈问题。在此研究中，一种基于神经网络模型的辨识器被用于对未知的系统动态进行重构，从而克服了系统动态未知所带来的计算困难。

5. 实际应用问题

鉴于 ADP 方法卓越的性能，其已被用于解决多种实际问题，诸如智能电网的控制问题[110]、电力系统的频率调节问题[111,112]及能量储存系统的最优调节问题[113]。此外，自适应动态规划方法在多智能体协同控制问题求解过程中的应用实例也屡见不鲜，且往往处理的是具有领导者-跟随者(leader-follower)结构的一致性控制问题。在这类问题中，多个智能体节点通过通信网络获取相邻节点的状态信息，并协同完成对于领导者的跟踪任务。为了尽量节省整个控制过程中的能量消耗，需要考虑相应的最优化议题，这样近似规划方法便有了用武之地。

值得注意的是，在这类问题中，被控系统中的多个智能体往往被视为多个子系统或多个玩家，通过彼此间的相互影响制定各自的控制策略，从而共同完成对于整体系统运动态势的控制，因而微分博弈理论常被用于对该类问题进行分析求解。2010 年以后，张化光带领团队将自适应动态规划方法推广到多智能体控制问题的求解中，并给出了诸多先导性的成果。Zhang 等[107]使用基于广义模糊双曲正切模型的自适应动态规划方法对动态已知的多智能体系统的一致性控制问题进行了分析，随后又提出了针对模型动态未知系统的迭代控制方案。

1.3　管道连网类能源系统

1.3.1　管道连网类能源系统概述

作为管道连网类能源系统，燃气、石油等能源是社会生产生活领域广泛运用的资源。能源具有易燃易爆特性，以管道为主的能源系统是世界范围内连接能源生产与消耗间的主要输送方式。管道运输由于具有容量大、密闭性好及连续性输送的特点，相较于汽车、火车来说，能够大大缩短能源长距离运输周期，因而成为陆地运输中经济节能的运输方式。据统计，截止到 2020 年底，全世界在役油气管道总里程约为 201.9 万 km，其中成品油管道约为 26.8 万 km，占管道总里程的 13.3%。自 1977 年新中国第一条长距离、顺序输送成品油长输管道(格拉管道)建成以来，随着我国油气能源需求量不断增加，油气管道的建设逐渐覆盖各个省区市并且在 2020 年底总里程累计达到 14.4 万 km，其中成品油管道约 2.9 万 km，"全国一张网"框架初步形成[114]。根据国家发改委和国家能源局发布的《中长期油气管网发展规划》，"到 2025 年，全国油气管网规模达到 24 万公里，网络覆盖进一步扩大，结构更加优化，储运能力大幅提升"[115,116]。届时，我国油气能源输送管网将最终形成资源多元化、管道网络化、用户多样化的能源系统输配格局。

在打造互联互通管道连网类能源系统过程中，需要确保管道长期处于平稳输送，以最大限度地减少油气管网的事故发生率及尽可能地延长管网寿命。为此，我国国务院能源主管部门负责全国管道输送工作，应急管理部主要负责安全生产监察等工作。2019 年 12 月，我国油气管道行业成立了国家石油天然气管网集团有限公司(简称国家管网集团)，对整个能源输送管网进行全局化统一管理，进一步保障油气能源安全稳定供应。同时，与安全监管体系相配套的一系列法律法规及方针政策逐步出台，以保证日常管理的规范性。2000 年，国家经济贸易委员会颁布了《石油天然气管道安全监督与管理暂行规定》，提出了对石油管道的运行、检测等过程实施安全监督与管理。2001 年及 2012 年颁布了《石油天然气管道保护条例》和《危险化学品输送管道安全管理规定》，明确了输送管道的安全管理要求。2010 年，《石油天然气管道保护条例》升级为《中华人民共和国石油天然气管道保护法》，这是油气输送管网行业的主要法律，保证我国油气长输管道的安全工作受到政府全过程监督管理。在 2017 年《中长期油气管网规划》中，强调"形成安全稳定的储运系统"。2021 年《中华人民共和国国民经济和社会发展第十四个五年规划和 2035 年远景目标纲要》中提出"要完善油气互联互通网络，增强能源持续稳定供应和风险管控能力"[117]。上述工作的实施，有力地提升了我国油气能源输送管网的安全管理水平。

如图 1.1 所示，管道连网类能源系统具有跨时空运输特点，并且由于我国诸多输送管道途经地区人口稠密，随着管道服役年限的增加以及第三方施工破坏甚至蓄意偷盗等现象的发生，任何一点泄漏都有可能导致不可挽回的严重后果[118]。2010 年 7 月大连输油管道由于操作不当引发爆炸，导致部分原油泄漏入海；2013 年 11 月中石化东黄输油管道事故引发的火灾爆炸事故，造成数百人伤亡，直接经济损失 7.5 亿元；2014 年 6 月由于施工不当导致中石油新大一线管道漏油，部分溢出原油蔓延至路面并且流入到市政管网当中；2021 年湖北省十堰市天然气输送管道腐蚀破损，泄漏的天然气遇到火星后引发爆炸事故，造成了数百人伤亡。上述事故的惨烈教训进一步表明针对我国管道连网类能源系统的安全监测刻不容缓且意义重大，如果能够在第一时间发现泄漏状态并且实现准确的泄漏点位置判断，那么就可以为管道及时抢修和减少经济、环境损失提供可靠信息，避免重大事故的发生。

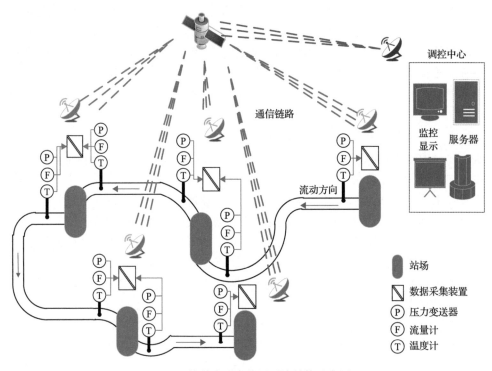

图 1.1　管道连网类能源系统结构示意图

自 2000 年 4 月国家规定主干线油气输送管道 3 到 5 年必须进行管道在线检测以来，2015 年及 2016 年连续两年国务院安全生产委员会分别印发《油气输送管道隐患整治攻坚战工作要点》和《油气输送管道安全隐患整治攻坚战工作要点》，2017 年 12 月国家安全监管总局等八部门进一步联合下发《关于加强油气输送管道途经人员密集场所高后果区安全管理工作的通知》，强调要"实时进行泄漏监测，及时发现并有效处置油气输送管道泄漏事故事件"。相应地，在保证管道运输方面，我国也制定了一系列标准，例如 GB 32167-2015《油气输送管道完整性管理规范》、SY/T 6652-2013《成品油管道输送安全规程》、SY/T 6695-2014《成品油管道运行规范》等。相关方针政策凸显了管网泄漏诊断及定位在保证管网安全运行中的必要性和重要性。

综上，依赖于现有远程数据采集与监控技术，根据我国管道连网类能源系统具有分输站点多、管道线路长、受沿途经济社会环境影响大等特点，同时基于管网内不同站场的生产要素分散、工艺复杂、操作频繁且 24h 不间断连续运输等运行条件，通过将原有人工协调变为系统自动化、变独立模块分析为综合性管理分析，能够全面快速地掌握系统状态，最终实现系统安全运行管理的基本要求。

1.3.2　管道连网类能源系统安全运行研究

针对管道连网类能源系统的安全运行研究，可以分为内检测和外检测两类技术。每种检测方法都有优缺点和应用场合，还没有一种可替代所有方法的统一检测方法或仪器。

系统内检测主要对管道的整体情况进行评估，可以全面检测管道腐蚀、泄漏等详细情况。管道内检测技术是将各种无损检测设备加在清管器上，将原来用作清管的非智能设备改为有信息采集、处理、存储等功能的智能型管道缺陷检测器，通过清管器在管道内的运动，达到检测管道缺陷的目的[119,120]。

常用的无损检测技术主要有七种，分别为超声检测、射线检测、磁粉检测、渗透检测、漏磁检测、涡流检测和金属磁记忆检测[121-123]。

1. 超声检测[124-126]

检测探头向管道发射超声波，利用超声波在被测物体的反射和折射的衰减程度，由接收探头获取从包含缺陷信息的管道处反射回来超声波或者穿透被检测管道的透射波以提取管道的相关特征信息，判断管道是否存在缺陷或腐蚀，并对缺陷进行定位、定性与定量分析。超声检测经过相关处理能够产生管道内部信息的图像，可以更为直观地分辨出管道内部是否存在泄漏等缺陷信息，但其检测管道缺陷需要在管道内表面涂抹耦合剂，这在一定程度上给海底管道检测带来了较大困难。

2. 射线检测

射线检测是对被测试件进行照射，其在带有不同缺陷信息的管道中会产生不同的衰减变化，可根据透射到试件表面射线的强度大小来判断被检测试件表面是否存在缺陷。相对于超声检测，射线检测的优点是可根据检测形成的图像直观地看到管道内的缺陷信息，缺点是射线检测对人体的伤害较大。

3. 磁粉检测

对被检测的管道进行磁化处理，当管道有缺陷时，被磁化的管道缺陷处就会有磁场漏出，漏磁场会使在管道表面的磁粉颗粒重新排列，磁粉将在缺陷处形成一个比缺陷尺寸稍大的较为明显的磁痕，将缺陷检测出来。磁粉检测的灵敏度高，检测缺陷的速度快，成本低廉。

4. 渗透检测

对被检测试件进行处理后加入渗透液，若被测试件有缺陷，渗透液会渗入缺陷中，在缺陷中吸附显像剂，形成比缺陷尺寸更大的显像，从而在零件表面显示出缺陷相关信息的图像，利于缺陷的识别和判断，同时检测灵敏度高。但其检测过程复杂严格，不能检测内部缺陷和亚表面缺陷，检测不到渗透液不可渗进去的表面微小缺陷，缺陷提取信息不完整。

5. 漏磁检测[127]

漏磁检测根据铁磁材料的导磁特性，其主要组成部分为永磁体与磁场信号采集传感器(霍尔传感器)，由于永磁体不需要电源供电，漏磁检测的优点是设计时不需要考虑其能量消耗。当被测试件中存在缺陷时，缺陷处的磁导率比无缺陷处小，由于磁阻变大，在缺陷处的磁力线一部分会直接通过缺陷，另一部分会穿出材料表面，通过空气避开缺陷，再重新进入材料，在材料表面形成漏磁场，在缺陷上方的传感器会检测出这一部分漏磁场。

6. 涡流检测[128,129]

将通有交变电流的激励线圈靠近管道表面时，根据电磁感应原理，由于磁场的变化，管道表面将产生涡流，涡流产生的磁场与激励线圈产生的磁场相反，检测线圈将检测到两者的叠加磁场，并将磁信号转化为电信号。当被测试件存在缺陷时，缺陷会改变涡流的走向，使涡流产生的磁场发生变化，进而叠加磁场发生变化，检测线圈检测到的电压信号也会发生相应的变化，变化的电压信号中就包含缺陷的信息。由于管道表面因素的影响，例如管道电导率、磁导率、缺陷大小，以及激励线圈的电压电流、输入频率、检测线圈尺寸、匝数的影响，被测试件材料参数不同，得到的检测线圈电压也不相同，有缺陷与无缺陷电压差值也不相同。

7. 金属磁记忆检测[130,131]

金属磁记忆检测无需外加激励源，利用天然地磁场的激励，实现对受工况载荷作用下的铁磁材料或构件的应力集中检测、早期损伤判断及损伤程度评估。铁磁性材料在受到外部载荷时，其内部的磁畴壁和磁畴的取向及排列会发生变化，造成铁磁性材料的磁化特性发生变化，宏观上对外显示磁性。通过测量铁磁性材料表面的磁信号并对磁信号进行特征提取来判断应力集中的位置、应力集中水平等。在应力集中区，磁信号的法向分量过"零"，切向分量出现最大值，依此可以判断应力集中区的位置信息。同时，磁信号的峰谷值间距、峰谷差等特征参数对应力集中区的尺寸及应力集中水平有很好的线性相关性,据此可以判断应力集中区的尺寸及应力集中水平等信息。

系统外检测指利用安装在管段两端的各种传感器(包括温度传感器、压力传感器、体积流量传感器、质量流量传感器、密度计等)和执行机构的参数(包括管道阀门的开度、泵的运行状态),再结合管道固有的参数(管道壁厚、管段长度、直径等)与介质参数(黏度、压力波速等)作为分析依据,通过各种算法和软件编程计算出管道的运行状态,通过状态判断出管道是否发生泄漏,进一步确定泄漏的位置。

常用的外检测技术主要有五种,分别为流量平衡法、负压波法、实时传输模型法、声波或振动检测法、分布光纤法[132,133]。

1. 流量平衡法

流量平衡泄漏检测方法包括线平衡法、补偿流量平衡法和质量平衡法,其基本原理是通过测量被监控管道特定管段的首末端流量差值,判断是否发生泄漏。在一段时间间隔内,流入管道的流质体积一般并不等于管道内流质的测量体积,它们之间的差值取决于盘库流量与流出管道流量的不确定性。流量平衡法对于小泄漏具有一定的检测能力,但是检测发现泄漏的过程比较慢,并且在检测小泄漏时受管道流体的温度和仪表的精度影响很大,而且几乎没有定位功能。通常流量平衡法只是其他方法的一种辅助手段。

2. 负压波法[134]

负压波法又称为压力波法,它主要分析管道内流体动态压力的变化。当流质从管壁向管外泄漏时,在泄漏点处就会产生一个突然的压力下降,其形成的负压波将以约 1km/h 的速度向管道首末端同时传递,而管道沿线每隔一段距离安装的若干个传感器将检测出负压波的通过。由于负压波沿着管道的正向和负向传输的速度基本一致,所以泄漏恰好发生在一段匀质管道的正中间,将会在这段管道首末端安装的传感器上几乎同时检测出负压波的到达。如果漏点距离一端较近,那么将会在较近的一端比较远的一端先检测出负压波的到达。负压波到达被检测管段的时间差可以用来定位泄漏点。大多数基于流量平衡法和实时传输模型法原理的检测系统采用压力波分析法为核心进行泄漏点分析和定位。由于负压波属于低频波,传播的距离很长(大的压力波动甚至可以传输上千千米),所以适合于长距离的检测。

3. 实时传输模型法[135]

实时传输模型法是运用流体力学知识,结合水力建模方法,对管道运行状态进行实时计算机仿真。动量守恒、能量守恒和流量平衡原理在该方法中得到普遍应用。通过被监控管段实际测量值与模型预测值的比较，可以估计出泄漏点的位置和泄漏量的大小。整个分析过程主要分为三个步骤：首先，根据管道首端测量值计算出首端压力分布曲线；其次，根据管道末端测量值计算出末端压力分布曲线；最后，将两条曲线叠加在一起，两条曲线的交点即是泄漏点所在位置。如果管道运行数据实测值偏离于模型预测值，系统将发出报警信息。如果向模型传送数据的传感器数量越多，那么模型定位的精度和报警的可靠性越高。模型的性能取决于管道的正常运行和经过校准的仪器。仪器的校准误差直接影响误报警和漏报警，关键仪器的缺失和损坏将导致系统停运。

4. 声波或振动检测法

管道泄漏是管道因材料腐蚀老化或其他外力作用产生裂纹或者腐蚀孔，管道内外存在压力差而使管道中的流体向外泄漏的现象。其中流体通过裂纹或者腐蚀孔向外喷射形成声源，然后通过和管道相互作用，声源向外辐射能量形成声波，这就是管道泄漏声发射现象。另外如果有人为破坏时，管壁上也会产生震动，这种震动广义上也是一种声源。通过在管壁上安装振动传感器就可以把这两种声波捕捉到，然后通过计算机辅助分析可以确定泄漏点的位置。由于这种振动属于较为高频的信号，传输的距离较近，所以在管壁上每 500～1000m 就要安装一个振动传感器。

5. 分布光纤法

分布式光纤传感技术集传感与传输于一体，可以获得沿光纤分布被测量的连续信息，适合长距离实时监测。在各种光纤传感技术中，主要应用光时域反射法和干涉法。其中光时域反射法是通过测量频移变化来检测外界物理场的温度或应变。系统泄漏时，根据液化效应，周围温度将降低，根据这一性质可将基于喇曼和布里渊散射的分布式光纤温度传感器应用到管道泄漏检测中。干涉式光纤传感器是利用光纤受到所监测物理场感应，如温度、旋转、压力或振动等，使导光相位产生延迟，经由相位的改变造成输出光的强度改变，进而得知待测物理场的变化。

1.4 线路连网类能源系统

1.4.1 线路连网类能源系统概论

近年来，建设以风能和光伏等可再生能源为主要供能形式的线路连网类能源系统，助力"碳达峰、碳中和"已经成为业界共识。其核心所在是基于风-光-储的电力能源系统。习近平总书记在 2021 年主持召开了中央财经委员会第九次会议，会议明确指出"要构建清洁低碳安全高效的能源体系，控制化石能源总量，着力提高利用效能，实施可再生能源替代行动，深化电力体制改革，构建以新能源为主体的新型电力系统"[136]。当前尚需解决的不仅是可再生能源的绝对装机容量，更是可再生能源所生产的电能有效消纳[137]。

由于电能传输的方便性与快捷性，分布式发电技术是未来世界能源的重点发展方向，近年来，我国注重可再生能源并网发电技术，可再生能源装机容量也在逐年提升，尤其是 2013 年以来，在国家及各地区的政策驱动下，可再生能源装机容量在我国呈现爆发式增长。从 2013～2019 年，我国可再生能源并网发电增长迅速，截止到 2019 年，全国光伏发电累计装机容量为 204.3GW，风能发电装机容量达到 205.47GW。2013～2019 年，全国风力发电累计装机总量实现了从 78.05GW 到 205.47GW 的三倍增长，而光伏发电累计装机容量则更是实现了从 19.42GW 到 204.3GW 的超十倍增长。1000 亿 kW·h 的光伏发电量可替代 3100 万 t 标准煤，减排二氧化碳 9000 万 t，对缓解能源危机、减少温室气体排放、减轻大气污染都具有极其重要的意义。而在世界范围内，欧美等发达国家如英国、德国、美国等可再生能源发电发展起步早，技术成熟，已实现了智能化、多元化的特点。2017 年美国能源情报局指出，可再生发电量的预期年增长率将达到 2.8%，而煤炭发电量则同比减少 0.4%。2018 年欧盟委员会制定了相关政策，计划到 2020 年实现温室气体排放量减少 20%，2030 年减少 40%[138]。

可再生能源发电比例的不断提高，光伏产业技术的不断革新，尤其是分布式光伏发电技术的高速增长，对农村等偏远地区的供电做出了至关重要的贡献。由于光伏阵列(photovoltaic，PV)、风力发电机组(wind turbine，WT)等可再生能源(renewable energy resources，RES)在地理位置上具有分散性，易受到光照、温度、风速等外界环境的干扰，其功率输出上存在间歇性、随机性的特点，这给系统的稳定性分析及控制器设计都带来了很大的困难。尽管分布式发电技术能够最大效率地利用各种丰富的清洁和可再生能源，但是高密度可再生能源接入到配电网时，带给配电网极大的随机性能量冲击，造成电网频率震荡，甚至整个电网系统失稳。而将分布式发电功能系统与负荷等组织成为一个微电网，作为一个可控单元接入到配电网中，能更大程度上发挥分布式电源的特点，也能避免间歇式电源对配电网造成的冲击，保证本地用户的用电质量。

微电网是由分布式电源(distributed generators，DG)、储能单元(energy storage systems，ESS)、负荷、能量转换装置以及一些检测、保护装置等结构组成的小型发配电系统。微电网不仅可以通过自身分布式电源与储能单元实现自主控制以保证微电网的可靠运行，也可与大电网联网协同运行，满足多样化、灵活性的用电需求。微电网作为分布式可再生能源并网的主要接入形式，随着电力生产更加分散化、发电规模更加扩大化，其研究重心从最初的稳定控制向高灵活性、高可靠、高经济性转移。从发电性质来看，风机、柴油发电机等由自身旋转设备产生交流电，而其产生的交流电频率与幅值与配电网存在差异，并不能直接并入配电网，需要 AC-DC-AC 环节后将其转换成高质量的交流电；光伏发电及储能单元(包括锂电池、超级电容等)输出均为直流源，并入大电网之前也需使用 DC-AC 转换装置将其转换成交流电。从负荷角度来看，对家庭使用的冰箱、空调、洗衣机和大小型工厂使用的交流同异步电机进行供电时，都需要采用额外的 AC-DC-AC 电能转换装置；而电动汽车、LED 照明、手提电脑，在现有的交流配电系统中，又需要额外采用 AC-DC 转换器进行供电[139]。

从以上可知，随着直流可再生能源的日益普及，直流负载的快速增长以及直流储能的广泛应用，直流电网因其易于集成可再生能源和通过简化电源与负载之间的功率转换阶段而具有更高的系统效率等优点，因而受到广泛的关注。由于交流微电网占主导地位和大规模的交流基础设施，采用纯直流微电网系统完全替代现有交流系统是不切实际的。因此，更可能的结构架构是将直流微电网与现有的交流微电网系统结合起来，形成交直流混合微电网系统。产生的混合微电网系统合并单个交流和直流微电网的特点，达到任何单个微电网都难以达到运行的效率。因此，交直流混合微电网同时集成了传统交流微电网和直流微电网，兼有交流微电网和直流微电网的优点，是未来智能微电网的最可能发展方向。交直流混合微电网拓扑结构的改进及其控制技术的发展将会进一步推进交直流混合微电网系统的应用。

与纯交流微电网或纯直流微电网相比，交直流混合微电网同时包含直流子网和交流子网，其中交流或直流分布式发电和负载分别位于交流子网或直流子网中，因而能够同时满足交直流分布式电源及负荷的供电需求，并充分考虑分布式电源的输出特性，采用较少的能量转换装置满足交直流电能的供电需求，大幅度提高了系统的能量传输效率及系统运行的可靠性。分布式电源的间歇性及非线性负载(恒功率负载)引起的波动会对整个交直流混合微电网的正常运行产生影响。储能单元能够在系统出现功率缺失或盈余时维持系统的功率平衡，为微电网提供功率支撑。由于交直流混合微电网系统同时含有一个或多个交流和直流子网，不同子网中包含不同类型的分布式电源、储能、可再生能源及负载，所以子网内的负载管理、多源共存，子网间的功率互补、协同控制及交直流微电网系统与大电网之间的离并网无缝切换是研究交直流混合微电网的关键。对交直流混合微电网进行广泛而深入的研究，有助于推进未来智能微电网的设备研发、保护控制、通信技术等的发展。

微电网的概念首先由美国可靠性技术解决方案协会(the Consortium for Electric Reliability Technology, CERTS)于 1999 年提出,并系统性地概括了微电网的定义、功能、结构、控制目标等一系列问题。促进供电可靠性与安全性,减轻大电网负担,减轻对环境的负面影响是 CERTS 的研究重点[140]。在此基础上,美国威斯康星大学麦迪逊分校实验室于 2001 年建立了实际上世界上第一个微电网结构,该微电网是基于 CERTS 所提概念而建,系统容量为 200kW,交流电压 280V/480V。美国伊利诺伊理工大学在校园内建设了一个纳网(nanogrid)级别的交直流混合微电网,实现内部交直流电能的转化和储存。而新加坡南洋理工大学的王鹏教授及其团队首先提出了交直流混合微电网的概念,并构建了一个简单的、小容量的交直流混合微电网试验系统,基于此平台,其团队在交直流混合微电网控制方面取得了一系列前瞻性的进展[140]。在交直流混合微电网的概念提出后,世界各国都开始对交直流混合微电网的相关理论及工程实践展开了研究。日本因其本土资源不足,能源需求大,故而非常重视新能源及微电网的开发与利用,是较早进行交直流混合微电网研究的国家之一,并建立了专门的新能源产业技术综合开发机构(NEDO),负责国内的企业、研发部门和相关高校对新能源进行研究与利用。NEDO从 2003 年开始先后在 Hachinohe、Aichi 和 Kyoto 建立了 3 个微电网示范工程,在Sendai 建立了含有交直流子系统和不同类型的分布式电源及负荷的交直流混合微电网,保证了负荷的供电质量,提高了系统功率转化效率[140]。目前,欧洲各国对微电网的发展研究极其重视,欧洲的微电网示范工程主要分布在丹麦、德国、西班牙、希腊、意大利等,如希腊的 Kythnos 岛屿微网、德国的 Mannhein- Wallstadt微电网示范基地、西班牙 LABEIN 微电网示范工程、葡萄牙的 EDP 微电网等,建设目标和特点是智能化、多元化以及灵活化。同时,丹麦奥尔堡大学的电气学科带头人 Blaabjerg 教授与 Guerrero 教授所领衔的研究团队,在交直流混合微电网能量管理、协同控制、谐波消除等方面取得了一系列研究成果[141,142]。

我国交直流混合微电网起步较晚,为了鼓励和支持对微电网技术的研究,国家自然科学基金委员会、国家高技术研究发展计划(863 计划)和国家重点基础研究发展计划(973 计划)中都有立项,许多相关企业、研究单位和高校均先后投入到微电网的开发与研究工作中,取得了一系列显著成果。中国电力研究科学院、天津大学、浙江大学、西安交通大学、清华大学和东北大学等科研单位已经建立了直流电网试验系统,并在交直流微电网稳定控制、运行保护及结构规划等方面都已经有了较好的研究基础。中国科学院电工研究所在微电网的保护、智能控制、储能等方面的研究取得了一系列成果;天津大学开展了“分布式发电供能系统”的相关基础研究;国家电网浙江省电力公司联合浙江大学、合肥工业大学等建立了国内第一个商业化交直流混合微电网示范工程；东北大学张化光教授率先完成了99%可再生能源消纳率的微电网系统，并主持了首个能源互联系统的国家重点研发计划变革性项目。总的来说，我国交直流混合微电网理论研究与工程实践仍处于探索阶段。

1.4.2 线路连网类能源系统控制策略概论

当前尚需解决的不仅是可再生能源的绝对装机容量，更是可再生能源所生产的电能有效消纳。直流微网是可再生能源消纳的重要载体之一。因此，如何高效消纳可再生能源，实现高占比可再生能源系统的可靠运行控制，成为亟待解决的关键问题。中国科学院卢强院士、周孝信院士，中国工程院马伟明院士等专家在不同场合指出控制问题是阻碍可再生能源发展的关键问题之一。国家自然科学基金委员会信息学部、工程与材料学部都先后资助了智能电网/微网的安全运行、稳定控制、协同优化等方面的重点基金，《中国科学》《自动化学报》《中国电机工程学报》等权威期刊也先后组织了可再生能源控制和微网控制相关方向的专刊。

目前微电网的可靠运行相关研究主要集中在分散式控制、分布式控制和集中式控制三大类。这些方法的主要目的都是保证电力系统内分布式电源的输出电流按容量比例精准分担和输出电压一致性整定，最终实现电力系统电压/电流可靠运行。上述方法可以分为三个主要步骤来完成，即电力系统建模、电压/电流控制器设计和通信协议设计。

在系统建模相关领域，相继出现了基于数据的模型动态特性重构技术和基于真实拓扑及参数的机理模型构建技术。前者多用于故障诊断和性能评估，其难以直接应用于微电网中分布式电源的控制策略研究，而后者多用于控制器设计和大规模时域仿真。针对系统稳定性分析和局部回稳方法研究问题，多构建微网系统旋转/静止坐标系下的阻抗匹配模型。利用电源子系统输出阻抗矩阵和负载子系统输入导纳矩阵构造整个系统的回比矩阵；针对单一或数个分布式电源的分散式控制常常构建系统的闭环/开环传递函数或特性方程模型；针对大规模集群的分布式电源系统的协同/集中式控制则多采用状态方程建模的方法。由于此类模式构建的诱因在于后续控制器策略，所以IGBT的纳秒级的非线性部分往往被忽略。忽略逆变器电压-电流双闭环控制器的动态特性，建立起简化的线性状态方程。王睿、张化光等在其基础上构建了内含电压-电流双闭环的完备的逆变器线性状态方程模型以用于交流微网的动态特性评估和控制器设计，进而构建了含恒功率负载的电力系统的李雅普诺夫型状态方程。

以上文献较为全面地研究了含高比例分布式电源的微电网建模问题，但是未考虑微网内部各种供能主体间的相互功率耦合，并且对微网中广泛存在的恒功率负载和定量化的可再生能源波动模型考虑不充分，因而会降低所得到的微电网协同控制方案的准确性和实用性。

在控制器设计方面，微电网的主要控制目标可以概括为分布式电源的电流按容量比例精准分担和电压调节。分散式控制被广泛应用，微电网中的接口变换器采用不含通信模块的传统下垂控制。尽管分散式的下垂控制具有方便、高效和低成本等优势，但存在两个明显的不足，即电压偏差较大和电流按比例分担精度低。为了解决上述两个问题并且获得优良的控制性能，比照交流微网，在分层控制框架中开发了多种辅助控制策略。这些控制策略主要可以分为两类，即集中式控制策略和分布式控制策略。集中式方法需要中央控制器收集系统范围内信息，并通过高带宽通信线路将控制指令发送给所有被控对象。上述过程导致集中式方法对单点故障具有高度敏感性。此外，由于分布式电源/负载空间分布广泛并且其物理或通信网络会随时间变化，使集中控制方法难以满足未来的大规模互联微网。因此，相关学者提出了分布式多级控制方法。分布式多级控制方法主要通过三种方法来实现电压调节和精准电流分担，即电压漂移度调节、斜率调节和电压漂移度/斜率混合调节方法。然而在实际微电网系统中，电压仅要求在合理区间内运行，而非上述方法所追求的各个分布式电源输出电压的一致。在实际的微电网中，可再生能源受到气象等因素的影响而频繁波动，该现象造成了传统一致控制器大量且不必要的动作，最终降低了系统运行效率并且加重了通信网络的建设负担。

上述研究内容对微电网的电流按容量比例精准分担和电压恢复/一致协同控制问题进行了有益的探索。但是，为保证电压的协同一致而设计的分布式电源电压/电流一致协同控制器忽略了网络电压仅需在合理范围内波动的标准，降低了控制器的效能。

1.5　能量路由器

能量路由器又称能量枢纽，是能源互联系统中的核心能量转换装置，其具备多端口能量转换功能，既包括逆变器、整流器等电能转换装置，也包括电-气-冷-热等多能转换装置。其能够实现对分布式能源、储能设备以及现有能源网络的智能管理和控制，进而实现可再生能源的高比例消纳，是达成能源行业"碳达峰，碳中和"目标的核心能源装置。

近年来，世界各国根据自身经济政策和能源供需特色，分别从不同侧重点对能量路由器展开了深入的研究。东京电力公司于 2011 年首次提出面向抗自然灾害、高可再生能源利用率"电力路由器"作为未来电力发展的核心装置；2012 年美国国家科学基金会将能量路由器比作未来可再生能源供能系统(future renewable electric energy delivery and management system，FREEDM)的中枢神经，旨在实现高渗透率可再生能源和分布式储能并网的即插即用；2014 年瑞士联邦政府能源和产业部将能量路由器作为未来能源网络中集成能源转换、存储和不同能源组合传输的枢纽装置；2017 年中国电力科学研究院在"能源互联网技术架构研究"中指出能量路由器是能源互联网的核心装置，如果将能源互联网能量管理系统比作"大脑"，能量路由器则相当于大脑中的"神经元"。

能量路由器具有以下特点：①高频化和高功率密度。得益于高开关频率，能量路由器有效减小了磁性元件和储能元件的体积，从而使相同体积下能量路由器容量能够做到传统能量转换装置容量的百至千倍，然而，高开关频率也导致了系统磁路变化剧烈，这提高了对控制系统的实时性要求，现有授时和采样模块难以达到系统所需性能。②多级能量转换和宽频率范围运行。通过装置内部的能量转换，能量路由器能够实现能量流的主动控制和扰动/故障的完全隔离，提高了系统安全性，同时，其还具备良好的兼容性，能够接入宽频率范围的能源和负荷，但能量路由器的能量传输通常采用定值输出或者以热定电等固定模式，电能转换也多为整流/逆变等基础转换手段，使得其能量通道带宽有限且扰动调节能力弱。③多类即插即用端口。能量路由器能够实现电/气/冷/热等不同类型能源的自由接入，并进一步实现区域能源系统内的最优能量分配和调度，提高可再生能源的消纳能力，但由于接入的异质能源具有微秒级-秒级-分钟级-小时级等多个时间尺度响应速度，导致能量实时平衡控制难度较高。由于存在诸多难点，各国对于能量路由器的研究多处于实验验证阶段，难以实现产品化和实际应用。

东北大学团队针对能量路由器关键技术开展科研攻关，研发了两种具有完全自主知识产权的能量路由器，即电力能量路由器和多能能量路由器，具体信息如下。

1) 电力能量路由器

主要针对电力并网运行情况；图 1.2 为东北大学团队研发的电力能量路由器，该能量路由器采用北斗-GPS 主备的授时系统，首次实现了北斗-GPS 双模授时精准的功角同步控制，构建了 ARM+DSP+FPGA 的三核分时同步结构，实现了多区域信息高速同步采样、"雪崩数据"预处理等功能，满足了高频化控制系统的实时性要求，实现了装置的小型化和轻量化；其能够实现单-三、交-直、间的高通过率、快响应速度的电能互济，其中单-三变换采用辅助谐振，实现了功率器件的零开通损耗，交-直转换双向通道复用，提高装置功率密度近一倍；构建了分布式

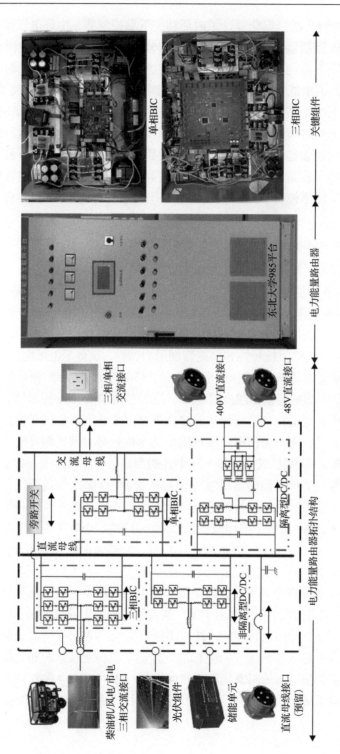

图1.2　东北大学团队研发的电力能量路由器

能源多级能量控制方法,据此设计了内环功率下垂控制器、中环电压恢复控制器和外环虚拟阻抗控制器,实现了能量的跨相分配,提高了电网负荷激变和可再生能源功率波动下电网能量实时平衡的反应速率,进而提高了电网对于高渗透率可再生能源的消纳能力;设计了反激式磁耦合隔离反馈电路,提高了大温差、强辐射等恶劣工况下装置信号反馈的可靠性;提出了交/直能量网络间的电压-频率双下垂能量互济策略,并考虑装置内部能量多通道设备安全运行约束;设计了虚拟能量枢纽多通道控制器,使得能量路由器内部无需通信即可实现输出功率按各个子模块容量按比例分配,避免了高负荷或过载现象;装置中主控模块、驱动模块、功率模块和采样模块均基于国产芯片/器件设计,实现了核心器件全国产化。

2) 多能能量路由器

主要针对多能互济情况;该能量路由器能够平抑多能网间扰动,实现多时间尺度能源网络间能量实时平衡;提出了电网无功-电压、有功-频率和气网功率-压强和冷-热网的功率-流速的虚拟同步机能量方程,构建了电-气-冷-热虚拟多通道能量枢纽模型及其归一化能量同构矩阵,实现了异质异构能源的跨动态特性融合标定;基于电力网络阻抗特性和供能管网阻力特性,获得了电维度的功率-频率下垂曲线、气维度的功率-气体压强下垂曲线、热/冷维度的功率-液体压强下垂曲线,基于此设计了虚拟能量枢纽外层电-气-热/冷三维立体下垂控制器;设计了包含能量枢纽多能多通道设备运行约束的多能等微增率准则,提出了虚拟能量枢纽内层多通道控制器,无需通信即可实现输出功率按自身容量比例分配,避免了高负荷或过载现象;基于电-气-冷-热不同形式能源运行时间尺度差异性,设计了电势能前馈-冷/热/气势能反馈的虚拟惯性/阻尼致稳调控策略;通过反馈供能调节预留算法将冷/热/气网络的大惯性/大时滞缓冲能量引入电网提升惯性和阻尼,实现多能系统的快速、精确振荡平抑和微秒级-秒级-分钟级-小时级等多个时间尺度能源网络的能量实时平衡运行,进而实现了电-气-冷-热多时间尺度多能互济,构建了能源互联系统的最后一道安全防线。

以上研究成果曾获得硅谷发明展金奖、纽伦堡国际发明展金奖和全国发明展金奖等奖励,入选了 2021 年"科创中国"装备制造领域先导技术榜单;根据能量路由器装置的研发、挂网运行经验,技术团队牵头/参与制订了《能源路由器功能规范与技术要求》等 3 项国家、行业标准,推动了能源互联系统相关技术的规范化和标准化;工作被写入《国家能源互联网发展白皮书 2018》等 7 项行业重要报告,相关技术成果被中央电视台、光明日报、科技日报、中国日报等媒体报道。

1.6　分布式能源互联系统最优协同控制与安全运行研究

张化光在国内最早开展了能源互联系统的最优控制与安全运行问题研究，针对复杂环境下电、气(油)、热、冷等多种分布式异质异构能源的多尺度动态特性难以智能检测和多分布式异构体难以优化协同控制的能源互联系统研究领域两大核心难题，建立了适用于实际复杂控制场景的自学习最优协同控制基础理论和综合检测方法，并实现了规模应用。主要科学贡献如图 1.3 所示。

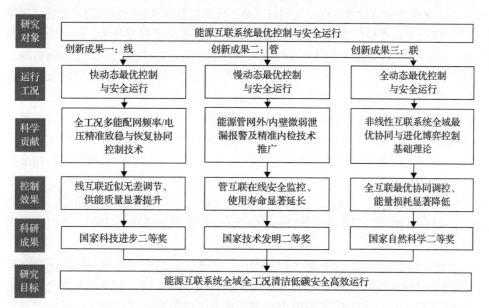

图 1.3　能源互联系统的智能检测与最优协同控制创新工作

东北大学团队经过几十年的不断探索和实际验证发现，影响互联系统优化与安全运行的核心难点在于解决以电力线为纽带的快动态系统的稳定性问题和以管道为纽带的慢动态系统的智能检测问题。与此同时，整个系统受到来自网内和网间多利益主体指标的引导并伴随有多异质能源的动态交互影响，导致其全局最优协同控制问题十分复杂。聚焦上述难题，张化光坚持理论与实际结合，具体工作体现在以下三方面。

其一，提出了能源互联系统的动态特性描述方法，建立了分布式能源最优协同控制技术，解决了复杂工况下多能配网频率/电压全局优化致稳控制的重大行业问题。

能源互联系统具有多能动态响应差距巨大、源荷波动大和工况切换灵活多变的特点。以电力线为纽带的快动态系统在控制过程中极易在极短时间内发生频率/

电压失稳现象，进而引发异质能源网间解列，导致重大安全事故。从快动态系统安全运行角度出发，已有分布式控制技术主要面临三大难题：①各能源设备和能源网机理差异大，短长时动态交互行为模糊不清，存在全网动态"特性描述难"问题，导致短时致稳控制缺乏全局视角；②传统频率/电压控制主要通过能源供给侧进行调节，在全工况(正常、扰动、故障)情况下存在"控制精度低、频率波动范围大"等重大行业问题，导致实时"精准控制难"；③能源网络诸发电单元随机波动大、扰动强，易发生系统失稳，导致全局关键性能指标"恢复控制难"。针对上述难题，主要创新工作如下。

(1)首次提出同时考虑电、气(油)、热、冷的能源互联系统多时间尺度优化决策表达，建立了动态特性描述方法，为短时稳定控制提供了模型参考，同时为长时系统运行的分布式优化决策提供技术保障。美国科学院/工程院院士 H.Vincent Poor、欧洲科学院院士 Xu、IEEE 会士王鹏等评价该项成果建立了"通用的能源管理模型"，是"当前主流研究方法"，并直接采用了该模型[143-145]。

(2)首次提出了"灵敏负荷"的概念和理论，并发现由缓变灵敏负荷与能源网络构成的源-网-荷-储系统本质上是一个时空分布的偏微分动态过程，据此提出了基于自学习 ADP 的分布式系统最优协同控制方法，实现了对暂态频率的精准控制，极大地提高了能源网络环境极端变化时系统的韧性和冗余度。目前，以上技术已在辽宁、吉林、黑龙江、山西、内蒙古、陕西、河南、湖北、新疆、青海等 10 个省区的 20 多个区域能源网投入运行，应用范围达 300 万 km^2，面向能源用户超过 2.7 亿户。

(3)提出了自学习 ADP 博弈控制理论，创造性地将电压控制问题转化为多元动态博弈的优化问题，形成了电压全局智能自恢复新方法。由国家电网公司出具的运行报告显示，本方法显著减少了能量环流，确保协同误差能够指数收敛且频率偏差在±0.1Hz 内(国家标准±0.5Hz)，控制电压偏离仅为–1.2%～2.3%(国家标准±5%)，而全网降损则限制在 1.02%，实现异常突发工况下的全网高效致稳恢复控制。

以上研究成果获得了 2010 年国家科技进步奖二等奖，已在 14 个省份应用推广，年均经济效益逾 10 亿元。基于前期技术成果，东北大学团队于 2015 年申请了国内首个能源互联网控制系统与方法的发明专利，荣获第 67 届德国纽伦堡国际发明博览会金奖，并承接了国家重点研发计划"变革性技术关键科学问题"项目 1 项以及国家自然科学基金重点项目 1 项。

其二，提出了实时混沌检测理论和异构场新概念，创立了管道微弱泄漏报警及内检测新方法，报警灵敏度和精度比其他方法有了大幅度提高，彻底结束了我国海洋管道的"洋检测时代"，解决了威胁我国能源安全的"卡脖子"难题。

能源互联系统中的管道网络是实现慢动态系统能量传输的唯一渠道。慢动态系统运行过程反应较慢,在正常情况下实现其稳定控制并不困难。对长距离油气管道而言,进行泄漏实时监测与管道状况定期内检,确保其安全运行具备极重要的经济、社会、环保意义。从慢动态系统安全运行角度出发,管道在线故障检测和寿命评估技术之前一直被国外公司封锁,建立拥有自主知识产权的管道故障监测和健康状态评估的理论体系与技术方法是解决上述"卡脖子"问题的核心关键,主要面临两大难题:①能源输送管道在发生微弱泄漏时,强噪声、长距离输送及传感器采集精度局限等导致"微弱泄漏辨识难",传统的负压波等分析方法无法实现精准检测;②能源输送管道健康状态定期内检测是避免泄漏事件发生的重要保障,由于发达国家的技术封锁,导致国内长期面临"精准内检难"的困扰。针对上述难题,张化光团队主要创新工作如下。

(1)为解决微弱泄漏信号被覆盖的难题,团队首次发现了管道内流体动态的混沌特性,并据此提出利用混沌的初值敏感性实现微弱信号检测的研究路线[146]。将管道内流体实时监测数据映射至混沌域,当微弱泄漏发生时,对应的混沌特征值将发生显著变化,也即借助混沌特性对微弱信号实现放大,从而达到检测目的。然而,常规混沌建模方法计算量过大,难以满足实时检测要求。2011 年,团队提出了基于模糊双曲正切模型结构的混沌优化同步理论[147],实现了对微弱泄漏的快速报警。该成果得到了多位海外院士及 IEEE 会士的正面评价,认为"解决了非结构不确定难题,是全局模型"[148],"解决了传统模糊模型必须辨识模型的结构和前提参数,造成辨识速度慢,且容易陷入局部极值点的难题"[149]。技术应用企业实地测试证实,东北大学研究团队所创立的基于混沌同步理论和压-输动态自适应推理的全工况管道泄漏定位技术,可测最小泄漏量为瞬时流量的 0.1%(国外最高 1%),定位误差小于管道长度×0.2%+100m(国外最高 0.5%+200m),达到国际领先水平。

(2)2013 年,团队提出了永磁-涡流-应力异构场新概念,揭示了异构场的时空特性,成功研制了三种适用于管道内检的单一介质智能传感器新产品,建立了异构神经网络反演方法,使得缺陷重构的长、宽、深误差分别由国际领先水平的7mm、12mm、1mm 降到3mm、5mm 和0.32mm,实现了全管网的精准内检测。基于此方法研制的管道可靠性与寿命评估系统具有完全自主知识产权。中海油公司出具的验证报告显示,该技术数据分析速度较国外产品提高了 51%。相关成果得到了央视、新华社、人民网等权威媒体的广泛报道。

以上管道在线故障检测和寿命评估技术已在全国 20 多个省份的石化系统获得推广应用,相关成果获得了 2007 年国家技术发明二等奖。东北大学团队承担国家重大科研仪器研制项目和国家自然科学基金重点项目各 1 项,并圆满完成了中海油重点科研课题项目的研发工作,结束了我国海洋管道的"洋检测时代"。

其三,发现了多动态同胚压缩原理,建立了 ADP 最优控制的核心方法,解决了针对非线性对象的汉密尔顿-雅可比-贝尔曼(Hamilton-Jacobi-Bellman, HJB)方程无法直接求解的"维数灾难"问题,奠定了能源互联系统最优协同控制的理论基础。

上述两个创新成果是理论成果推广应用于工业控制现场的典范。利用 ADP 方法既可实现分布式能源系统经济指标最优化目标下的调压/调频闭环协同控制,又可实现对于复杂管壁缺陷精确反演下的"轴向-径向-周向-时间"多维度开环监控。在早期的基础理论研究层面,已有的最优控制理论在处理此类问题时主要面临三大难题:①使用动态规划方法处理带有多能高维变量的能源系统协同控制问题,易出现"维数灾"现象,导致最优控制理论框架"机理设计难";②多能网络动态特性差异大,求解过程极易陷入局部最优困境,导致全域"最优计算难";③多能系统决策控制目标繁杂,经常伴随着多利益指标冲突情况,导致平衡各子系统内/间矛盾的"博弈进化难"。针对上述难题,东北大学团队主要创新工作如下。

(1)建立了自适应(自学习)动态规划的普适性理论方法[86],解决了自 1977 年 ADP 2020 年初始框架提出以来一直没有解决的关键科学难题,此方法至今仍是 ADP 领域唯一通用的最优性框架。由于引入了基于神经网络的函数逼近技术,该方法无需在每次迭代计算时保存大量中间结果,克服了"维数灾"难题,从根本上解决了此前工程实践中仅能通过经验试凑实现近似求解的缺陷,为解决能源互联系统的最优协同控制问题提供了方法准备。

(2)首次发现了迭代最优控制与神经动力学间的拓扑同胚现象,进而提出了多动态同胚压缩原理,建立了性能指标、最优控制及动态模型之间的自学习迭代关系,进而将原始最优控制问题中对于 HJB 偏微分方程的求解,转化为对于三个常微分方程的迭代求解。从数学上严格证明了该方法最终收敛于 HJB 方程的最优解,并给出了该方法最优性、收敛性、稳定性的完备证明。

(3)提出了优化混沌同步策略与性能评价改进的双环进化方法,克服了能源系统内各个子系统经济效益、节能降耗、安全运行等多个最优控制目标耦合冲突的难题。在解析多方迭代机理基础上,建立了混合博弈自学习演化法则,突破了传统最优控制方法在纳什均衡点不存在时无法求得博弈优化解的瓶颈,形成了多主体混合博弈协同优化方法[150]。

基于前期理论成果,张化光于 2015 年首次规范了能源互联网动态协调优化控制体系构建[20],该成果在中国知网综合能源/多能/电力优化控制相关领域 1539 篇技术类论文中引用数排在第一位。上述成果获得了国家自然科学二等奖。

参 考 文 献

[1] Mancarella P. MES（multi-energy systems）: An overview of concepts and evaluation models[J]. Energy, 2014, 65: 1-17.

[2] Huang A Q, Crow M L, Heydt G T, et al. The future renewable electric energy delivery and management（FREEDM）system: the energy internet[J]. Proceedings of the IEEE, 2011, 99(1): 133-148.

[3] Sun Q Y, Han R K, Zhang H G, et al. A multiagent-based consensus algorithm for distributed coordinated control of distributed generators in the energy internet[J]. IEEE Transactions on Smart Grid, 2015, 6(6): 3006-3019.

[4] Liu X Z, Mancarella P. Modelling, assessment and sankey diagrams of integrated electricity-heat-gas networks in multi-vector district energy systems[J]. Applied Energy, 2016, 167: 336-352.

[5] Sun Q Y, Zhang Y B, He H B, et al. A novel energy function-based stability evaluation and nonlinear control approach for energy internet[J]. IEEE Transactions on Smart Grid, 2017, 8(3): 1195-1210.

[6] Bao Z J, Zhou Q, Yang Z H, et al. A multi time-scale and multi energy-type coordinated microgrid scheduling solution-part i: model and methodology[J]. IEEE Transactions on Power Systems, 2015, 30(5): 2257-2266.

[7] Bai L Q, Li F X, Cui H T, et al. Interval optimization based operating strategy for gas-electricity integrated energy systems considering demand response and wind uncertainty[J]. Applied Energy, 2016, 167: 270-279.

[8] Quelhas A, Gil E, McCalley J D, et al. A multiperiod generalized network flow model of the us integrated energy system: Part i-model description[J]. IEEE Transactions on Power System, 2007, 22(2): 829-836.

[9] Quelhas A, McCalley J D. A multiperiod generalized network flow model of the us integrated energy system: part ii-simulation results[J]. IEEE Transactions on Power Systems, 2007, 22(2): 837-844.

[10] Li G Q, Zhang R F, Jiang T, et al. Security-constrained bi-level economic dispatch model for integrated natural gas and electricity systems considering wind power and power-to-gas process[J]. Applied Energy, 2017, 194: 696-704.

[11] Mashayekh S, Stadler M, Cardoso G. A mixed integer linear programming approach for optimal der portfolio, sizing, and placement in multi-energy microgrids[J]. Applied Energy, 2017, 187: 154-168.

[12] Capuder T, Mancarella P. Techno-economic and environmental modelling and optimization of flexible distributed multi-generation options[J]. Energy, 2014, 71: 516-533.

[13] 王成山, 于波, 肖峻, 等. 平滑可再生能源发电系统输出波动的储能系统容量优化方法[J]. 中国电机工程学报, 2012, 32(16): 1-8.

[14] Cesena E A M, Mancarella P. Energy systems integration in smart districts: robust optimisation of multi-energy flows in integrated electricity, heat and gas networks[J]. IEEE Transactions on Smart Grid, 2019, 10(1): 1122-1131.

[15] Li Z M, Xu Y. Temporally-coordinated optimal operation of a multi-energy microgrid under diverse uncertainties[J]. Applied Energy, 2019, 240: 719-729.

[16] Yang Y, Jia Q S, Deconinck G, et al. Distributed coordination of EV charging with renewable energy in a microgrid of buildings[J]. IEEE Transactions on Smart Grid, 2018, 9(6): 6253-6264.

[17] 贾庆山, 杨玉, 夏俐, 等. 基于事件的优化方法简介及其在能源互联网中的应用[J]. 控制理论与应用, 2018, 35(1): 32-40.

[18] Zhang H G, Li Y S, Gao D W, et al. Distributed Optimal Energy Management for Energy Internet[J]. IEEE Transactions on Industrial Informatics, 2017, 13(6): 3081-3097.

[19] Sun Q Y, Zhang N, You S, et al. The dual control with consideration of security operation and economic efficiency for energy hub[J]. IEEE Transactions on Smart Grid, 2019, 10(6): 5930-5941.

[20] 孙秋野, 滕菲, 张化光, 等. 能源互联网动态协调优化控制体系构建[J]. 中国电机工程学报, 2015, 35(14): 3667-3677.

[21] Huang B N, Li Y S, Zhan F, et al. A distributed robust economic dispatch strategy for integrated energy system considering cyber-attacks[J]. IEEE Transactions on Industrial Informatics, 2022, 18(2): 880-890.

[22] Ilic M D, Xie L, Khan U A, et al. Modeling of future cyber-physical energy systems for distributed sensing and control[J]. IEEE Transactions on Systems Man and Cybernetics Part A-systems and Humans, 2010, 40(4): 825-838.

[23] Wang K, Yu J, Yu Y, et al. A survey on energy internet: architecture, approach, and emerging technologies[J]. IEEE Systems Journal, 2018, 12(3): 2403-2416.

[24] Bui N, Castellani A P, Casari P, et al. The internet of energy: a web-enabled smart grid system[J]. IEEE Network, 2012, 26(4): 39-45.

[25] Mathiesen B V, Lund H, Connolly D, et al. Smart energy systems for coherent 100% renewable energy and transport solutions[J]. Applied Energy, 2015, 145: 139-154.

[26] Ralph E, Kristina O, Viktor D, et al. New formulations of the 'energy hub' model to address operational constraints[J]. Energy, 2014,73: 387-398.

[27] 郭庆来, 辛蜀骏, 孙宏斌, 等. 电力系统信息物理融合建模与综合安全评估: 驱动力与研究构想[J]. 中国电机工程学报, 2016, 36(6): 1481-1489.

[28] Dong Z Y, Luo F J, Liang G Q. Blockchain: a secure, decentralized, trusted cyber infrastructure solution for future energy systems[J]. Journal of Modern Power Systems and Clean Energy, 2018, 6(5): 958-967.

[29] Palensky P, Widl E, Elsheikh A. Simulating cyber-physical energy systems: challenges, tools and methods[J]. IEEE Transactions on Systems Man Cybernetics-systems. 2014, 44(3): 318-326.

[30] Zhang N, Sun Q Y, Yang L X, et al. Event-triggered distributed hybrid control scheme for the integrated energy system[J]. IEEE Transactions on Industrial Informatics, 2022, 18(2): 835-846.

[31] Moradi-Pari E, Nasiriani N, Fallah Y P, et al. Design, modeling, and simulation of on-demand communication mechanisms for cyber-physical energy systems[J]. IEEE Transactions on Industrial Informatics, 2014, 10(4): 2330-2339.

[32] Georg H, Muller S C, Rehtanz C, et al. Analyzing cyber-physical energy systems: the inspire cosimulation of power and ict systems using HLA[J]. IEEE Transactions on Industrial Informatics, 2014, 10(4): 2364-2373.

[33] Li H T, Burer M, Song Z P, et al. Green heating system: Characteristics and illustration with multi-criteria optimization of an integrated energy system[J]. Energy, 2004, 29(2): 225-244.

[34] Sun Q Y, Zhou J G, Guerrero J M, et al. Hybrid three-phase/single-phase microgrid architecture with power management capabilities[J]. IEEE Transactions on Power Electronics, 2015, 30(10): 5964-5977.

[35] Dou C X, Yue D, Han Q L, et al. Multi-agent system-based event-triggered hybrid control scheme for energy internet[J]. IEEE Access, 2017, 5(99): 3263-3272.

[36] Ramirez H, Maschke B, Sbarbaro D. Modelling and control of multi-energy systems: an irreversible port-hamiltonian approach[J]. European Journal of Control, 2013, 19(6): 513-520.

[37] Pan Z G, Wu J Z, Sun H B, et al. Quasi-dynamic interactions and security control of integrated electricity and heating systems in normal operations. Power and Energy Systems[J]. CSEE Journal of Power and Energy Systems, 2019, 5(1): 120-129.

[38] Liu Y, Gao S, Zhao X, et al. Coordinated operation and control of combined electricity and natural gas systems with thermal storage[J]. Energies, 2017, 10(7): 1-25.

[39] 石庆升, 张承慧, 崔纳新. 新型双能量源纯电动汽车能量管理问题的优化控制[J]. 电工技术学报, 2008, 23(8): 137-142.

[40] Hua H C, Qin Y C, Hao C T, et al. Stochastic optimal control for energy internet: a bottom-up energy management approach[J]. IEEE Transactions on Industrial Informatics, 2019, 15(3): 1788-1797.

[41] Liu B L, Zha Y B, Zhang T. D-Q frame predictive current control methods for inverter stage of solid state transformer[J]. IET Power Electronics, 2017, 10(6): 687-696.

[42] Long S, Marjanovic O, Parisio A. Generalised control-oriented modelling framework for multi-energy systems[J]. Applied Energy, 2019, 235(1): 320-331.

[43] Eynard J, Grieu S, Polit M. Predictive control and thermal energy storage for optimizing a multi-energy district boiler[J]. Journal of Process Control, 2012, 22(7): 1246-1255.

[44] Paris B, Eynard J, Grieu S, et al. Heating control schemes for energy management in buildings[J]. Energy & Buildings, 2010, 42(10): 1908-1917.

[45] 卢强, 陈来军, 梅生伟. 博弈论在电力系统中典型应用及若干展望[J]. 中国电机工程学报, 2014, 34(29): 5009-5017.

[46] Gabrielli P, Gazzani M, Martelli E, et al. Optimal design of multi-energy systems with seasonal storage[J]. Applied Energy, 2018, 219: 408-424.

[47] Salah C B, Chaabene M, Ammar M B. Multi-criteria fuzzy algorithm for energy management of a domestic photovoltaic panel[J]. Renewable Energy, 2008, 33(5): 993-1001.

[48] Lund H, Ebbe M. Integrated energy systems and local energy markets[J]. Energy Policy, 2006, 34(10): 1152-1160.

[49] Chen X Y, Kang C Q, O'Malley M, et al. Increasing the flexibility of combined heat and power for wind power integration in china: modeling and implications[J]. IEEE Transactions on Power Systems, 2015, 30(4): 1848-1857.

[50] Chicco G, Mancarella P. Matrix modelling of small-scale trigeneration systems and application to operational optimization[J]. Energy, 2009, 34(3): 261-273.

[51] Kienzle F, Ahcin P, Andersson G. Valuing investments in multi-energy conversion, storage, and demand-side management systems under uncertainty[J]. IEEE Transactions on Sustainable Energy, 2011, 2(2): 194-202.

[52] Zhou K L, Yang S L, Shao Z. Energy internet: The business perspective[J]. Applied Energy, 2016, 178: 212-222.

[53] 汤奕, 陈倩, 李梦雅, 等. 电力信息物理融合系统环境中的网络攻击研究综述[J]. 电力系统自动化, 2016, 40(17): 59-69.

[54] 刘烃, 田决, 王稼舟, 等. 信息物理融合系统综合安全威胁与防御研究[J]. 自动化学报, 2019, 45(1): 5-24.

[55] Wang H Z, Ruan J Q, Ma Z W, et al. Deep learning aided interval state prediction for improving cyber security in energy internet[J]. Energy, 2019, 174: 1292-1304.

[56] Wang H Z, Meng A J, Liu Y T, et al. Unscented kalman filter based interval state estimation of cyber physical energy system for detection of dynamic attack[J]. Energy, 2019, 188: 1-15.

[57] Rahman M S, Mahmud M A, Oo A M T, et al. Multi-agent approach for enhancing security of protection schemes in cyber-physical energy systems[J]. IEEE Transactions on Industrial Informatics, 2017, 13(2): 436-447.

[58] 薛禹胜, 赖业宁. 大能源思维与大数据思维的融合(二)应用及探索[J]. 电力系统自动化, 2016, 40(8): 1-13.

[59] Cheng L F, Yu T. Smart dispatching for energy internet with complex cyber-physical-social systems: a parallel dispatch perspective[J]. International Journal of Energy Research, 2019, 43(8): 3080-3133.

[60] Wang F Y. The emergence of intelligent enterprises: from CPS to CPSS[J]. IEEE Intelligent Systems, 2010, 25(4): 85-88.

[61] National Science and Technology Council Networking and Information Technology Research and Development Subcommittee. The National Artificial Intelligence Research And Development Strategic Plan[R/OL]. (2016-10-16) https://www. nitrd.gov/news/national_ai_rd_strategic_plan.aspx.

[62] 解学书. 最优控制理论与应用[M]. 北京: 清华大学出版社, 1986.

[63] 李德, 钱颂迪. 运筹学[M]. 北京: 清华大学出版社, 1982.

[64] Bellman R E. Dynamic Programming[M]. Princeton: Princeton University Press, 1957.

[65] 张嗣瀛, 高立群. 现代控制理论[M]. 北京: 清华大学出版社, 2006.

[66] Bertsekas D P. Dynamic Programming and Optimal Control Volume II[M]. Massachusetts: Athena Scientific, 2005.

[67] Watkins C. Learning from delayed rewards[D]. Cambridge: Cambridge University, 1989.

[68] Liu D R, Zhang H G. A neural dynamic programming approach for learning control of failure avoidance problems[J]. International Journal of Intelligence Control and Systems, 2005, 10(1): 21-32.

[69] Werbos P J. Advanced forecasting methods for global crisis warning and models of intelligent[J]. General Systems Yearbook, 1977, 22: 25-38.

[70] Bertsekas D P, Tsitsiklis J N. Neuro-dynamic Programming[M]. USA, Massachusetts: Athena Scientific, 1996.

[71] Werbos P J. Beyond Regression: New Tools for Prediction and Analysis in The Behavioral Science[M]. Cambridge: Harvard University, 1974.

[72] Enns R, Si J. Helicopter trimming and tracking control using direct neural dynamic programming[J]. IEEE Transactions on Neural Networks, 2003, 14(4): 929-939.

[73] Zhang H G, Luo Y H, Liu D R. A new fuzzy identification method based on adaptive critic designs[J]. Lecture Notes in Computer Science, 2006, 3971: 804-809.

[74] Zhao D B, Yi J Q, Liu D R. Particle swarm optimized adaptive dynamic programming[C]. IEEE International Symposium on Approximate Dynamic Programming and Reinforcement Learning, USA, Holululu, 2007: 32-37.

[75] Powell W B. Handbook of Learning and Approximate Dynamic Programming[M]. USA, 2004.

[76] Seiffertt J, Sanyal S, Wunsch D C. Hamilton-Jacobi-Bellman equations and approximate dynamic programming on time scales[J]. IEEE Transactions on Systems, Man, and Cybernetics-Part B: Cybernetics, 2005, 38(4): 918-923.

[77] Murray J J, Cox C J, Lendaris G G, et al. Adaptive dynamic programming[J]. IEEE Transactions on Systems, Man, and Cybernetics Part C: Applications and Reviews, 2002, 32(2): 140-153.

[78] Godfrey G A, Powell W B. An adaptive dynamic programming algorithm for dynamic fleet management, I: Single period travel times[J]. Transportation Science, 2002, 36(1): 21-39.

[79] Godfrey G A, Powell W B. An adaptive dynamic programming algorithm for dynamic fleet management, II: Multiperiod travel times[J]. Transportation Science, 2002, 36(1): 40-54.

[80] Bertsekas D P, Tsitsiklis J N. Neuro-dynamic programming: an overview[C]. Proceedings of the IEEE Conference on Decision and Control, New Orleans, 1995: 560-564.

[81] Enns R, Si J. Apache helicopter stabilization using neural dynamic programming[J]. Journal of Guidance, Control, and Dynamics, 2002, 25(1): 19-25.

[82] Prokhorov D V, Santiago R A, Wunsch D C. Adaptive critic design: A case study for neurocontrol[J]. Neural Networks, 1995, 8(9): 1367-1372.

[83] Prokhorov D V, Wunsch D C. Adaptive critic designs[J]. IEEE Transactions on Neural Networks, 1997, 8(5): 997-1007.

[84] Liu D R, Xiong X X, Zhang Y. Action-dependent adaptive critic designs[C]. Proceedings of International Joint Conference on Neural Networks, Washington, DC, 2001: 990-995.

[85] Venayagamoorthy G K, Wunsch D C, Harley R G. Adaptive critic based neurocontroller for turbogenerators with global dual heuristic programming[C]. Proceedings of IEEE Power Engineering Society Winter Meeting, 2000: 291-294.

[86] Zhang H G, Luo Y H, Liu D R. Neural-network-based near-optimal control for a class of discrete-time affine nonlinear systems with control constraints[J]. IEEE Transactions on Neural Networks, 2009, 20(9): 1490-1503.

[87] Vrabie D, Pastravanu O, Abu-Khalaf M, et al. Adaptive optimal control for continuous-time linear systems based on policy iteration[J]. Automatica, 2009, 45(2): 477-484.

[88] Luo B, Wu H N, Huang T W. Off-policy reinforcement learning for H∞ control design[J]. IEEE Transactions on Cybernetics, 2015, 45(1): 65-76.

[89] Zhang H G, Wei Q L, Luo Y H. A novel infinite-time optimal tracking control scheme for a class of discrete-time nonlinear systems via the greedy HDP iteration algorithm[J]. IEEE Transactions on Systems, Man, and Cybernetics-Part B: Cybernetics, 2008, 38(4): 937-942.

[90] Zhang H G, Cui L L, Zhang X, et al. Data-driven robust approximate optimal tracking control for unknown general nonlinear systems using adaptive dynamic programming method[J]. IEEE Transactions on Neural Networks, 2011, 22(12): 2226-2236.

[91] Lv Y F, Na J, Ren X M. Online H∞ control for completely unknown nonlinear systems via an identifier-critic-based ADP structure[J]. International Journal of Control, 2019, 92(1): 100-111.

[92] Basar T, Bernard P H. Optimal Control and Related Minimax Design Problems[M]. Boston, MA: Birkhäuser, 1995.

[93] Lewis F L, Vrabie D L, Syrmos V L. Optimal Control[M]. Hoboken: Wiley, 2012.

[94] Xiao G Y, Zhang H G, Luo Y H, et al. Data-driven optimal tracking control for a class of affine non-linear continuous-time systems with completely unknown dynamics[J]. IET Control Theory & Applications, 2016, 10(6): 700-710.

[95] Al-Tamimi A, Lewis F L, Abu-Khalaf M. Discrete-time nonlinear HJB solution using approximate dynamic programming: convergence proof[J]. IEEE Transactions on Systems, Man, and Cybernetics-Part B: Cybernetics, 2008, 38(4): 943-949.

[96] Su H G, Zhang H G, Jiang H, et al. Decentralized event-triggered adaptive control of discrete-time non-zero-sum games over wireless sensor-actuator networks with input constraints[J]. IEEE Transactions on Neural Networks and Learning Systems, 2020, 31(10): 4254 - 4266.

[97] Vamvoudakis K G, Lewis F L. Multi-player non-zero-sum games: Online adaptive learning solution of coupled Hamilton-Jacobi equations[J]. Automatica, 2011, 47(8): 1556-1569.

[98] Zhang H G, Jiang H, Luo C M, et al. Discrete-time nonzero-sum games for multiplayer using policy-iteration-based adaptive dynamic programming algorithms[J]. IEEE Transactions on Cybernetics, 2017, 47(10): 3331-3340.

[99] Zhang H G, Cui L L, Luo Y H. Near-optimal control for nonzero-sum differential games of continuous-time nonlinear systems using single-network ADP[J]. IEEE Transactions on Cybernetics, 2013, 43(1): 206-216.

[100] Su H G, Zhang H G, Liang Y L, et al. Online event-triggered adaptive critic design for non-zero-sum games of partially unknown networked systems[J]. Neurocomputing, 2019, 368: 84-98.

[101] Zhang H G, Su H G, Zhang K, et al. Event-triggered adaptive dynamic programming algorithm for non-zero-sum games of unknown nonlinear systems via generalized fuzzy hyperbolic models[J]. IEEE Transactions on Fuzzy Systems, 2019, 27(11): 2202-2214.

[102] Liu D R, Li H L, Wang D. Online synchronous approximate optimal learning algorithm for multiplayer nonzero-sum games with unknown dynamics[J]. IEEE Transactions on Systems, Man, and Cybernetics: Systems, 2014, 44(8): 1015-1027.

[103] Su H G, Zhang H G, Gao D W Z, et al. Adaptive dynamics programming for H∞ control of continuous-time unknown nonlinear systems via generalized fuzzy hyperbolic models[J]. IEEE Transactions on Systems, Man, and Cybernetics: Systems, 2020, 50(11): 3996-4008.

[104] Vamvoudakis K G, Lewis F L, Hudas G R. Multi-agent differential graphical games: online adaptive learning solution for synchronization with optimality[J]. Automatica, 2012, 48(8): 1598-1611.

[105] Zhang H G, Liang H J, Wang Z S, et al. Optimal output regulation for heterogeneous multiagent systems via adaptive dynamic programming[J]. IEEE Transactions on Neural Networks and Learning Systems, 2017, 28(1): 18-29.

[106] Zhang H G, Jiang H, Luo Y H, et al. Data-driven optimal consensus control for discrete-time multi-agent systems with unknown dynamics using reinforcement learning method[J]. IEEE Transactions on Industrial Electronics, 2017, 64(5): 4091-4100.

[107] Zhang H G, Zhang J L, Yang G H, et al. Leader-based optimal coordination control for the consensus problem of multiagent differential games via fuzzy adaptive dynamic programming[J]. IEEE Transactions on Fuzzy Systems, 2015, 23(1): 152-163.

[108] Zhang J L, Zhang H G, Feng T. Distributed optimal consensus control for nonlinear multiagent system with unknown dynamic[J]. IEEE Transactions on Neural Networks and Learning Systems, 2018, 29(8): 3339-3348.

[109] Su H G, Zhang H G, Liang X D, et al. Decentralized event-triggered online adaptive control of unknown large-scale systems over wireless communication networks[J]. IEEE Transactions on Neural Networks and Learning Systems, 2020, 31(11): 4907 - 4919.

[110] Wei Q L, Liu D R, Lewis F L, et al. Mixed iterative adaptive dynamic programming for optimal battery energy control in smart residential microgrids[J]. IEEE Transactions on Industrial Electronics, 2017, 64(5): 4110-4120.

[111] Guo W, Liu F, Si J, et al. Online supplementary ADP learning controller design and application to power system frequency control with large-scale wind energy integration[J]. IEEE Transactions on Neural Networks and Learning Systems, 2016, 27(8): 1748-1761.

[112] Mu C X, Tang Y F, He H B. Improved sliding mode design for load frequency control of power system integrated an adaptive learning strategy[J]. IEEE Transactions on Industrial Electronics, 2017, 64(8): 6742-6751.

[113] Wei Q L, Shi G, Song R Z, et al. Adaptive dynamic programming-based optimal control scheme for energy storage systems with solar renewable energy[J]. IEEE Transactions on Industrial Electronics, 2017, 64(7): 5468-5478.

[114] 高鹏, 高振宇, 赵赏鑫, 等. 2020 年中国油气管道建设新进展[J]. 国际石油经济, 2021, 29(3): 53-60.

[115] 田中山. 成品油管道运行与管理[M]. 北京: 中国石化出版社, 2019.

[116] 国家发展和改革委员会, 国家能源局, 中长期油气管网规划[EB/OL]. (2017-7-12). https://www.ndrc.gov.cn/xxgk/zcfb/ghwb/201707/t20170712_962238.html?code=&state=123.

[117] 国务院, 中华人民共和国国民经济和社会发展第十四个五年规划和 2035 年远景目标纲要[EB/OL]. http://www.gov.cn/xinwen/2021-03/13/content_5592681.htm. 2021-3-13.

[118] 陈启壮. 基于案例分析法浅析输油管道安全管理存在的问题及对策[J]. 仪器仪表标准化与计量, 2018(1): 24-25.

[119] Ab Rashid M Z, Yakub M F M, bin Shaikh Salim S A Z, et al. Modeling of the in-pipe inspection robot: A comprehensive review[J]. Ocean Engineering, 2020, 203: 107206.

[120] 刘燕德. 无损智能检测技术及应用[M]. 武汉: 华中科技大学出版社, 2007.

[121] 陈小伟, 张对红, 王旭. 油气管道环焊缝面临的主要问题及应对措施[J]. 油气储运, 2021, 40(9): 1072-1080.

[122] Ma Q, Tian G, Zeng Y, et al. Pipeline in-line inspection method, instrumentation and data management[J]. Sensors, 2021, 21(11): 3862.

[123] Ho M, El-Borgi S, Patil D, et al. Inspection and monitoring systems subsea pipelines: A review paper[J]. Structural Health Monitoring, 2020, 19(2): 606-645.

[124] 生利英. 超声波检测技术[M]. 北京: 化学工业出版社, 2014.

[125] Kou X, Pei C, Chen Z. Fully noncontact inspection of closed surface crack with nonlinear laser ultrasonic testing method[J]. Ultrasonics, 2021, 114: 106426.

[126] Kou X, Pei C, Liu T, et al. Noncontact testing and imaging of internal defects with a new Laser-ultrasonic SAFT method[J]. Applied Acoustics, 2021, 178: 107956.

[127] 黄松岭. 油气管道缺陷漏磁内检测理论与应用[M]. 北京: 机械工业出版社, 2013.

[128] Zhang S, Uchimoto T, Takagi T, et al. Mechanism study for directivity of TR probe when applying Eddy current testing to ferromagnetic structural materials[J]. NDT & E International, 2021, 122: 102464.

[129] Yu Z, Fu Y, Jiang L, et al. Detection of circumferential cracks in heat exchanger tubes using pulsed eddy current testing[J]. NDT & E International, 2021, 121: 102444.

[130] Wang H, Dong L, Wang H, et al. Effect of tensile stress on metal magnetic memory signals during on-line measurement in ferromagnetic steel[J]. NDT & E International, 2021, 117: 102378.

[131] Su S, Ma X, Wang W, et al. Quantitative evaluation of cumulative plastic damage for ferromagnetic steel under low cycle fatigue based on magnetic memory method[J]. Strain, 2021, 57(3): e12379.

[132] 王桂增, 叶昊. 流体输送管道的泄漏检测与定位[M]. 北京: 清华大学出版社, 2010.

[133] Datta S, Sarkar S. A review on different pipeline fault detection methods[J]. Journal of Loss Prevention in the Process Industries, 2016, 41: 97-106.

[134] Abdulshaheed A, Mustapha F, Ghavamian A. A pressure-based method for monitoring leaks in a pipe distribution system: A Review[J]. Renewable and Sustainable Energy Reviews, 2017, 69: 902-911.

[135] Verde C, Torres L. Modeling and Monitoring of Pipelines and Networks[M]. Switzerland: Springer, 2017.

[136] 习近平主持召开中央财经委员会第九次会议强调 推动平台经济规范健康持续发展 把碳达峰碳中和纳入生态文明建设整体布局[EB/OL] (2012-03-15). http://www.qstheory.cn/yaowen/2021-03/15/c_1127214373.htm.

[137] 胡旭光, 马大中, 郑君, 等. 基于关联信息对抗学习的综合能源系统运行状态分析方法[J]. 自动化学报, 2020, 46(9): 1783-1797.

[138] 孙秋野, 胡旌伟, 杨凌霄, 等 基于GAN技术的自能源混合建模与参数辨识方法[J]. 自动化学报, 2018, 44(5): 901-914.

[139] Sekander S, Tabassum H, Hossain E. Statistical performance modeling of solar and wind-powered UAV Communications[J]. IEEE Transactions on Mobile Computing, doi: 10.1109/TMC.2020.2983955.

[140] Wang J, Dong C, Jin C, et al. Distributed Uniform Control for Parallel Bidirectional Interlinking Converters for Resilient Operation of Hybrid AC/DC Microgrid[J]. IEEE Transactions on Sustainable Energy, 2022, 13(1): 3-13.

[141] Lin P, Jiang W, Wang J, et al. Toward Large-Signal Stabilization of Floating Dual Boost Converter-Powered DC Microgrids Feeding Constant Power Loads[J]. IEEE Journal of Emerging and Selected Topics in Power Electronics, 2021, 9(1): 580-589.

[142] Şahin M E, Blaabjerg F, Sangwongwanich A. Modelling of supercapacitors based on simplified equivalent circuit[J]. CPSS Transactions on Power Electronics and Applications, 2021, 6(1): 31-39.

[143] Tushar W, Saha T K, Yuen C, et al. Peer-to-peer energy trading with sustainable user participation: A game theoretic approach[J]. IEEE Access, 2018, 6: 62932-62943.

[144] Yu H, Xu L D, Cai H M, et al. A stream processing framework based on linked data for information collaborating of regional energy networks[J]. IEEE Transactions on Industrial Informatics, 2021, 17(1): 179-188.

[145] Zhao T Y, Xiao J F, Hai K L, et al. Two-stage stochastic optimization for hybrid AC/DC microgrid embedded energy hub[C]. Proceedings of 2017 IEEE Conference on Energy Internet and Energy System Integration, 2017.

[146] 刘金海, 张化光, 冯健. 输油管道压力时间序列混沌特性研究[J]. 物理学报, 2008, 57(11): 6868-6877.

[147] Zhang H G, Liu J H, Ma D Z, et al. Data-core-based fuzzy min-max neural network for pattern classification[J]. IEEE Transactions on Neural Networks, 2011, 22(12): 2339-2352.

[148] Nguyen S D, Choi S B, Seo T I. Adaptive fuzzy sliding control enhanced by compensation for explicitly unidentified aspects[J]. International Journal of Control Automation and Systems, 2017, 15(6): 2906-2920.

[149] Lai G Y, Liu Z, Chen C L P, et al. Adaptive compensation for infinite number of time-varying actuator failures in fuzzy tracking control of uncertain nonlinear systems[J]. IEEE Transactions on Fuzzy Systems, 2018, 26(2): 474-486.

[150] Zhang H G, Wei Q L, Liu D R. An iterative adaptive dynamic programming method for solving a class of nonlinear zero-sum differential games[J]. Automatica, 2011, 47(1): 207-214.

第 **2** 章　能源互联系统机理建模

2.1　引　　言

当前，国内外对多能系统的概念、物理架构及相关模型已经进行了较为深入的研究，但已有研究大多是针对某一特定/假定的区域能源系统进行建模，对能源互联系统中各类典型物理设备及其数学模型并未进行系统性的梳理和总结。同时，能源互联系统存在多种形式的能源子系统，称之为能源互联区域网系统，其内部设备结构不同，系统属性、功能和运行特点也有很大差别。而且传统的建模仿真技术、运行优化策略、控制和保护技术已经难以解决多结构、多层次、多模态、多时空、非线性的能源互联系统所遇到的各种问题。

目前已有的研究，较多是关于电-气耦合的网络建模。如张义斌[1]对电力-天然气混合系统进行了分析与优化，且侧重于对混合系统中的天然气网络各元件与管网建立数学模型，并提出了一种混合负荷的统一求解方法；孙秋野等[2]也是对电-气混合系统进行稳态分析，但与张义斌不同的是，将温度列入了天然气网络的状态变量之中；Liu 等[3]分析的是电-热耦合的网络，不仅针对电网和热网建立了稳态模型，还针对热电联产机组、热泵和电锅炉等电-热耦合单元进行建模，提出了一种分立求解法来对电-热耦合系统进行多能流分析，并且与统一求解法的结果进行对比以分析二者优劣；孙秋野等[4]最先开始分析电力网络、天然气网络、热力网络三者结合的综合能源系统，并考虑了循环泵、燃气锅炉、燃气轮机、电动压缩机等耦合单元；王英瑞等[5]提出了电-气-热耦合系统的多能流求解法，基于统一能路理论，针对天然气网络与供热网络，提出了相适应的潮流计算方法；陈彬彬、孙宏斌等和张化光团队基于电路理论中"场"到"路"的推演方法论，提出了综合能源系统的统一能路理论[6,7]；陈彬彬等[8]基于统一能路理论，提出了相适应的潮流计算方法；张化光团队对能源互联网信息-物理-能源-经济系统建模的同时，给予了能源互联区域网系统的动态模型，但模型较小，无法展示信息能源系统全貌，不具有普适性[9]。

为了解决上述问题，本章从静态模型和动态模型两方面出发。在静态模型方面研究了节点模型和支路模型。其中，节点模型根据各个节点处的功率平衡条件建立模型，并加入了多种耦合设备，实现能源互联区域网系统的多能协同。支路模型以各个支路为模型，类比电路模型，借鉴电路分析理论，以电路模型为基础，在一定前提条件下建立能源互联区域网网络的支路静态模型。在动态模型方面，引入了微型燃气轮机作为耦合设备，建立了能源互联区域网系统整体状态空间模型。

　　虽然能源互联区域网系统的模型能够准确地描述系统的动态行为，但模型维数可能会达到成千上万维，分析和控制策略制定过程的计算耗时往往难以估计。这就造成了目前一些先进、有效但又复杂的分析控制方法仅在小规模电力系统中得到很好的应用，却无法适用大规模系统。为提高能源互联区域网系统模型应用的便捷性，采用降阶方法对能源互联区域网系统建模中获得的动态方程进行降阶，用一个简单、低维度的动态系统模型来代替复杂、高维度的动态系统模型并保留原有系统的重要特征[10]，以满足现代能源互联区域网系统安全稳定分析和实用性需求。

　　本章中采用了 Krylov 子空间[11]模型降阶方法。此方法是模型降阶中的一类基本方法，通常采用所构造的标准列正交向量基对原始系统进行降阶。相对于平衡截断降阶方法[12,13]，Krylov 子空间降阶方法算法稳定、实现简单，能够保持原始系统有一定数量的矩，并且 Krylov 子空间降阶方法可以广泛应用于非线性系统。而平衡截断法应用仅限于线性系统，而在面对高维系统时，计算量巨大，难以得到较为准确的结果。

　　本章最后对降阶结果进行了仿真验证，实现了能源互联区域网系统的降阶处理，并验证了建立的能源互联区域网系统动态模型的正确性。

2.2　能源互联系统节点静态模型的建立

　　能源互联区域网中，能源载体形式各种各样，包括电能、热能、天然气和交通，能源互联区域网可以是拥有分布式发电、储能、冷热电联产等能源生产、转换和存储设备的个人、别墅、企业或社区，也可以是具有能源质量调节能力的电厂、供热站等。与传统能源系统(微网、直供热网、直供气网)相比，能源互联区域网的强耦合性和互补性使得能源互联区域网具有将不同种类能源转换成自己所需能源的能力。

　　能源互联区域网间通过能源端口与其他能源互联区域网交换能量。图 2.1 为涵盖电能、热能、天然气的能源互联区域网结构，负荷(电负荷、热负荷和天然气负荷)由本地能量生产单元供能，多余能源不仅可以通过能量存储设备进行储能，还可以通过能源端口进行能量交换。

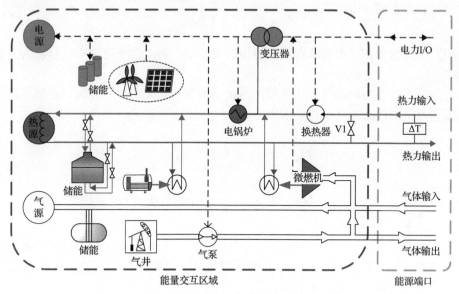

图 2.1　能源互联区域网结构

2.2.1　电力网子系统模型

如图 2.1 所示能源互联区域网结构，其中电力网子系统模型包括分布式电源、储能设备、负荷及能量转换单元。储能设备充放电过程带有一定的计划性，因而可以联合分布式电源统一被视为电力子网中的 PQ 节点，将分布式电源联储模块等效成输出功率可控的微电源，经过逆变器向本地负荷和其他区域输送功率。负荷单元是由网络中众多用电设备和用户组成的综合对象，具有非线性和异构性，根据负荷特性可以分为静态负荷和动态负荷。本节中涉及的电能转换单元主要包括电锅炉、水泵、天然气压缩机，这些转换单元的能量输入波动会影响耦合网络的能源输出，因而其模型不能视为常规负荷或电源来看，其等效模电路如图 2.2 所示。

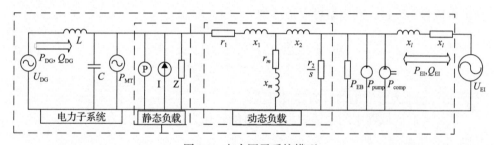

图 2.2　电力网子系统模型

从能源互联区域网能源端口来看，分布式电源联储模块可以描述为

$$\tilde{S}_{DG} = -(P_{DG} + jQ_{DG}) \tag{2.1}$$

式中，$\tilde{S}_{DG}$ 为分布式电源联储模块输出的复功率；P_{DG} 为有功功率；Q_{DG} 为无功功率。

为了更好地协调能源互联区域网系统中的有功和无功功率分配，系统采用下垂控制方法来控制逆变器功率输出。

$$P_{DG} = P_{DG,0} - \frac{1}{m_p}(f - f_0)$$

$$Q_{DG} = Q_{DG,0} - \frac{1}{n_q}(U_{DG} - U_0) \tag{2.2}$$

式中，m_p 为有功功率下垂系数；n_q 为无功功率下垂系数；f_0 和 f 分别为逆变器额定频率和输出频率；U_0 和 U_{DG} 分别为额定电压和输出电压；$P_{DG,0}$ 和 $Q_{DG,0}$ 分别为逆变器的有功和无功额定容量。

在能源互联区域网中，微燃气轮机通过燃烧天然气产生热能，其中具有较高压力和温度的高品位热能转换为电能，低品位热能通过热交换器供给热负荷，其单位时间内所产生的电能与进气量的关系为

$$P_{E,MT} = \eta_{g2e} H_u m_g \tag{2.3}$$

式中，$P_{E,MT}$ 为微燃气轮机的输出电功率；η_{g2e} 为微燃气轮机发电效率；H_u 为天然气燃烧低位发热值；m_g 为单位时间天然气的进气量。

能源互联区域网中电力系统的静态负荷按特性分为恒定阻抗(Z)、恒定电流(I)和恒定功率(P)三种负载，按一定比例将其组合，系统功率可以表示如下：

$$\tilde{S}_{L0} = P_{L0} + jQ_{L0} \tag{2.4}$$

能源互联区域网中电力系统的动态负荷主要由感应电动机组成，根据感应电动机机械暂态过程，其模型可以描述为

$$\tilde{S}_L = \frac{R_L}{R_L^2 + X_L^2}U^2 + j\frac{X_L}{R_L^2 + X_L^2}U^2 \tag{2.5}$$

$Z_L = R_L + jX_L$ 为感应电动机的等值阻抗。

能源互联区域网中的电锅炉可以将电能转化为热能，为热力管网提供热量，其电功率 $P_{E,EB}$ 表达如下：

$$P_{\mathrm{E,EB}} = UI_{\mathrm{EB}} \tag{2.6}$$

式中，$P_{\mathrm{E,EB}}$ 为电锅炉输入功率；I_{EB} 为电锅炉电流。

能源互联区域网中的水泵和空气压缩机将电能转换为机械能，从而增加热力管网和天然气管网对介质的输送能力，其耗电功率可以表示为

$$P_{\mathrm{E,pump}} = UI_{\mathrm{pump}}$$
$$P_{\mathrm{E,comp}} = UI_{\mathrm{comp}} \tag{2.7}$$

式中，$P_{\mathrm{E,pump}}$ 和 $P_{\mathrm{E,comp}}$ 分别为水泵和压缩机的输入功率；I_{pump} 和 I_{comp} 分别为水泵和压缩机电锅炉的电流。

根据系统结构，电力子系统中线路损耗 $\Delta \tilde{S}_{1} = \Delta P_{1} + \mathrm{j}\Delta Q_{1}$ 可以表示为

$$\Delta P_{1} = \frac{r_{1}}{r_{1}^{2} + x_{1}^{2}}(U_{\mathrm{EI}} - U)^{2}$$
$$\Delta Q_{1} = \frac{x_{1}}{r_{1}^{2} + x_{1}^{2}}(U_{\mathrm{EI}} - U)^{2} \tag{2.8}$$

式中，$r_{1} + \mathrm{j}x_{1}$ 为能源互联区域网端口到负荷的线路阻抗。进而得到如下等式：

$$P_{\mathrm{E}} = P_{L0} + P_{L} + P_{\mathrm{E,EB}} + P_{\mathrm{pump}} + P_{\mathrm{comp}} + \Delta P_{1} - P_{\mathrm{DG}} - P_{\mathrm{E,MT}}$$
$$Q_{\mathrm{E}} = Q_{L} + Q_{L0} + \Delta Q_{1} - Q_{\mathrm{DG}} \tag{2.9}$$

2.2.2　热力网子系统模型

在供热系统中，由信息能源系统提供带有一定温度和质量流率的水，经过水泵、电锅炉和热交换器等设备加压升温后向能源互联区域网中的热负荷提供热量，最后经由回水管流回信息能源系统。目前，集中供热系统的经济收益大多来自采暖用户每年固定缴纳的采暖费，而非用户有关实时采暖热量的价格函数。因此，本节从供热子系统功率平衡的角度出发对能源互联区域网建模，通过调整设备输入功率控制系统中的各状态变量，从而对能源互联区域网热网系统进行控制，同时根据本节所建模型可对供热系统进行实时经济性分析，其系统结构如图 2.3 所示。

在图 2.3 所示热力子系统中，无能源耦合设备时测得进水后流体状态变量为 $T_{\mathrm{w,i}}$、$p_{\mathrm{w,i}}$ 和 $v_{\mathrm{w,i}}$，由于管道中的水带有流动性，为方便计算热网热功率对流体温度变化的影响，本节从热力学角度对热功率定义如下。

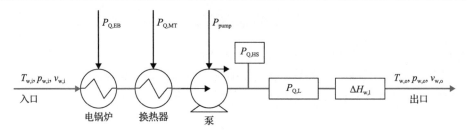

图 2.3　热力子系统模型

定义 2.1：在理想情况下，管道的热功率是指单位时间内管道中流体通过某一截面时所具有的热量，单位 W，热功率表征管道输送热量的快慢，其计算公式为

$$P_{Q} = cmT \tag{2.10}$$

式中，c 为比热容；$\dot{m} = \rho v S$ 为流体的质量流量，其中 ρ 为流体密度，v 为速度，S 为管道横截面积；T 为流体的温度。

电锅炉作为热力管网中的升温设备，可以将电能转化为热能，为热力管网提供热量。当接入输入电功率为 $P_{E,EB}$ 的电锅炉时，其热功率 $P_{Q,EB}$ 表达如下：

$$P_{Q,EB} = \eta_{EB} P_{E,EB} \tag{2.11}$$

式中，$P_{E,EB}$ 为电锅炉输入功率；η_{EB} 为电锅炉热效率。

在能源互联区域网中，微燃气轮机在向电力子系统提供电能的同时也向热力子系统提供热能，其单位时间内所产生的热能与微燃气轮机进气量的关系为

$$P_{Q,MT} = \eta_{g2h} H_u \dot{m}_g \tag{2.12}$$

式中，$P_{Q,MT}$ 为微燃气轮机的输出热功率；η_{g2h} 为微燃气轮机产热效率；$\dot{m}_g$ 为微燃气轮机进气质量流量。

在热力管网中，水泵的输入功率 P_{pump} 与泵的转速 ω 相关，而泵转速的改变会直接影响热力管网中流体的流速与压强：

$$P_{pump} = \frac{\dot{m}_{w} H_{w}}{1000 \eta_{pump}} \tag{2.13}$$

式中，$\dot{m}_{w}$ 为水泵进水的质量流量；H_{w} 为水泵扬程；η_{pump} 为水泵效率。

假设水泵进水口与出水口高度相等，$h_1 = h_2$，若水泵的输入功率为 P_{pump}，由于进出水管管径不变，管道内流体流速不发生突变，所以水泵扬程瞬间转化为流体压强，由式(2.13)及带有机械能输入的伯努利方程可得到加压后水泵出水后压强 p_{w} 为

$$p_{\text{w}} = p_{\text{w,i}} + \frac{1000\eta_{\text{pump}}\rho_{\text{w}}gP_{\text{pump}}}{\dot{m}_{\text{w,1}}} \tag{2.14}$$

式中，g 为加压系数；$\dot{m}_{\text{w,1}}$ 为水泵加压之前流体质量流率。

对整个热力管网，假设出水后压强 $p_{\text{w,o}}$ 不变，则根据式 (2.14)，管道中流体流速经水泵加压后变为

$$v_{\text{w}}^2 = v_{\text{w,1}}^2 + \frac{2000\eta_{\text{pump}}gP_{\text{pump}}}{\rho_{\text{w}}S_{\text{pipe}}v_{\text{w,1}}} + \frac{2p_{\text{w,i}} - 2p_{\text{w,o}}}{\rho_{\text{w}}} \tag{2.15}$$

基于以上分析，当管道中加入功率为 P_{pump} 的水泵时，其输出热功率为

$$P_{\text{Q,pump}} = c_{\text{w}}\rho_{\text{w}}S_{\text{pipe}}(v_{\text{w}} - v_{\text{w,1}})T_{\text{w}} \tag{2.16}$$

在实际工程中，由于建筑的能耗与室内室外温度、建筑结构等多方面因素有关，采暖用户的热负荷很难得到一个精准的模型。本节采用热力学中较为通用的单位面积指标法对热负荷进行建模，由于供热系统中的燃煤锅炉和热储能设备具有一定的计划性，对其控制可等效为控制建筑采暖面积，所以锅炉用户储能联合模型可表示为

$$P_{\text{Q,L}} = \chi_{\text{Q,L}}F_{\text{Q,L}}$$

$$F_{\text{Q,L}} \in \left(\frac{\chi_{\text{Q,L}}F_{\text{Q,L}}^{\min} - P_{\text{Q,B}}^{\max} - P_{\text{Q,HS}}^{\max}}{\chi_{\text{Q,L}}}, \frac{\chi_{\text{Q,L}}F_{\text{Q,L}}^{\max} + P_{\text{Q,HS}}^{\max}}{\chi_{\text{Q,L}}} \right) \tag{2.17}$$

式中，$P_{\text{Q,L}}$ 为建筑物采暖热负荷；$\chi_{\text{Q,L}}$ 建筑单位面积耗热指标；$F_{\text{Q,L}}$ 为可控建筑面积；$P_{\text{Q,B}}^{\max}$ 和 $P_{\text{Q,HS}}^{\max}$ 分别为燃煤锅炉最大热功率和热储能最大存储(释放)功率。

由于流体在运动时存在黏性，在管道中流动会产生摩擦力，使得流体一部分机械能转化为热能，所以虽然管道中流体由于摩擦阻力减小了流速，但温度却增加了，从功率平衡角度来看，流体的热功率损失非常小，可忽略不计。

根据本节所建立的热力子系统结构，能源互联区域网热力子系统的输出功率为

$$P_{\text{Q,o}} = P_{\text{Q,i}} + P_{\text{Q,EB}} + P_{\text{Q,MT}} + \Delta P_{\text{Q,pump}} - P_{\text{Q,L}} \tag{2.18}$$

2.2.3　燃气(石油)网子系统建模

在天然气管网中作为一个可控气源，天然气气井联合储气罐输出具有一定

$v_{g,1}$、$p_{g,1}$ 和 $\rho_{g,1}$ 的天然气，经过空气压缩机升压后与天然气管网汇流。与电网中功率流动规律类似，经压缩机升压后天然气压力大于信息能源系统端压强时，能源互联区域网向信息能源系统输出天然气，反之信息能源系统向能源互联区域网输入。能源互联区域网内天然气子系统具体结构如图 2.4 所示，其中，$v_{g,1}$、$p_{g,1}$ 和 $\rho_{g,1}$ 为能源互联区域网端口天然气状态变量，$\dot{m}_{g,L}$ 为天然气负荷。

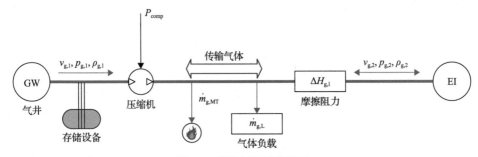

图 2.4　天然气子系统模型

本节根据天然气管网中总能量守恒和气体状态变量转化规律研究天然气的流量变化。其中，天然气压缩机的输入功率与电力网络耦合，其工作原理与水泵类似，但由于天然气是可压缩的，加压后天然气的密度和流速等都会发生改变，因而压缩机输入功率对天然气管网的影响与热力管网不同。假设压缩机的输入功率为 P_{comp}，由于气体流速、密度不能瞬变，其功率变化全部转化为 H_g。由伯努利方程可得到天然气压力瞬时变化量 $\Delta p_{g,1}$ 为

$$\Delta p_{g,1} = \rho_{g,1} g H_g \tag{2.19}$$

引理 2.1：在理想气体中，管道中压缩机输入功率 P_{comp} 与管道中气体流速变化量 Δv_g、气体压强变化量 Δp_g 的关系为

$$p_{g,1} \Delta v_g + v_{g,1} \Delta p_g + \Delta p_g \Delta v_g = \gamma_1 P_{comp} \tag{2.20}$$

式中，$\gamma_1 = \dfrac{1000 g \eta_{comp}}{1 + c/RZ}$，$R$ 为气体常数，Z 为气压压缩因子。

证明：在不考虑气体对外热损失的条件下，根据能量守恒方程，压缩机对气体所做功的一部分以机械能形式传给气体，另一部分以热能形式传给气体，因而管道中气体的总功率 $P_{g,tot}$ 为

$$P_{g,tot} = P_M + P_Q \tag{2.21}$$

式中，P_M 为气体的机械功率。

当压缩机功率为 P_{comp} 时，根据式 (2.21)，气体总功率变化为

$$\Delta P_{g,tot} = \Delta p_{g,1} \cdot S \cdot v_1 \tag{2.22}$$

由式 (2.19)、式 (2.21) 可得压缩机的输入功率为 P_{comp} 时，管道中气体的功率平衡方程为

$$(p_{g,1} + \Delta p_{g,1})v_{g,1}S + c\dot{m}_{g,1}T_{g,1} = p_{g,2}v_{g,2}S + c\dot{m}_{g,2}T_{g,2} \tag{2.23}$$

根据理想气体状态方程可得

$$\rho_g T_g = \frac{M}{R} p_g \tag{2.24}$$

式中，M 为气体的摩尔质量；R 为气体常数。

将式 (2.19)、式 (2.24) 及 $p_{g,2} = p_{g,1} + \Delta p_g$ 代入式 (2.23)，即可得出 P_{comp} 与 Δv_g、Δp_g 的关系。

根据式 (2.20)，当天然气管网接入输入功率为 P_{comp} 的压缩机时，系统稳定后，管道中天然气压强变化量与速度变化量的乘积可以表示为

$$\Delta p_g \Delta v_g = \gamma_1 P_{comp} + 2p_{g,1}v_{g,1} - p_{g,1}v_g - v_{g,1}p_g \tag{2.25}$$

在天然气管网中，微燃气轮机和天然气负荷出气口均有测速装置，其输出天然气量可控，假设微燃气轮机和天然气负荷出气口压强均为标准大气压，则微燃气轮机和天然气负荷的气流量可以表示为

$$\begin{aligned} V_{g,MT} &= S_{g,MT}v_{g,MT} \\ V_{g,L} &= S_{g,L}v_{g,L} \end{aligned} \tag{2.26}$$

假设经压缩机升压后的气体状态变量为 $v_{g,s}$、$p_{g,s}$ 和 $\rho_{g,s}$ 且天然气管网水平放置，根据图 2.4 所示天然气管网沿程流量变化可列出天然气总流的伯努利方程为

$$
\begin{aligned}
\dot{m}_{g,2}\left(\frac{p_{g,2}}{\rho_{g,2}g} + \frac{v_{g,2}^2}{2g}\right) &= \dot{m}_{g,s}\left(\frac{p_{g,s}}{\rho_{g,s}g} + \frac{v_{g,s}^2}{2g}\right) - \\
\dot{m}_{g,MT}\left(\frac{p_{g,MT}}{\rho_{g,MT}g} + \frac{v_{g,MT}^2}{2g}\right) &- \dot{m}_{g,L}\left(\frac{p_{g,L}}{\rho_{g,L}g} + \frac{v_{g,L}^2}{2g}\right) - \dot{m}_{g,L}\Delta H_{g,l}
\end{aligned} \tag{2.27}
$$

式中，$\dot{m}_{g,s} > 0$ 代表压缩机向能源互联区域网端口输气，反之为储气罐储气；

$\dot{m}_{g,2} > 0$ 代表信息能源系统向能源互联区域网输气，反之为能源互联区域网向信息能源系统输气。

天然气管道中，天然气流动会产生摩擦力使其流速减小，但同时增大了管道压强，因而本节忽略天然气黏性对管道状态变量的影响。同时，在实际工程中，天然气的压力势能远远大于其动能，因而可假设天然气在稳定时各节点流速相等。基于以上假设，式(2.27)可以简化为

$$p_{g,2}\dot{V}_{g,2} = p_{g,s}\dot{V}_{g,s} - p_{g,MT}\dot{V}_{g,MT} - p_{g,L}\dot{V}_{g,L} \tag{2.28}$$

式中，$\dot{V}_g = v_g S_g$ 为天然气的体积流率，其中，2 表示能源互联网的输出端口，s 为经压缩机压缩后的，MT 为输出到微燃机的，L 为输出到气体负载的。

这里，类比电力学中的电功率为电压与电流的乘积，在信息能源系统中将天然气管网中天然气压力与体积流率的乘积做出如下定义。

定义 2.2：在标准大气压下，气体的容压是指单位时间内管道某一截面处通过气体体积的多少，单位为 $bar \cdot g \cdot m^3/s$，容压表征管道输送气体的能力，其计算公式为

$$Z_g = \frac{p_g \dot{V}_g}{1 \times 10^5} \tag{2.29}$$

根据本节所建天然气管网结构，能源互联区域网天然气子系统模型可以表示为

$$Z_{g,2} = Z_{g,1} - Z_{g,MT} - Z_{g,L} + \Delta Z_{g,comp} \tag{2.30}$$

2.2.4 系统整体模型

根据对能源互联区域网各个子网络中的电功率平衡方程、热功率平衡方程及容压平衡方程进行整理，可得到能源互联区域网的整体机理模型：

$$
\begin{aligned}
P_E &= \theta_{11}U^2 + \theta_{12}U + \theta_{13}f - \theta_{14}v_{g,MT} + \theta_{15} \\
Q_E &= \theta_{21}U^2 + \theta_{22}U + \theta_{23}U_{DG} + \theta_{24} \\
P_Q &= \theta_{31}v_w T_w - \theta_{32}T_w + \theta_{33}v_{g,MT} - \theta_{34}F_{Q,L} + \theta_{35} + \eta_{EB}P_{EB} \\
Z_g &= \frac{\theta_{41}v_g + \theta_{42}p_g + \theta_{43}v_{g,MT} + \theta_{44}v_{g,L} + \theta_{45}P_{comp} + \theta_{46}}{1 \times 10^5}
\end{aligned} \tag{2.31}
$$

式中，θ_{ij} 为能源互联区域网系统模型参数，可根据各网络中具体参数求得。其中

有功功率参数具体形式为 $\theta_{11} = \dfrac{R_L}{R_L^2 + X_L^2} + \dfrac{P_0 P_Z}{U_0^2} + \dfrac{r_1}{r_1^2 + x_1^2}$，$\theta_{12} = \dfrac{P_0 P_1}{U_0} - \dfrac{2r_1 U_{EI}}{r_1^2 + x_1^2}$，

$\theta_{13} = \dfrac{1}{m_p}$，$\theta_{14} = \eta_{g2e} H_u \rho_{g,MT} S_{g,MT}$，$\theta_{15} = P_0 P_P + P_{EB} + P_{pump} + P_{comp} + \dfrac{2r_1 U_{EI}^2}{r_1^2 + x_1^2} - \dfrac{f_0}{m_p} -$

$P_{DG,0}$；无功功率参数具体形式为 $\theta_{21} = \dfrac{X_L}{R_L^2 + X_L^2} + \dfrac{Q_0 Q_Z}{U_0^2} + \dfrac{x_1}{r_1^2 + x_1^2}$，$\theta_{22} = \dfrac{Q_0 Q_1}{U_0} -$

$\dfrac{2x_1 U_{EI}}{r_1^2 + x_1^2}$，$\theta_{23} = \dfrac{1}{n_q}$，$\theta_{24} = Q_0 Q_P + \dfrac{2x_1 U_{EI}^2}{r_1^2 + x_1^2} - \dfrac{U_0}{m_p} - Q_{DG,0}$；热功率方程参数具体形式

为 $\theta_{31} = c_w \rho_w S_{w,pipe}$，$\theta_{32} = c_w \rho_w S_{w,pipe} v_{w,i}$，$\theta_{33} = \eta_{g2h} H_u \rho_{g,MT} S_{g,MT}$，$\theta_{34} = \chi_{Q,L}$，

$\theta_{35} = \rho_w v_{w,i} S_{w,1} T_{w,i}$；天然气容压方程参数具体形式为 $\theta_{41} = -S_{g,pipe} p_{g,1}$，$\theta_{42} =$

$-S_{g,pipe} v_{g,1}$，$\theta_{43} = p_{g,0} S_{g,MT}$，$\theta_{44} = p_{g,0} S_{g,L}$，$\theta_{45} = \gamma_1 S_{g,pipe}$，$\theta_{46} = p_{g,1} v_{g,1} S_{g,pipe} +$

$2S_{g,pipe} p_{g,1} v_{g,1}$。

2.3　能源互联系统支路静态模型的建立

　　能源互联区域网系统的网络传输动态特性对能源互联区域网系统集成有重要影响。构建对能源互联区域网系统网络特性的描述，可以为多个能源互联区域网系统间的协同优化运行提供有效的数学基础，促进系统的合理决策。

　　在宏观层面，能源互联区域网网络具有相同的"网络属性"，即节点物质平衡与回路能量守恒。然而，微观层面不同类型能量流物理特性迥异、传输特性差异巨大，给能源互联区域网系统的整体性分析带来了很多困难。同时应注意到，能源互联区域网系统的异质能量流存在许多相似的特性。

　　基于能源互联区域网网络能量流的差异及其与电路的相似性，可类比电路模型、借鉴电路分析理论，以电路模型为基础，在一定前提条件下建立能源互联区域网网络的支路静态模型。

2.3.1　电力流方程

　　电力流是指沿着电网支路传输的电功率，也就是通常所说的潮流，是研究电力子系统支路模型的基本对象。通常情况下认为电力系统支路的传输路径的介质是均匀的，交流电力流的传送满足麦克斯韦方程，经典的数学模型为

$$\frac{\partial U}{\partial x} = -RI - L\frac{\partial I}{\partial t} \tag{2.32}$$

$$\frac{\partial I}{\partial x} = -GU - C\frac{\partial U}{\partial t} \tag{2.33}$$

式中，U 和 I 分别为电力流在传输线路位置 x 时刻 t 的电压和电流；G 和 C 分别为单位长度的运输线路对地的导纳和电容；R 和 L 分别指单位长度的运输线路的电阻和电抗。

电力流传输线路的经典电路模型如图 2.5 所示。

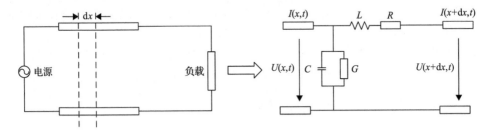

图 2.5　电力流均匀传输线模型

根据欧姆定律可得，图 2.5 电路模型中单位长度运输线路的电压降、电流差分别为

$$U(x,t) - U(x+\mathrm{d}x,t) = RI(x,t)\mathrm{d}x + L\frac{\partial I(x,t)}{\partial t}\mathrm{d}x \tag{2.34}$$

$$I(x,t) - I(x+\mathrm{d}x,t) = GU(x,t)\mathrm{d}x + C\frac{\partial U(x,t)}{\partial t}\mathrm{d}x \tag{2.35}$$

2.3.2　热力流方程

热力流是指沿着集中供热管网传输的热功率。集中供热管网中热量的传递是靠环境、管网的热交换和工质载体运输带来的热量转移这一复合过程。热力流在一维管道中传输的具体形式是不同位置的水温随时间的变化，如图 2.6 所示，数学方程表示为

$$c\rho S\frac{\partial T}{\partial t} + c\dot{m}\frac{\partial T}{\partial x} - \gamma_0\frac{\partial^2 T}{\partial x^2} + \lambda T = 0 \tag{2.36}$$

式中，c 为水的比热容；ρ 为水的密度；S 为热力管道横截面积；T 为热力管道内的水流在位置 x 时刻 t 与管道外环境的温度差，是关于 x 和 t 的函数；$\dot{m}$ 为水流的质量流量；λ 为管道的导热系数；γ_0 为水流径向热扩散系数。

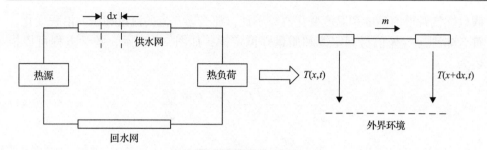

图 2.6　热力管网热力流模型

式(2.36)中左边的第一项和第二项为强制对流热传导，第三项为水流内部的静态热传导，第四项为传输过程中产生的热损耗。因为水的热传导率约为 0.59W/(m·K)，非常低，远远小于常见金属(铁的导热率为 86.5W/mK，铜的导热率为 403W/(m·K)的热传导率，所以水流内部的静态热传导通常可以忽略不计，式(2.36)可以化简为

$$c\rho S\frac{\partial T}{\partial t}+c\dot{m}\frac{\partial T}{\partial x}+\lambda T=0 \tag{2.37}$$

因为高温水流在放热过程中温度始终高于环境温度，所以水流所存储的热量高于环境温度部分的热量。那么，管道中水流在单位时间内通过某一横截面所释放的热量可以用热流功率 ϕ 来表示，根据比热容的定义可得

$$\phi=c\dot{m}T \tag{2.38}$$

除此之外，为了不改变管网的水利分布，仅依靠改变热源处的温度来满足负荷要求，可以采用质调节的运行方式，该方式运行管理简单且运行时水利工况稳定，在中国、北欧部分国家、俄罗斯等地区都有普遍的应用。因此，水流的质量流量 $\dot{m}$ 可被当作常数。结合式(2.37)和式(2.38)，可以得到以 ϕ 和 T 为变量的一维热力流的数学模型:

$$\frac{\partial T}{\partial x}=-\frac{\lambda}{c^2\dot{m}^2}\phi-\frac{\rho S}{c\dot{m}^2}\frac{\partial\phi}{\partial t} \tag{2.39}$$

$$\frac{\partial\phi}{\partial x}=-\lambda T-c\rho S\frac{\partial T}{\partial t} \tag{2.40}$$

2.3.3　燃气流方程

燃气流是指在压力的驱动下，沿着天然气网管道传输的天然气流。因为天然气在燃烧过程中会产生热量，所以管道中天然气的流动可以等效成能量的流动。

假设燃气管道的高度和温度变化忽略不计，那么燃气流的流量和压力沿程变化，符合非理想气体伯努利定律和质量守恒定律，如图 2.7 所示，数学方程可以描述为

$$\frac{\partial \pi^2}{\partial x} = -\frac{zR_g T\rho_{st}^2}{S^2 D}f^2 - \frac{\rho_{st}\pi}{S}\frac{\partial f}{\partial t} \tag{2.41}$$

$$\frac{\partial f}{\partial x} = -\frac{S}{\rho_{st}R_g T}\frac{\partial \pi}{\partial t} \tag{2.42}$$

式中，π 为燃气流在管道位置 x 时刻 t 的压力；f 为燃气流在管道位置 x 时刻 t 的流量(均为在标准状况下，即 1 个大气压、温度为 25℃)；z 为管道的摩擦系数，是导致天然气传输过程中压力损失的主要影响因素；D 为管道的直径；ρ_{st} 为天然气密度；$\rho_{st}f$ 即为质量流量；R_g 为天然气的比气体常数，即气体常数与天然气摩尔质量之比。

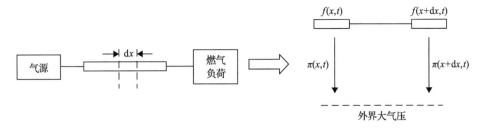

图 2.7　天然气管网燃气流传输模型

式(2.41)中流量对时间所求的偏导数对于方程精度产生的影响非常小，尤其是在管道中气体流量不发生剧烈变化且管道中容量很大时，对精度产生的影响不足 1%。因为在信息能源系统中，燃气与电力系统的耦合主要通过电转气(P2G)设备和燃气电厂实现，两者的输出(输入)通常直接接入高压输气网，而本节主要的研究对象是大容量跨区输气网络，则可以忽略流量关于时间的偏导数，式(2.41)和式(2.42)可以近似为

$$\frac{\partial \pi^2}{\partial x} = -\frac{zR_g T\rho_{st}^2}{S^2 D}f^2 \tag{2.43}$$

$$\frac{\partial f}{\partial x} = -\frac{S}{\rho_{st}R_g T}\frac{\partial \pi}{\partial t} \tag{2.44}$$

燃气流方程中含有二次项 π^2 和 f^2，导致燃气流方程和电力流、热力流有所不同，这会使信息能源系统的协同优化产生很多困难。实际上，在信息能源系统的研究中，其他能源子系统状态量的变化对燃气网的影响以及燃气网状态量变化

对其他能源子系统的影响更受关注。因此，在燃气网的平衡工作点附近进行泰勒展开，将原方程线性化来研究燃气流方程中各变量之间的近似关系。假设当前燃气管道在各个位置的管道气压 π_0、流量 f_0 均已知，且燃气流正处于稳定状态，那么 π_0 和 f_0 满足式（2.43）和式（2.44），令 $\Delta\pi = \pi - \pi_0$，$\Delta f = f - f_0$，则有

$$\frac{\partial\Delta\pi}{\partial x} = -\frac{zR_{\mathrm{g}}T\rho_{\mathrm{st}}^2 f_0}{S^2 D\pi_0}\Delta f \tag{2.45}$$

$$\frac{\partial\Delta f}{\partial x} = -\frac{S}{\rho_{\mathrm{st}}R_{\mathrm{g}}T}\frac{\partial\Delta\pi}{\partial t} \tag{2.46}$$

2.4　能源互联系统动态方程建立

能源互联区域网系统的动态模型是能源互联区域网系统进行动态特性和稳定性解析分析的主要途径。通过建立能源互联区域网系统各个子系统的全阶模型，可以对能源互联区域网系统的运行特性进行全面、有效地分析[14,15]。

能源互联区域网系统如图 2.8 所示，它包括微型燃气轮机、电力子系统、热网子系统、天然气子系统及电/气/热负荷，微型燃气轮机是各能源系统的耦合环节。为简便起见，电网考虑逆变器部分，输出为电负荷的恒压源；天然气供应部分以供应管道为主体，输出为管道的输出压力，忽略燃气输配管道的调整时间；热网供应部分依据质量和能量守恒定律，部分物理参数采用集总方法计算，忽略传输延迟影响；燃气轮机只考虑燃气入口流量的动态特性。

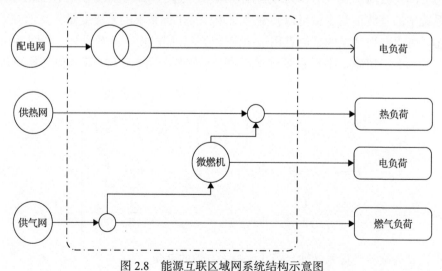

图 2.8　能源互联区域网系统结构示意图

2.4.1　电网子系统动态方程

如图 2.9 所示，DC-AC 逆变器通常采用三相三线制的拓扑结构。通过逆变器并网实现了分布式电源的动态特性与电网的解耦。因此，在交流电网系统中，通常可以将包含一次能源和储能设备的逆变器接口型电源简化为网侧逆变器进行研究。

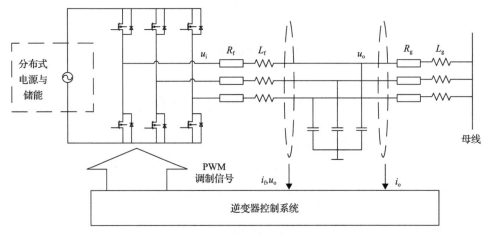

图 2.9　三相逆变器拓扑结构图

在交流电网中，交流侧测得的物理量均为交流时变的变量，无法直接用于稳定性分析和参数设计。为此，需要将在三相 (a,b,c) 静止坐标系下的电网模型转换到与电网基波同步旋转的 $(d,q,0)$ 坐标系中，经过 $3s/2r$ 坐标变换后，三相对称交流系统中的基波正弦变量可以转变为同步旋转坐标系下的直流变量，从而在系统稳态时可以获得稳定的平衡点用于稳定性分析，同时便于参数设计。如图 2.10 所示，从 abc 三相静止坐标系得到 dq 两相旋转坐标系的 $3s/2r$ 等幅值变换可以表示为

$$T = \frac{2}{3}\begin{bmatrix} \cos\theta & \cos\left(\theta - \frac{2}{3}\pi\right) & \cos\left(\theta + \frac{2}{3}\pi\right) \\ -\sin\theta & -\sin\theta\left(\theta - \frac{2}{3}\pi\right) & -\sin\theta\left(\theta + \frac{2}{3}\pi\right) \\ \frac{1}{2} & \frac{1}{2} & \frac{1}{2} \end{bmatrix} \tag{2.47}$$

式中，θ 为旋转坐标系 d 轴与静止坐标系 a 轴的夹角。

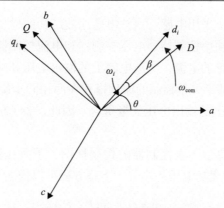

图 2.10 从三相静止坐标系到两相旋转坐标系下的坐标变换

对于三相对称系统来说，变换矩阵中的第三行可以忽略。逆变器的模型通常建立在当地坐标系下。假设系统的公共坐标系的旋转角速度为 ω_{com}，则在旋转坐标系上的变量可以在 dq 坐标系下表示为

$$\begin{bmatrix} x_{Di} \\ x_{Qi} \end{bmatrix} = T_i \begin{bmatrix} x_{di} \\ x_{qi} \end{bmatrix} = \begin{bmatrix} \cos\beta & -\sin\beta \\ \sin\beta & \cos\beta \end{bmatrix} \begin{bmatrix} x_{di} \\ x_{qi} \end{bmatrix} \tag{2.48}$$

并网逆变器无法单独为支撑孤岛电网的电压和频率提供足够的功率。因此，电压控制型逆变器需采用对等、协同的工作模式。电压控制型逆变器通过模拟同步发电机组的有功—频率下垂和无功—电压下垂运行特性可以实现功率在逆变器之间有效分配。采用下垂控制的逆变器模拟了传统同步发电机一次调频下垂特性和励磁电压调节特性。逆变器的输出电压频率、幅值和输出的有功功率、无功功率呈线性的下垂关系。这种下垂特性使并联逆变器之间能够自主地进行功率分配，并可以无缝接入大电网运行。由于下垂控制的控制结构简单，易于实现，且不依赖逆变器之间的通信，所以在电网中广泛使用。

下垂控制逆变器的框图如图 2.11 所示。下垂控制系统通过改变逆变器的端口

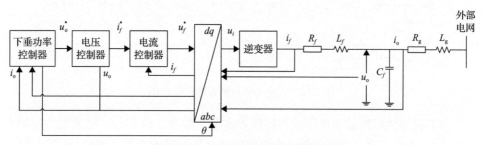

图 2.11 下垂控制逆变器的框图

基波电压分量，对一个采用电感-电容-电感滤波结构的逆变器进行控制。整个控制系统可以分为下垂功率控制器、电压控制器和电流控制器三个部分。控制系统需要测量机侧滤波电感的电流，滤波电容上的输出电压和网侧滤波电感上的输出电流。整个控制系统基于矢量控制的原理搭建在两相同步旋转坐标系上。dq 坐标系的 d 轴与滤波电容上的输出电压矢量重合。因此，$3s/2r$ 变换将滤波器上的测量值变换为直流变量。

　　图 2.11 展示了典型下垂控制器的控制框图，下垂控制器通过 P-f 下垂和 Q-V 下垂实现有功和无功电压的均分。下垂方程可以描述为

$$\begin{cases} \omega = \omega_{\mathrm{n}} - m(P - P_{\mathrm{n}}) \\ u_{od}^* = U_{\mathrm{n}} - nQ \end{cases} \tag{2.49}$$

式中，ω_{n}、U_{n} 和 P_{n} 分别为额定角频率、额定电压和额定功率；m 和 n 分别为有功和无功下垂系数；P 和 Q 分别为滤波后的瞬时有功和无功。

　　根据公式(2.49)，下垂控制器输出电容电压参考值的角频率和幅值。其中电压幅值信号传送给电压控制环，参考角频率随时间的积分作为相角信号传输给 $3s/2r$ 坐标变换模块。一阶低通滤波器通常被用作过滤瞬时功率中的高频分量，并为下垂控制逆变器提供一定的控制惯性。根据图 2.12 中的下垂功率控制器的控制框图，可以得到关于一阶低通滤波的状态方程：

$$\begin{cases} \dfrac{\mathrm{d}P}{\mathrm{d}t} = \omega_c (1.5 u_{od} i_{od} + 1.5 u_{oq} i_{oq} - P) \\ \dfrac{\mathrm{d}Q}{\mathrm{d}t} = \omega_c (1.5 u_{od} i_{od} - 1.5 u_{oq} i_{oq} - Q) \end{cases} \tag{2.50}$$

式中，u_{od}、u_{oq} 分别为线路中电压在 d 轴和 q 轴分量；i_{od}、i_{oq} 分别为线路中电压在 d 轴和 q 轴分量；ω_c 为低通滤波器的截止频率。

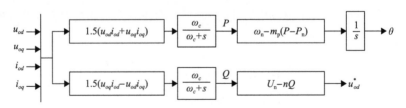

图 2.12　下垂功率控制器的控制框图

　　为了获得良好的输出电压动态特性和质量，如图 2.13 所示，变流器的控制采用电压-电流的双闭环控制结构。为了实现对电压电流的无静差跟踪，电压与电流控制环均采用 PI 控制。同时，采用前馈解耦控制策略，实现了对 d 轴和 q 轴分量

的解耦控制。

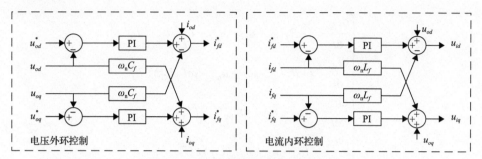

图 2.13　电压-电流双闭环的控制框图

关于内环控制的状态方程可以表示为

$$
\begin{cases}
\dfrac{\mathrm{d}x_1}{\mathrm{d}t} = K_{\mathrm{vi}}(u_{od}^* - u_{od}) - x_3 \\[2mm]
\dfrac{\mathrm{d}x_2}{\mathrm{d}t} = K_{\mathrm{vi}}(0 - u_{oq}) - x_4 \\[2mm]
\dfrac{\mathrm{d}x_3}{\mathrm{d}t} = K_{\mathrm{ci}}(i_{fd}^* - i_{fd}) \\[2mm]
\dfrac{\mathrm{d}x_4}{\mathrm{d}t} = K_{\mathrm{ci}}(i_{fq}^* - i_{fq})
\end{cases}
\tag{2.51}
$$

式中，i_{fd}、i_{fq} 分别为逆变器输出电流在 d 轴和 q 轴分量；i_{fd}^*、i_{fq}^* 分别为电压环输出电流在 d 轴和 q 轴分量；u_{od}^* 为电压环给定值在 d 轴的分量；u_{bd}、u_{bq} 分别为母线电压在 d 轴和 q 轴分量；K_{vi} 为电压 PI 控制器的积分系数；K_{ci} 为电流 PI 控制器的积分系数。电压控制环输出机侧滤波电感电流的参考值 i_f^*：

$$
\begin{cases}
i_{fd}^* = i_{od} - \omega_{\mathrm{n}} C_f u_{oq} + K_{\mathrm{vp}}(u_{od}^* - u_{od}) + x_1 \\[2mm]
i_{fq}^* = i_{od} + \omega_{\mathrm{n}} C_f u_{od} + K_{\mathrm{vp}}(0 - u_{oq}) + x_2
\end{cases}
\tag{2.52}
$$

式中，K_{vp} 为电压 PI 控制器的比例参数。

滤波电流控制环输出逆变器端口电压的调制值 u_i^*：

$$
\begin{cases}
u_{id}^* = -\omega_{\mathrm{n}} L_f i_{fq} + K_{\mathrm{cp}}(i_{fd}^* - i_{fd}) + x_3 \\[2mm]
u_{iq}^* = \omega_{\mathrm{n}} L_f i_{fq} + K_{\mathrm{cp}}(i_{fq}^* - i_{fq}) + x_4
\end{cases}
\tag{2.53}
$$

式中，K_{cp} 为电流 PI 控制器的比例参数。

假设逆变器直接输出端口电压参考值为 u_i，LCL 滤波器可以由如下状态方程组描述：

$$\begin{cases} \dfrac{\mathrm{d}i_{fd}}{\mathrm{d}t} = (-R_f i_{fd} + u_{id} - u_{od} + \omega L_f i_{fq})/L_f \\[2mm] \dfrac{\mathrm{d}i_{fq}}{\mathrm{d}t} = (-R_f i_{fq} + u_{iq} - u_{oq} - \omega L_f i_{fd})/L_f \\[2mm] \dfrac{\mathrm{d}u_{od}}{\mathrm{d}t} = (i_{ld} - i_{od} + \omega u_{oq} C_f)/C_f \\[2mm] \dfrac{\mathrm{d}u_{oq}}{\mathrm{d}t} = (i_{lq} - i_{oq} - \omega u_{oq} C_f)/C_f \\[2mm] \dfrac{\mathrm{d}i_{od}}{\mathrm{d}t} = (-R_g i_{od} + u_{od} - u_{bd} + \omega L_g i_{oq})/L_g \\[2mm] \dfrac{\mathrm{d}i_{oq}}{\mathrm{d}t} = (-R_g i_{oq} + u_{oq} - u_{bq} - \omega L_g i_{od})/L_g \end{cases} \tag{2.54}$$

描述单个下垂控制逆变器的全阶数学模型共有 12 阶，可以由微分代数方程组来描述，其中式(2.50)、式(2.54)是模型的微分方程部分，式(2.49)、式(2.52)和式(2.53)组成方程的代数部分。

2.4.2　气/油网子系统动态方程

气网的状态方程模型依据管内气体动力学方程进行推导，其中有两处简化假设：①输送过程中气体温度场变化忽略不计；②忽略动量方程中对流项的影响。以下推导以刚性管道的一元流动为基础，针对控制体的动力学方程，即连续性方程、运动方程和能量方程，并且加上气体状态方程构成方程组。

$$\begin{cases} \dfrac{\partial\left(\dfrac{p}{ZRT}\right)}{\partial t} + \dfrac{1}{A}\dfrac{\partial \dot{m}}{\partial x} = 0 \\[4mm] \dfrac{\partial p}{\partial x} = -\dfrac{1}{A}\dfrac{\partial \dot{m}}{\partial t} - \lambda\dfrac{\dot{m}|\dot{m}|}{2DA^2 p}ZRT - g\dfrac{\Delta h}{L}\dfrac{P}{ZRT} \\[4mm] \dfrac{p}{\rho} = ZRT = c^2 \end{cases} \tag{2.55}$$

式中，p 为气体的压力；A 为管道流通截面面积；ρ 为气体的密度；D 为管道内径；g 为重力加速度；Δh 为管道与水平面的垂直高度；L 为管道的长度；R 为气体常数；λ 为管道水力摩阻系数；Z 为气体压缩因子；c 为气体的波速；x 为管道位置变量；t 为时间变量。

天然气长输管道中气体运行大多在阻力平方区，摩阻系数 λ 可以通过科尔布鲁克公式计算，也可以用 Hofer 得到的适用于阻力平方区的近似显式公式 (2.56) 计算。当气体确定时，压缩因子 Z 是气体压力和温度的函数，可通过式 (2.57) 进行计算。

$$\lambda = \left\{ 2\lg\left[\frac{4.518}{Re}\lg\left(\frac{Re}{7}\right) + \frac{r}{3.71D} \right] \right\}^{-2} \tag{2.56}$$

$$Z = 1 + ap - \frac{bp}{T} = \frac{1}{1 + \rho(b^* - a^*T)}$$

$$a = 0.257 / p_c, \qquad b = 0.533 T_c / p_c \tag{2.57}$$

$$a^* = aR, \qquad\qquad b^* = bR$$

式中，Re 为输气管道的雷诺数；r 为管壁的绝对当量粗糙度；p_c 为气体的临界压力；T_c 为气体的临界温度。

管段的传递函数则是在式 (2.55) 的基础上推导得到，是关于上游的压力、流量和下游压力、流量的频域表达式。对管段的动力学方程线性化并进行拉普拉斯变换，可获得频域上的常微分方程组。虽然通过假设指定管道的进口压力和出口流量为边界条件，可获得高阶的传递函数表达式，但这种方式获得的传递函数很难求得时域解析解，因而需要采用泰勒展开得到简化的传递函数表达式。

$$\Delta p_{\text{out}}(s) = k_1 \frac{1}{1 + a_1 s + a_2 s^2} \Delta p_{\text{in}}(s) - k_2 \frac{1 + T_{21}s}{1 + a_1 s + a_2 s^2} \Delta \dot{m}_{\text{out}}(s)$$

$$\Delta \dot{m}_{\text{in}}(s) = \frac{T_{11}s}{1 + a_1 s + a_2 s^2} \Delta p_{\text{in}}(s) + \frac{1}{1 + a_1 s + a_2 s^2} \Delta \dot{m}_{\text{out}}(s) \tag{2.58}$$

式中

$k_1 = \mathrm{e}^{\gamma}$，$\gamma$ 为管道中特定参数；

$k_2 = \mathrm{e}^{\frac{\gamma}{2}} \dfrac{\lambda L|\tilde{w}|}{DA}\left(1 + \dfrac{1}{24}\gamma^2\right)$，$\tilde{w}$ 为管道中等效气体质量流量；

$a_1 = \mathrm{e}^{\frac{\gamma}{2}} \dfrac{\lambda L^2|\tilde{w}|}{2D\tilde{c}^2}\left(1 - \dfrac{1}{6}\gamma + \dfrac{1}{24}\gamma^2\right)$，$\tilde{c}$ 为管道中的等效气体波速；

$a_2 = \mathrm{e}^{\frac{\gamma}{2}}\left[\dfrac{\lambda L^2|\tilde{w}|}{24D\tilde{c}^2}\dfrac{\lambda L^2|\tilde{w}|}{D\tilde{c}^2}\left(1 - \dfrac{1}{10}\gamma\right) + \dfrac{L^2}{\tilde{c}^2}\left(1 - \dfrac{1}{6}\gamma + \dfrac{1}{24}\gamma^2\right)\right]$

$T_{11} = \mathrm{e}^{\frac{\gamma}{2}} \dfrac{AL}{\tilde{c}^2}\left(1 + \dfrac{1}{24}\gamma^2\right)$

$T_{12} = \mathrm{e}^{\frac{\gamma}{2}} \dfrac{\lambda L^2|\tilde{w}|}{6D\tilde{c}^2}\left(1 + \dfrac{1}{40}\gamma^2\right)$

$$T_{21} = \frac{D}{\lambda |\tilde{w}|} + \frac{\lambda L^2 |\tilde{w}|}{D\tilde{c}^2}\left(1 + \frac{1}{40}\gamma^2\right)\frac{1}{1 + \frac{1}{4}\gamma^2}$$

$$
T_{22} = \frac{1}{1 + \frac{1}{24}\gamma^2}\left[\frac{D}{\lambda |\tilde{w}|}\frac{\lambda L^2 |\tilde{w}|}{6D\tilde{c}^2}\frac{1}{1 + \frac{1}{40}\gamma^2} + \frac{\lambda L^2 |\tilde{w}|}{120D\tilde{c}^2}\frac{\lambda L^2 |\tilde{w}|}{D\tilde{c}^2} + \frac{L^2}{6\tilde{c}^2}\frac{1}{1 + \frac{1}{40}\gamma^2}\right]
$$
(2.59)

状态空间模型表达式如下:

$$\begin{cases} \dot{x} = Ax + Bu \\ y = Cx + Du \end{cases}$$
(2.60)

式中,控制输入向量 $u = [p_{\text{in}} \quad \dot{m}_{\text{out}}]^{\mathrm{T}}$;输出向量 $y = [p_{\text{out}} \quad \dot{m}_{\text{in}}]^{\mathrm{T}}$。其中状态空间表达式中的 A、B、C、D 表达如下:

$$
A = \begin{bmatrix} -\dfrac{a_1}{a_2} & 1 & & \\ & -\dfrac{1}{a_2} & & \\ & & -\dfrac{a_1}{a_2} & 1 \\ & & & -\dfrac{1}{a_2} \end{bmatrix}, \quad
B = \begin{bmatrix} 0 & -\dfrac{k_2 T_{21}}{a_2} \\ \dfrac{k_1}{a_2} & -\dfrac{k_2}{a_2} \\ \dfrac{T_{11}}{a_2} & 0 \\ 0 & \dfrac{1}{a_2} \end{bmatrix},
$$

$$
C = \begin{bmatrix} 1 & 0 & 0 & 0 \\ 0 & 0 & 1 & 0 \end{bmatrix}, \qquad D = 0
$$
(2.61)

本模型是一个集总参数模型,即将一整段管道作为一个对象进行建模和分析。由于管道的分布参数特性,当管道简化为某一点的状态集合进行分析时,管道的长度将对模型的精度和适用性产生直接影响。

2.4.3 热网子系统动态方程

本供热系统热源为燃煤锅炉房,供热面积为 13.5 万 m^2,并建有一座换热站,末端用户散热装置为散热器。供热系统工艺流程见图 2.14。

本节依据质量和能量守恒定律,建立供热系统动态数学模型。为简化建模过程,并保持系统主要特性,做以下假设。

(1)部分物理参数采用集总方法计算。

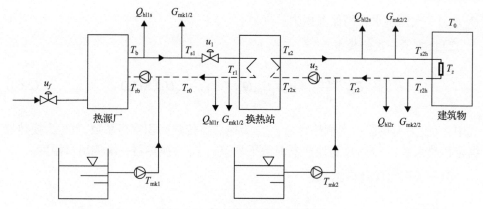

图 2.14　集中供热系统工艺流程

(2)忽略传输延迟影响。

(3)热网失水量为回水量的一半。

(4)直埋管网接触土壤的平均温度不变。

(5)补水温度不变。

(6)热功当量按发 1kW·h 电消耗 350gce 进行计算。

根据供热系统传热过程,将系统划分为 8 个控制体和 1 个输出体:热源锅炉、一次供水管网、一次回水管网、换热器一次侧、换热器二次侧、二次供水管网、二次回水管网、散热器和室内空气。

根据能量和质量守恒原理,存储于控制体内的净热量等于其得到的热量与释放的热量之差,各控制体动态数学方程描述如下。

1)热源锅炉模型

$$C_b \frac{\mathrm{d}(T_b)}{\mathrm{d}t} = u_f G_{fd} \mathrm{HV} \eta_b - c_w(u_1 G_{1d} + 0.5 G_{mk1})(T_b - T_{rb}) \tag{2.62}$$

式中,C_b 为锅炉热容量;t 为时间;G_{fd} 为锅炉额定燃料量;HV 为燃料低位发热值;η_b 为锅炉热效率;c_w 为水的比热;G_{1d} 为一次网设计流量;T_b 为锅炉出口温度;u_f 为控制阀裕度;u_1 为一次网循环流量控制变量;G_{mk1} 为一次网补水量;T_{rb} 为入口温度。

2)一次供水管网模型

$$C_{p1} \frac{\mathrm{d}(T_{s1})}{\mathrm{d}t} = c_w(u_1 G_{1d} + 0.5 G_{mk1})T_b - Q_{hl1s} - 0.25 c_w G_{mk1}(T_b + T_{s1}) - c_w u_1 G_{1d} T_{s1} \tag{2.63}$$

式中,C_{p1} 为一次网供水(回水)管道热容量;T_{s1} 为换热器一次侧进口温度;

Q_{h11s} 为一次网供水管网保温损失。

3) 换热器一次侧模型

$$C_{x1} \frac{d(T_{r1})}{dt} = c_w u_1 G_{1d}(T_{s1} - T_{r1}) - f_x U_x \mathrm{LMTD} \tag{2.64}$$

式中，C_{x1} 为换热器一次侧热容量；f_x 为换热器传热面积富裕系数；U_x 为换热器综合传热系数；LMTD 为换热器对数平均差；T_{r1} 为换热器一次侧出口温度。

4) 一次回水管网模型

$$C_{p1} \frac{d(T_{r0})}{dt} = c_w u_1 G_{1d} T_{r1} - Q_{h11r} - 0.25 c_w G_{mk1}(T_{r1} + T_{r0}) - c_w(u_1 G_{1d} - 0.5 G_{mk1}) T_{r0} \tag{2.65}$$

式中，T_{r0} 为一次网补水前回水温度；Q_{h11r} 为一次网回水管网保温损失。

5) 换热站二次侧模型

$$C_{x2} \frac{d(T_{s2})}{dt} = f_x U_x \mathrm{LMTD} - c_w(u_2 G_{2d} + 0.5 G_{mk2})(T_{s2} - T_{r0}) \tag{2.66}$$

式中，C_{x2} 为换热器二次侧热容量；G_{2d} 为二次网设计流量；T_{s2} 为换热器二次侧出口温度；u_2 为二次网循环流量控制变量；G_{mk2} 为二次网补水量；T_{r2} 为二次网补水前回水温度。

6) 二次供水管网模型

$$C_{p2} \frac{d(T_{s2h})}{dt} = c_w(u_2 G_{2d} + 0.5 G_{mk2}) T_{s2} - Q_{h12s} - 0.25 c_w G_{mk2}(T_{s2} + T_{s2h}) - c_w u_2 G_{2d} T_{s2h} \tag{2.67}$$

式中，C_{p2} 为次网供水 (回水) 管道热容量；T_{s2h} 末端散热器进口温度；G_{mk2} 为二次网补水温度；Q_{h12s} 为一次网供回水管网保温损失。

7) 散热器模型

$$C_{ht} \frac{d(T_{r2h})}{dt} = c_w u_2 G_{2d}(T_{s2h} - T_{r2h}) - f_{ht} U_{ht}[0.5(T_{s2h} + T_{r2h}) - T_z]^{(1+cht)} \tag{2.68}$$

式中，C_{ht} 为末端散热器热容量；f_{ht} 为散热器散热面积富裕系数；U_{ht} 为散热器综合传热系数；cht 为散热器传热系数实验中的系数；T_{r2h} 末端散热器出口温度。

8) 二次回水管网模型

$$C_{p2}\frac{\mathrm{d}(T_{r2})}{\mathrm{d}t} = c_w u_2 G_{2d} T_{r2h} - Q_{hl2r} - 0.25 c_w G_{mk2}(T_{r2h} + T_{r2}) - c_w(u_2 G_{2d} - 0.5 G_{mk2})T_{r2}$$

(2.69)

式中，Q_{hl2r} 为二次网供回水管网保温损失。

9) 室内空气模型

$$C_z T_z = f_{ht} U_{ht}[0.5(T_{s2h} + T_{r2h}) - T_z]^{(1+cht)} + q_{sols}F_s + q_{int}F - U_{en}(T_z - T_o) \quad (2.70)$$

式中，C_z 为内空气热容量；q_{sols}、q_{int} 为南向外窗面积和供热面积；U_{en} 为筑物围护结构综合传热系数；T_z 为室内温度；T_o 为室外温度。

综上，供热系统理想动态数学模型由 8 个动态方程和 1 个平衡方程组成。根据运行特性、固有特性和历史运行数据，可将理想动态数学模型转化为实际动态模型，即将理想动态数学模型中转换器换热面积和各散热器散热面积的富裕系数、一次网实际循环流量与设计流量比、二次网实际循环流量与设计流量比的实际值代入方程。

2.4.4　微型燃气轮机模型

微型燃气轮机负责天然气网络和电网以及热网的耦合。压气机不断地吸入空气并进行压缩，与输入的天然气混合后燃烧，生成高温燃气，随即流入涡轮中推动轮叶带动转子旋转产生电能，可以输入到电网线路中，用于负荷端；产生的热量则可通过回热器进行传输或存储，通过加热水与热网管道连接，用于区域供热。

微型燃气轮机的运行过程非常复杂，具有很高的非线性，为了建立其动态模型需要做出如下假设：①忽略部件空腔内气体的能量与质量的存储，忽略结构部件与气体之间的热交换，只考虑微型燃气轮机转子存储的机械能；②微型燃气轮机的输入为理想气体，无论在哪个横截面上，气体的各种参数都是均匀的，并且该截面的参数可以统一表达；③在回热器建模时，认定燃空气、燃气定压比热容保持不变。

微型燃气轮机主要产生热能和电能，因而围绕这两方面建模，建立输入天然气和输出热能和电能的关系即可。

蓄热环节位于微型燃气轮机中的回热器金属壁处，其中存储的能量等于燃气向金属壁传输的热量减去金属壁向空气中传递的热量：

$$Q_a = W_a c_{pa} (T_{ai3} - T_{ai2}) = a_a A_a \left(T_w - \frac{T_{ai2} + T_{ai3}}{2} \right)$$

$$Q_g = W_g c_{pg} (T_{gi5} - T_{gi6}) = a_g A_g \left(\frac{T_{gi2} + T_{gi3}}{2} - T_w \right) \qquad (2.71)$$

$$Q_g - Q_a = M_w c_j \frac{dT_w}{dt}$$

式中，W_g 和 W_a 分别为燃气侧、空气侧流量；Q_g 和 Q_a 分别为燃气燃烧后向金属壁面传递的热量、金属壁面受热后向管道内的水传递的热量；c_{pg} 和 c_{pa} 分别为燃气、空气的定压比热容；T_{ai2} 和 T_{ai3} 分别为空气侧进、出口温度；T_{gi5} 和 T_{gi6} 分别为燃气侧进、出口温度；a_g 和 a_a 分别为燃气与金属壁面之间、管道内流动的水与金属壁面之间的换热系数；T_w 为金属壁面温度；A_g 和 A_a 分别为燃气侧和空气侧的换面面积；c_j 分别为金属壁面的比热；M_w 为参与换热的金属质量。

发电环节是微燃机中的转子转动产生电能，原理类似于发电机，可描述为

$$\frac{dn}{dt} = \frac{N_t \eta - N_c - N_L}{J \left(\dfrac{\pi}{30} \right)^2 n} \qquad (2.72)$$

式中，J 为转子转动惯量；η 为转轴的机械效率；N_c、N_L、N_t 分别为压气机的消耗功率、负载功率及涡轮的驱动功率；n 为微型燃气轮机转子转速。

综上，建立了微燃机的二阶非线性模型。

2.4.5 能源互联系统整体动态模型

前三节中分别介绍了能源互联区域网系统中各子网络的状态空间模型，并对各网络的拓扑结构的动态模型进行推导。同时，为了实现各个网络之间的设备耦合，在 2.4.4 节中介绍了耦合设备微型燃气轮机的模型。

如图 2.8 所示，微型燃气轮机的输入和天然气的输入相同，即天然气进口压力 p_{in}，在已知理想天然气体积 V 和温度 T 的情况下，天然气质量 m_{gas} 的求解遵循克拉珀龙方程：

$$m_{gas} = \frac{MPV}{RT} \qquad (2.73)$$

式中，M 为气体的摩尔质量；R 为普适气体常量，$R = 8.31 \text{J}/(\text{mol} \cdot \text{K})$。

质量 m_{gas} 的天然气完全燃烧释放出的热量为

$$Q = m_{gas} q \qquad (2.74)$$

式中，Q 为天然气完全燃烧所释放出的热量；q 为天然气的热值。

将式(2.73)和式(2.74)代入式(2.71)中可得

$$M_w c_w \frac{\mathrm{d}T_w}{\mathrm{d}t} = \frac{Mm_{gas}V}{RT}p_{in} - Q_a \tag{2.75}$$

基于此，完成了天然气网和微型燃气轮机之间的耦合。

微型燃气轮机的输出为电能和热能。输出的电能可以是交流电，也可以是直流电，输出交流电可以直接并入电网输送到用户端；输出的直流电可以沿另一条支路输送到用户端。以上两项均属于和电网系统的耦合。根据转速和输出功率的关系可得

$$P = 9550nT \tag{2.76}$$

式中，P 为微型燃气轮机输出功率；T 为微型燃气轮机转矩。

微型燃气轮机输出的热能部分为加热管网中循环水所需的热能。微型燃气轮机将循环水的温度加热到与换热器出口相同的水温 T_{s2}，通过此方式，循环水可进入到热网管道中，为热负荷供热，实现了设备之间的耦合。在加热循环水的过程中，微型燃气轮机金属壁面的温度为 T_w，单位时间内金属壁面向空气传递的热量为 Q_a，忽略传递过程中的热损耗，即单位时间内金属壁面向循环水传递的热量为 Q_a，由此可得

$$Q_a = c_w m_s (T_w - T_{s2}) \tag{2.77}$$

式中，m_s 为循环水的质量。

将式(2.77)代入式(2.75)可得

$$M_w c_w \frac{\mathrm{d}T_w}{\mathrm{d}t} = \frac{Mm_{gas}V}{RT}p_{in} - c_w m_s (T_w - T_{s2}) \tag{2.78}$$

综上所述，在微型燃气轮机的耦合下，得到了形如式(2.79)所示的 5 输入、6 输出含有 26 个状态变量的信息能源系统的整体状态空间模型：

$$\begin{aligned} \frac{\mathrm{d}x}{\mathrm{d}t} &= f(x) + Bu \\ y &= C^{\mathrm{T}}x \end{aligned} \tag{2.79}$$

式中，B 为 26×5 的常数矩阵；C 为 26×6 的常数矩阵；$x \in \mathbf{R}^n$ 为状态变量；u 为输入变量；y 为输出变量。

2.5　能源互联系统模型非线性降阶

虽然 2.4 节建立了能源互联区域网系统的整体动态模型，但随着电—气—热三个子网络的紧密互联，能源互联区域网网络的规模日益庞大，导致能源互联区域网系统规模快速增加，甚至会到达数千维。对如此大规模的动态模型进行动态仿真、稳定性分析与控制时，相应的计算耗时往往不可估量。而动态模型降阶技术则利用数学方法，将原有高维度的全阶系统投影到一个降阶低维度的子空间上，并且保证降阶的小系统与原系统具有相近的动态特性。这样，利用降阶系统模型可以替代原有系统模型进行分析与控制，从而提高在时域仿真、频域仿真、动态分析与控制等应用的计算性能。

2.5.1　降阶方法

非线性输入-输出状态空间方程的标准形式如下所示：

$$
\frac{\mathrm{d}x(t)}{\mathrm{d}t} = f(x) + Bu(t)
$$
$$
y(t) = C^{\mathrm{T}}x(t)
$$

(2.80)

式中，$B, C \in R^{o \times v}$ 为常数矩阵；$x(t) \in R^v$ 为状态变量；$u(t)$ 为输入变量；$y(t)$ 为输出变量。

对于模型降维，首先用二次形式逼近原始系统，然后利用 Krylov 子空间法生成正交投影矩阵 V，对系统进行降维处理。

对于非线性函数 $f(x)$，在泰勒级数的初始点 x_0 展开：

$$
f(x) = f(x_0) + W_{01}(x - x_0) + \frac{1}{2!}W_{02}(x - x_0)^{\otimes_2} + \cdots
$$

式中，$W_{0i} \in R^{\tilde{\omega}^{\tilde{x}i+1}}$ $(i = 1, 2, \cdots)$ 为 $f(x)$ 在 $x = x_0$ 处的第 i 阶导数系数矩阵；$\otimes$ 为克罗内克积。很明显，$W_{01} \in R^{\tilde{\omega} \times \tilde{\omega}}$ 和 $W_{02} \in R^{\tilde{\omega} \times \tilde{\omega} \times \tilde{\omega}}$ 分别为雅可比矩阵和海森矩阵。如果把 $f(x)$ 近似成 $f(x) \approx f(x_0) + W_{01}(x - x_0) + \frac{1}{2}W_{02}(x - x_0)^{\otimes_2}$，那么等式 (2.80) 可以被近似成一个二次系统：

$$
\begin{cases}
\dot{x}(t) = f(x_0) + W_{01}(x - x_0) + \frac{1}{2}W_{02}(x - x_0)^{\otimes_2} + Bu(t) \\
y(t) = C^{\mathrm{T}}x(t)
\end{cases}
$$

(2.81)

需要说明的是矩阵 W_{01} 是非奇异的，通过 Krylov 子空间 $\kappa_q(W_{01}^{-1}, W_{01}^{-1}B)$ ，可以生成一个正交投影矩阵 $V_0 \in R^{v \times \tilde{\omega}}(v << \tilde{\omega})$ 。

为了实现模型降维，取 $x(t) \approx V_0 \tilde{x}(t)$ 替换等式 (2.81) 中 $x(t)$ ，式 (2.81) 表示为：

$$\begin{cases} V_0 \dot{\tilde{x}}(t) = f(x_0) + W_{01}(V_0 \tilde{x}(t) - x_0) + \dfrac{1}{2} W_{02}(V_0 \tilde{x}(t) - x_0)^2 + Bu(t) \\ y(t) = C^{\mathrm{T}} V_0 \tilde{x}(t) \end{cases} \quad (2.82)$$

在式 (2.82) 的第一个等式两边左乘矩阵 V_0^{T} ，记 $V_0^{\mathrm{T}} V_0 = I$ ，则

$$\begin{cases} \dot{\tilde{x}}(t) = \tilde{f}(\tilde{x}_0) + \tilde{W}_{01}(\tilde{x}(t) - \tilde{x}_0) + \dfrac{1}{2} \tilde{W}_{02}(\tilde{x}(t) - \tilde{x}_0)^2 + \tilde{B}u(t) \\ y(t) = \tilde{C}^{\mathrm{T}} \tilde{x}(t) \end{cases} \quad (2.83)$$

式中， $\tilde{x}(t) \in R^{\tilde{\omega}}$ ， $\tilde{f}(\tilde{x}_0) = V_0^{\mathrm{T}} f(x_0)$ ， $\tilde{W}_{01} = V_0^{\mathrm{T}} W_{01} V_0$ ， $\tilde{B} = V_0^{\mathrm{T}} B$ ， $\tilde{C} = V_0^{\mathrm{T}} C$ ， $\tilde{W}_{02} = V_0^{\mathrm{T}} W_{02} V_0^2$ 。

综上所述，式 (2.83) 即为降维后的非线性输入-输出状态空间方程。

2.5.2　算例分析

本节以 2.4 节获取的信息能源系统 26 阶非线性状态空间方程为例，实现 26 阶到 12 阶的降阶过程。为便于仿真，将系统简化为 3 输入、4 输出的非线性模型。3 输入分别为电网输入、热网输入和气网输入，其中气网输入和微型燃气轮机的输入为同一输入；4 输出分别为逆变器输出电压、室内温度、气网的气体输出压强和微型燃气轮机输出的直流/交流电的功率。

整个系统变为 3 输入、4 输出含有 26 个状态变量的非线性状态空间模型，那么，建立的 Krylov 子空间的形式为 $(W_{01}^{-1}, W_{01}^{-1}B, W_{01}^{-2}B, W_{01}^{-3}B)$ ，生成的正交投影矩阵 V_0 是一个 12×26 的常数矩阵。

降阶前后的输出如图 2.15 所示，从图中对比可以看出，降阶后的模型和原系统的模型非常接近。而且，建立的状态空间方程可以很好地模拟实际信息能源系统的动态特性。

通过对比可以发现，虽然在前期原始输出与降维后输出有较明显误差，但是当系统达到稳态后，两者的输出基本趋于一致。

为了更直观地表现出降阶前后的误差，在得到两者输出基础上对两者间差值进行了研究，仿真结果如图 2.16 所示。在前期，两者之间的误差较大，但达到稳态后两者的误差趋于零。需要说明的是，电网输出误差在零附近震荡，幅值±0.4 左右。该误差是在计算 Krylov 子空间矩阵和矩阵相乘时引入的舍入误差，故可以忽略不计。通过仿真结果可知，本节提出的降阶模型可以很好地应用于实际工程中。

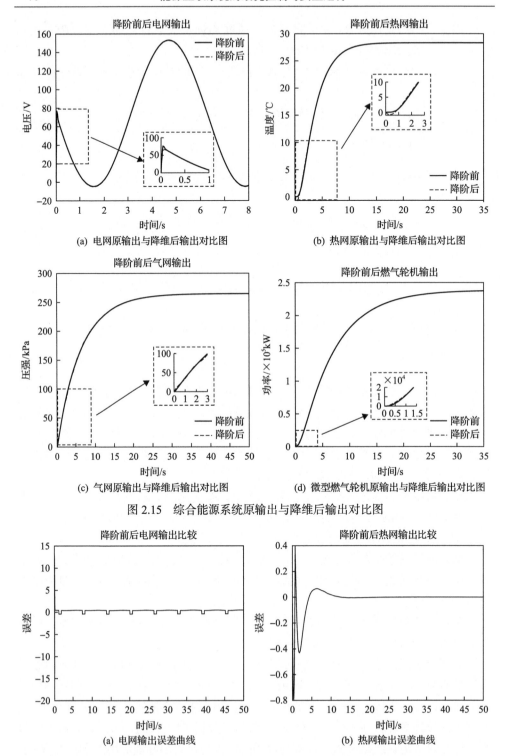

图 2.15　综合能源系统原输出与降维后输出对比图

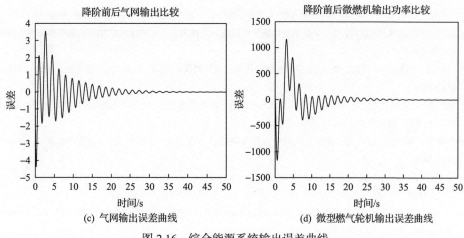

(c) 气网输出误差曲线　　　　　　　(d) 微型燃气轮机输出误差曲线

图 2.16   综合能源系统输出误差曲线

2.6   本 章 小 结

　　能源互联区域网系统作为信息能源系统的主要载体，是建立环境友好型社会的重要发展方向，也是碳中和，碳达峰的重要实现方式。与单一供能系统不同，能源互联区域网系统包含多个载体，其耦合形式和运行机理更加复杂，研究针对能源互联区域网系统的机理建模，在电、气、热、冷等各类能源统一规划、统一调度的问题上具有重要的作用[16-18]。因此，本章从数学模型出发，建立了能源互联区域网系统的静态节点模型、静态支路模型和动态模型，并为了响应"碳达峰，碳中和"的号召，建立了能源互联区域网系统的碳排放流模型，对真实能源互联区域网系统运行特性进行了全面、有效地分析，从而为制定满足安全稳定要求的规划方案、运行方式及控制策略提供了分析模型。同时，为提高能源互联区域网系统模型应用的便捷性，2.5 节中采用非线性降阶方法对能源互联区域网系统建模中获得的动态方程进行降阶，在保留原有系统重要特征基础上，用一个低维度动态系统模型代替高维度动态系统模型，仿真验证了降阶方法的有效性及能源互联区域网系统的可降阶性。

参 考 文 献

[1] 张义斌. 天然气-电力混合系统分析方法研究[J]. 中国电力科学研究院, 2005.

[2] 孙秋野, 滕菲, 张化光, 等. 能源互联网动态协调优化控制体系构建[J]. 中国电机工程学报, 2015, 35(14): 3667-3677.

[3] Liu X, Wu J, Jenkins N, et al. Combined analysis of electricity and heat networks[J]. Applied Energy, 2016, 162: 1238-1250.

[4] 孙秋野, 滕菲, 张化光. 能源互联网及其关键控制问题[J]. 自动化学报, 2017, 43(2): 176-194.

[5] 王英瑞, 曾博, 郭经, 等. 电-热-气综合能源系统多能流计算方法[J]. 电网技术, 2016, 40(10): 2942-2951.

[6] 陈彬彬, 孙宏斌, 陈瑜玮, 等. 综合能源系统分析的统一能路理论(一):气路[J]. 中国电机工程学报, 2020, 40(2): 436-444.

[7] 孙秋野, 王冰玉, 黄博南, 等. 狭义能源互联网优化控制框架及实现[J]. 中国电机工程学报, 2015, 35(18): 4571-4580.

[8] 陈彬彬, 孙宏斌, 吴文传, 等. 综合能源系统分析的统一能路理论(三): 稳态与动态潮流计算[J]. 中国电机工程学报, 2020, 40(15): 4820-4831.

[9] 孙秋野, 胡旌伟, 张化光. 能源互联网中自能源的建模与应用[J]. 中国科学: 信息科学, 2018, 48(10): 1409-1429.

[10] Willcox K, Peraire J. Balanced model reduction via the proper orthogonal decomposition[J]. AIAA Journal, 2002, 40: 2323-2330.

[11] Boley D L. Krylov space methods on state-space control models[R]. Technical Report TR92-18. University of Minnesota, 1992.

[12] Wang R, Sun Q, Zhang P, et al. Reduced-order transfer function model of the droop-controlled inverter via Jordan continued-fraction expansion[J]. IEEE Transactions on Energy Conversion, 2020, 35(3): 1585-1595.

[13] Wang R, Sun Q, Tu P, et al. Reduced-Order Aggregate Model for Large-Scale Converters With Inhomogeneous Initial Conditions in DC Microgrids[J]. IEEE Transactions on Energy Conversion, 2021, 36(3): 2473-2484.

[14] 王睿, 孙秋野, 张化光. 信息能源系统的信-物融合稳定性分析[J]. 自动化学报, 2021, 47: 1-10.

[15] 孙秋野, 胡杰, 胡旌伟, 等. 中国特色能源互联网三网融合及其"自-互-群"协同管控技术框架[J]. 中国电机工程学报, 2021, 41(1): 40-51.

[16] 张化光, 孙宏斌, 刘德荣, 等. 分布式信息能源系统理论与应用专题序言[J]. 自动化学报, 2020, 46(9): 1767-1769.

[17] 陈彬彬, 孙宏斌, 尹冠雄, 等. 综合能源系统分析的统一能路理论(二):水路与热路[J]. 中国电机工程学报, 2020, 40(7): 2133-2142.

[18] 陈瑜玮, 孙宏斌, 郭庆来. 综合能源系统分析的统一能路理论(五):电-热-气耦合系统优化调度[J]. 中国电机工程学报, 2020, 40(24): 7928-7937.

第3章　能源互联系统的数据特性

3.1　引　　言

能源互联系统的数据是后续研究的基础，而对数据进行分析处理的第一步就是如何尽可能地采集到符合研究需要的原始数据，也就是选择数据采集方式；然后就是如何对原始数据进行预处理，使原始数据中包含的信息尽可能还原出来，这就是滤波过程[1]。采集和滤波过程结合起来称之为数据预处理技术。此外，针对系统内采集所得到的数据的特性研究也一直未曾中断。

在对数据进行预处理研究时，谭向宇等[2]提出自适应的最优可变权值多级广义形态滤波器，实现了在线数据的真实信号提取；针对数据采集环境的电磁波干扰，薛明喜等采用自适应卡尔曼滤波方法对错误数据进行识别与剔除，有效抑制了干扰对采集数据的影响[3]；基于工业传感器读数的值约束，Chen 和 Ye[4]提出了一个融合约束迭代投影寻踪的非线性不等式约束的插补模型，用于发现和逼近缺失数据的原始值；考虑到数据间的局部相似性，Zhao 等[5]提出了一种基于快速聚类和最优 K 近邻的数据插补方法来估计缺失数据的值；考虑到传感器存在不同情况的缺失值，Karmitsa 等[6]提出贝叶斯最大熵的缺失值插补框架用于估计不同物联网环境下的缺失值，从而确保系统中传感器数据的质量；根据流体管道压力数据特征，张化光课题组[7]设计了应用低通滤波、陷波滤波等构成的高精度实时滤波方法，较好地保留了压力变化的幅值和相位信息；与此同时，考虑到缺失数据现象及形成原因，Hu 等构建了具有全局联合注意力机制的生成器网络结构，对单一及多个含有缺失数据的流体数据序列完成补偿[8]；此外，Zhang 等[9]针对漏磁数据的不完整现象，提出了基于多特征条件风险的数据恢复方法，利用动态规划计算的回归系数对漏磁数据的先验信息进行回归；在进一步分析漏磁失效信号特征的基础上，张化光课题[10]组采用近邻搜索算法与支持向量回归算法结合的处理方法，实现了对实际工程中真实数据的有效还原。上述方法的研究，为能源互联系统的数据采集分析奠定了基础。

然而现有数据分析都以数据平稳时的波动为白噪声作为研究假设进行研究。

微弱数据变化传输到传感器时可能损失殆尽或被数据波动淹没，这时如果假设数据平稳时的微小波动是无规律的随机行为，那么就无法从中把微弱数据变化分离出来。在实践中，发现能源互联系统中管道流体呈现类似湍流的运动，而湍流是一种典型的混沌现象。因此，本章专门讨论了管道流体的混沌动态特性。

综上，本章首先给出数据采集系统的主要模块功能说明，然后给出流体数据序列滤波的流程，对实测数据依次利用硬件自适应均值滤波和软件小波滤波方法进行顺序预处理，为后续的数据分析和应用打下基础。在利用小波方法滤波过程中，通过对实测数据和模拟数据的滤波仿真对比，分析了离散小波、提升小波和非抽样小波处理数据的特点，并且得出利用非抽样小波处理管道流体数据序列能够较好保存管道内部的动态特性。

此外，本章在分析非线性流体数据序列的基础上，重构了流体数据序列相空间，然后分别计算了流体数据序列的 Lyapunov 指数谱、分形维数，给出了流体数据序列的非线性证明，最后得到了流体数据序列具有混沌特性的分析结论。该结论从理论上证明了流体数据序列的内在动态是混沌现象而不是随机过程，数据的正常波动也不是白噪声。

3.2　数据采集系统组成及功能

数据采集系统总体结构如图 3.1 所示，硬件部分由压力变送器、信号采集器和服务器三部分构成。习惯上把服务器称为上位机，信号采集器称为下位机[11,12]。

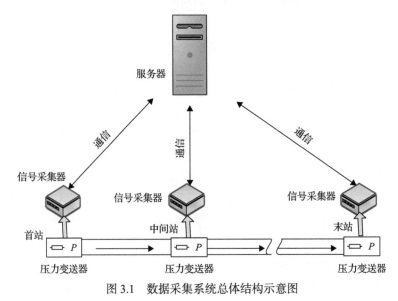

图 3.1　数据采集系统总体结构示意图

1. 压力变送器

压力变送器是把压力信号转化为标准电信号的仪表。当泄漏量很小(如渗漏)时，泄漏引起的压力变化很微小，而管道正常运行过程中，由于输油泵本身等多种原因，压力不断波动，所以正常的压力变化很可能将泄漏引起的压降淹没掉[13,14]。由于后续针对流体数据序列的分析是依靠压力相对变化趋势完成的，所以对于压力变送器来说，灵敏度比精确度更为重要。目前常用的压力变送器的精度都在 0.075%以上，如爱默生罗斯蒙特系列型压力变送器，最高精度可以达到 0.025%。对于数据特性研究来说，当然精度和灵敏度越高越好，但是精度再高也无法把系统本质噪声滤掉，因而综合考虑成本及用途，选择精度 0.075%以上的压力变送器就可以满足对数据处理的要求。

2. 下位机组成及功能

下位机主要功能是把压力变送器采集到的电流信号转换为数字信号，并且对大部分数据进行硬件滤波和一部分数据进行软件滤波处理。下位机的结构如图 3.2 所示，由嵌入式微机 1、总线扩展口 2、A/D 转换器 3、光电隔离器及滤波电路板 4、计数板 5、多路离散输入信号接口 6、连续输入信号接口 7、GPS 接收系统 8、软盘驱动器 9、电子硬盘 10、串口 11、网卡 12、看门狗电路 16 等组成。其主要特征为嵌入式微机 1 控制整个采样装置的工作状态；嵌入式微机 1 通过总线扩展口 2 与 A/D 转换器 3 和计数板 5 相连；多路离散信号 6 和多路连续信号 7 通过光

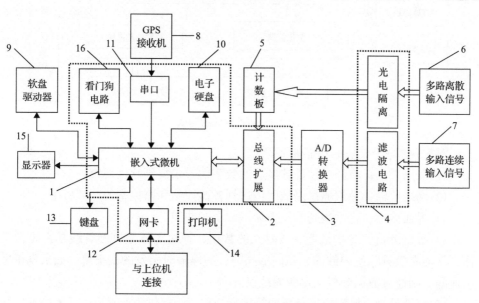

图 3.2　下位机组成结构图

电隔离器及滤波电路 4 分别与计数板 5 和 A/D 转换器 3 相连；嵌入式微机 1 通过其串行接口 11 与 GPS 接收系统 8 相连(校时采样时钟)；通过网卡 12 与上位机等后续装置实现远程通信；通过内部总线与软盘驱动器 9、电子硬盘 10 相连，也可通过内部总线与键盘 13、打印机 14 和显示器 15 相连实现人机交互；通过嵌入式微机 1 自带的看门狗电路 16，在软件运行偏离预期目标时，可以实现自行复位。

3. 上位机组成及功能

上位机由计算机和站控软件组成。站控软件部分主要功能包括数据采集与处理、网络传输、界面显示、报警处理、数据库管理、数据分析等。

站控软件系统采用模块化和面向对象的设计方法和技术，具有灵活可靠的特点。软件采用了多文档(multi-document)设计，每一条管线对应一个文档和一组数据表。文档用作对管段进行总体管理，数据表是用户根据现场情况填写相关参数，如管段名称、管段包含的站场名称、管段长度，波速等。同时软件将不同功能分为多个模块，分别用 MFC 类封装起来，使得软件具有良好的可移植性和可扩展性，具体模块如图 3.3 所示。

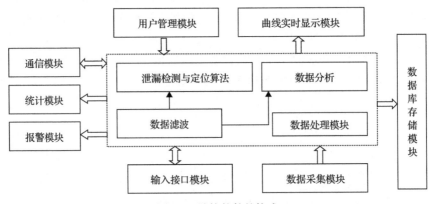

图 3.3　站控软件的构成

图 3.3 中每个模块的功能如下。

(1)数据采集：将经过硬件转换后的数字信号采集到软件模块。

(2)网络传输：数据通过局域网传送到各监控站和监控室的计算机中。

(3)界面显示：将采集到的压力显示成实时曲线。

(4)数据分析：分析最近一段时间的数据，通过负压波判断管线是否正常工作，从而有效排除站内卸油、站内倒阀门、起停输时引发的误报警，如果真正发生泄漏，则通过数据分析确定泄漏地点。

(5)报警处理：接到数据分析的报警标志以后，提供声音报警，系统会弹出相应的报警画面，显示报警数据，并可以保存打印报警曲线，提示值班人员做相应处理。

（6）系统功能设定模块：为用户提供一个友好的 CGI 接口，完成一些可以由用户设定的功能，如传感器量程、时间范围、曲线标识、打印等；用户可以对报警数据等信息进行查询，对报警时的压力曲线进行历史回顾、打印等操作。

（7）数据滤波模块：接收本站下位机和相邻站上位机发送过来的数据包，解包后对本站下位机的数据进行滤波。

（8）数据分析模块：综合分析本站下位机和另一端上位机发过来的数据，对管道运行的工况进行监控。

（9）数据库存储模块：实时数据存盘。

（10）通信模块：发送本站的数据给另外一端站控软件系统和中控软件系统。

3.3　数据硬件及软件滤波

3.3.1　下位机硬件的自适应均值滤波

由于噪声的干扰有可能掩盖甚至改变原时间序列的特性，所以虽然采用了硬件滤出高频信号，但是仍远远不能满足对数据的要求。在对实测数据进行系统分析前，要考虑其噪声的大小，并且尽可能消除噪声对数据分析的影响。在下位机的硬件部分采用了 RC 低通滤波，数据频率为 50Hz。压力信号属于低频信号，为了减少噪声的干扰，采用滑动均值滤波方法对数据再进行一次软件滤波。通过均值滤波，再将 50Hz 信号中瞬间突变平均掉，而慢变信号则被保留。令

$$Y^N(i) = \frac{1}{N}\sum_{k=1}^{N} P(i-k+1), \qquad i = 1, 2, \cdots \tag{3.1}$$

式中，P 为原始数据；N 为数据窗长度；Y 为滤波后的数据。

理论上只要取 N 为干扰信号的周期的整数倍，得到的新序列 Y 中周期干扰一般可被削弱。倍增 N 值将有助于滤波效果，但移动平均法本身就对信号边沿有平滑作用，N 值越大下降沿越平缓。因此，在保证滤波效果的前提下，N 应尽量小。

由于压力属于低频信号，所以把采样频率从 50Hz 变为 1Hz 的数据进行研究。滑动均值滤波是在 50Hz 的情况下进行滤波处理的，因而对于 1Hz 的数据来讲基本不会影响其系统的动态特性。进一步，为了使结论更具有普适性，本章在稳定运行条件下，将六个不同地方采集得到的数据集作为研究对象，并且分别定义为

数据集 A-F。取 $N=5$ 分别对正常压力数据和故障的压力数据进行平滑滤波及变频后的效果如图 3.4 和图 3.5 所示。由于数据较多，导致直观上看正常数据集（图 3.4 所示）的数据也似含有故障，这是一种假象。

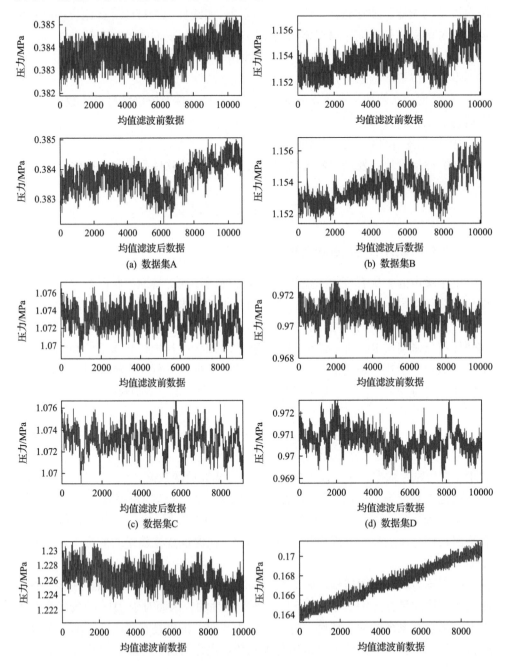

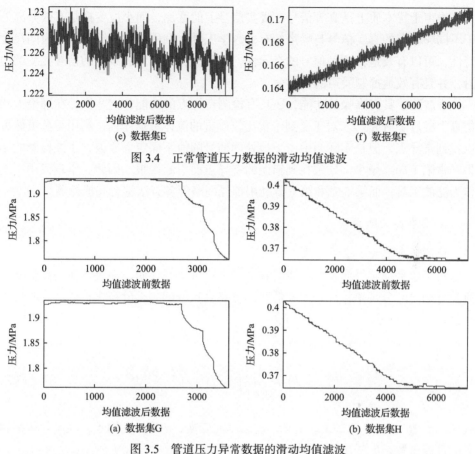

(e) 数据集E

(f) 数据集F

图 3.4　正常管道压力数据的滑动均值滤波

(a) 数据集G

(b) 数据集H

图 3.5　管道压力异常数据的滑动均值滤波

3.3.2　上位机软件的小波降噪

对于工程信号的降噪或者统计分析，频谱分析是一个有用的数学工具，而快速傅里叶变换是频谱分析的主要工具。但是随着检测应用领域的不但扩展、用户需求和控制精度不断提高，这种理论逐渐显示其局限性。而小波变换作为传统傅里叶变换的发展，成为一种强而有力的数学应用工具。小波分析把每个信号表示为由经过伸缩与平移得到的信号叠加，伸缩因子的改变决定了信号的不同分辨率，平移与伸缩的改变决定了这种表示可聚焦于不同时刻，并且对高频成分采用逐渐精细的时域取样步长，从而可以聚焦到信号的任意细节。小波分析还具有多分辨率分析的特点，在低频部分具有较高的频率分辨率和较低的时间分辨率，在高频部分具有较高的时间分辨率和较低的频率分辨率，非常适合探测正常信号中夹带的瞬间反常现象并展示其成分。

噪声干扰本质上是高频信号在真实信号上的叠加，而小波变换是有效分离处于不同频段上的真实信号与噪声的有力数学工具。利用连续小波变换的时间尺度特性，可以有效地检测到信号的奇异性，从而检测出噪声背景下的信号突变的边沿，并且有效地抑制噪声的干扰。

小波除了具有降噪的功能，还具有检测奇异点的功能，这些已经在理论上和仿真上做过了研究[15]。对于受到干扰比较严重的流体数据序列，利用小波虽然可以找到奇异点，但是实际当中由于被处理信号阈值不固定等原因，小波检测的结果经常陷于局部最小，导致找到错误的奇异点而引起误报。因此，本章只用小波作为滤波工具，而第 5 章和第 6 章利用神经网络等多方法综合完成检测。

1. 离散小波降噪

1) 离散小波去噪基本原理

对于非平稳信号而言，需要时频窗口具有可调的性质，即要求在高频部分具有较好的时间分辨率特性，而在低频部分具有较好的频率分辨率特性。为此特引入窗口函数 $\psi_{a,b}(t) = \dfrac{1}{\sqrt{|a|}}\psi\left(\dfrac{t-b}{a}\right)$，并定义变换

$$W_\psi f(a,b) = \frac{1}{\sqrt{|a|}}\int_{-\infty}^{+\infty} f(t)\psi\left(\frac{t-b}{a}\right)\mathrm{d}t \tag{3.2}$$

式中，$a \in \mathbf{R}$ 且 $a \neq 0$。式 (3.2) 定义了连续小波变换，a 为尺度因子，表示与频率相关的伸缩系数；b 为时间平移因子。

很显然，并非所有函数都能保证式 (3.2) 中表示的变换对于所有 $f \in L^2(R)$ 均有意义；另外，在实际应用尤其是信号处理及图像处理的应用中，变换只是一种简化问题、处理问题的有效手段，最终目的需要回到原问题的求解。因此，还要保证连续小波变换存在逆变换。同时，作为窗口函数，为了保证时间窗口与频率窗口具有快速衰减特性，经常要求函数 $\psi(x)$ 具有如下性质：

$$|\psi(x)| \leqslant C(1+|x|)^{-1-\varepsilon}, \qquad |\hat{\psi}(\bar{\omega})| \leqslant C(1+|\omega|)^{-1-\varepsilon} \tag{3.3}$$

式中，C 为与 x、$\bar{\omega}$ 无关的常数，$\varepsilon > 0$。

因为计算机只能处理离散信号，所以上述的连续小波运算在实际当中很少应用。为了方便计算机进行分析和运算，信号 $f(t)$ 都要进行离散化处理，当然参数 a 和 b 也要进行离散化处理，离散化后的小波变换成为离散小波变换，记为 DWT (discrete wavelet transform)。通常把连续小波变换中尺度因子 a 和平移因子 b 进行离散化并且它们的值为

$$a = a_0^j, \qquad b = ka_0^j b_0 \tag{3.4}$$

式中，$j \in \mathbf{Z}$，步长 $a_0 \neq 1$ 是固定值，为了研究问题的方便，总是假定 $a_0 > 1$，因为 k 可取正值也可以取负值，所以在实际运用中，这个假定是无关紧要的。

由以上分析，可以得到一族离散小波函数 $\psi_{j,k}(t)$，其数学表达式为

$$\psi_{j,k}(t) = a_0^{-j/2} \psi\left(\frac{t - ka_0^j b_0}{a_0^j}\right) = a_0^{-j/2} \psi\left(a_0^{-j} t - kb_0\right) \tag{3.5}$$

进一步，可以知道，信号 $f(t)$ 的离散化小波变换的系数为

$$C_{j,k} = \left\langle f(t), \psi_{j,k}(t) \right\rangle = \int_{-\infty}^{+\infty} f(t)\overline{\psi_{j,k}(t)} \mathrm{d}t \tag{3.6}$$

离散小波变换的重构公式为

$$f(t) = c\sum_{-\infty}^{+\infty}\sum_{-\infty}^{+\infty} C_{j,k}\psi_{j,k}(t) \tag{3.7}$$

式中，c 为一个与原始信号无关的常数。

此外，当离散化参数 $a_0 = 2$ 和 $b_0 = 1$ 时，离散化小波 $\psi_{j,k}(t) = 2^{-j/2}\psi(2^{-j}t - k)$ 通常称为二进小波，其中 $j, k \in Z$。

基于小波的信号去噪问题在数学上是一个函数逼近的问题，即如何在由小波基函数伸缩和平移所张成的函数空间中，根据某一个衡量准则，寻找对真实信号的最佳逼近，以期达到将噪声从真实信号中去除的目的。基于小波的信号去噪就是为了寻找从含噪信号空间到小波函数空间的最佳映射，以便得到真实信号的最佳恢复。

从信号处理的角度来看，小波去噪问题就是一个信号滤波问题。尽管在很大程度上小波去噪可以视为低通滤波，但小波去噪后，还能成功地保留原有真实信号的特征信息。由此可见，小波去噪实际上是特征提取和低通滤波的综合，其滤波过程可以用图 3.6 来表示。

图 3.6　离散小波去噪原理

一个含噪声的一维信号模型可以用如下形式表示：

$$f(t) = s(t) + \sigma e(t), \qquad t = 0,1,\cdots,n-1 \tag{3.8}$$

式中，$s(t)$ 为真实信号；$e(t)$ 为噪声；$f(t)$ 为含噪声的信号；σ 为噪声水平系数。

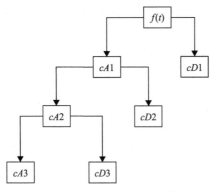

图 3.7　信号 $f(t)$ 的三层小波分解图

在实际工程应用中，有用的信号通常表现为低频信号或者一些比较平稳的信号，而噪声信号一般则表现为高频信号。消噪过程可以按以下方法进行处理：首先对信号进行小波分解，以三层分解为例（如图 3.7），则噪声部分通常包含在 $cD1$、$cD2$、$cD3$ 中，再对分解以后的小波系数选取合适的阈值进行处理，然后用处理以后的小波系数重构信号，这样就可以达到消噪的目的。

综上，离散小波变换对信号进行去噪一般包括三个步骤。

(1)信号的小波分解。

(2)高频系数的阈值量化。

(3)小波重构。

2)流体数据序列的离散小波消噪仿真

利用离散小波变换对已经均值滤波后的能源数据序列进行降噪处理，如图 3.8 和图 3.9 所示。从结果上可以看到利用离散小波处理后可以滤掉一些噪音，但是

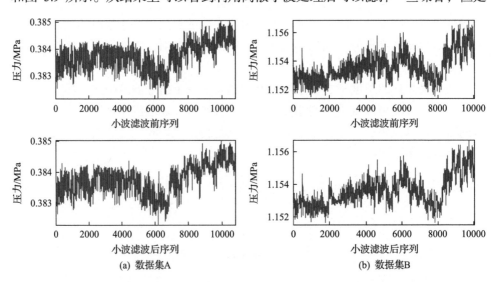

(a) 数据集A　　　　　　　　　　　　　(b) 数据集B

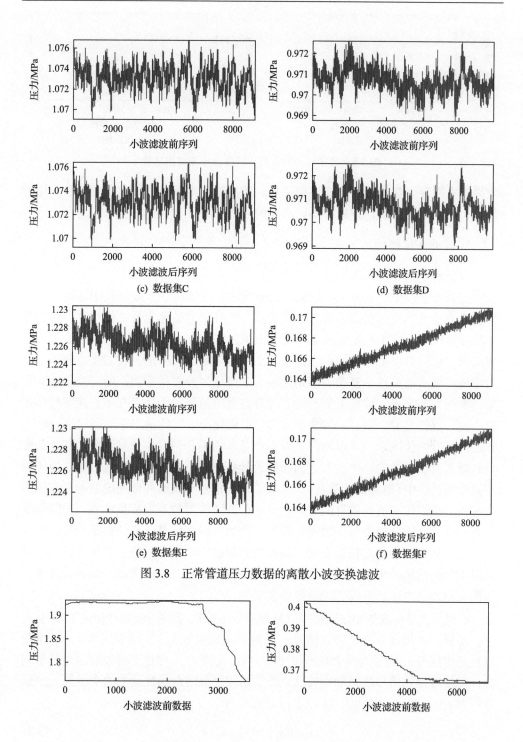

图 3.8　正常管道压力数据的离散小波变换滤波

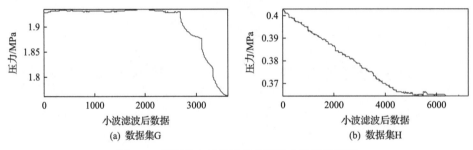

(a) 数据集G　　　　　　　　　　　　　　(b) 数据集H

图 3.9　管道压力异常数据的离散小波变换滤波

效果不太明显。在滤波时需要注意的是，滤波处理不能过滤掉数据中状态变化的信息，特别是突变点，并且不要让滤波信号产生滞后。

2. 提升小波降噪

1) 提升小波去噪原理

提升方案(lifting scheme)由 Sweldens 等学者于 20 世纪 90 年代中期提出，基于提升方案的小波变换称为提升小波变换，提升小波被称为第二代小波。在提升小波变换中，小波不一定是由某一母小波通过膨胀和平移得到的，它们的定义非常灵活，也许是在某一区间，也许是定义在不规则的网格上。在二维空间中，提升小波变换更加灵活、复杂，不是简单、规律地划分二维平面，而可能是定义在某一曲面，如定义在球面上的小波。提升方案的另外一个优点在于它能够包容传统小波，也就是说，所有的传统小波都可以用提升方案构造出来。通过 Eucliden 算法，所有的传统小波可以由提升方案中基本的提升和对偶分解而成。其复杂度只有原来卷积方法的一半左右，因而成为计算离散小波变换的主流方法。传统的小波变换算法中(如 Mallat 算法)，采取了输入信号与高通和低通滤波器相卷积的方法来实现高频和低频信息的分离。但是小波滤波器的系数都是小数，中间结果中有一些是小数，如果对小数进行取整，会丢失很多信息，这使得重构和分解是不可逆，从而无法实现精确重构，而在提升方案中可以进行整数变换并且整数变换是不影响精确重构。采用提升方案实现小波滤波具有以下优点：运算速度快、不需要额外的内存、可以实现整数小波变换。

由提升方法构成的小波变换可以分为剖分(split)、预测(predict)和更新(update)三个步骤。采用提升方法将原信号 s_j 分解为概貌信号 s_{j-1} 和细节信号 d_{j-1}。剖分过程是将信号 s_j 剖分为两个互不相交的子集 $s_{j,e}$ 和 $s_{j,o}$。理论上可以将信号任意划分，但是考虑到信号之间的相关性，通常是按序数的奇偶性分为两个子集 $s_{j,e}$ (偶数序列 $s_{j,2k}$) 和 $s_{j,o}$ (奇数序列 $s_{j,2k-1}$)，表示为

$$\text{split}(s_j) = (s_{j,e}, s_{j,o}) \tag{3.9}$$

这一步在提升方案中称为懒小波变换(lazy wavelet transform)，因为它只是将信号简单分为两个部分，并没有做其他的操作。这一步骤还不能完成对信号的描述，接下来的提升步骤将重组这两个序列，以降低这两个序列的相关性。

预测过程是针对数据间的相关性，可用 $s_{j,e}$ 去预测 $s_{j,o}$，故可采用一个与数据集结构无相关的预测算子 p，使 $s_{j,o} = p(s_{j,e})$，这样就可以用子数据集 $s_{j,e}$ 代替原始数据集 s_j，若用子数据集 $s_{j,e}$ 与预测值 $p(s_{j,e})$ 的差值代替 $s_{j,o}$，则此差值便反映了两者的逼近程度。如果预测是合理的，则差值数据集所包含的信息比原始子集 $s_{j,o}$ 包含的信息要少得多。预测过程的表达式为

$$d_{j-1} = s_{j,o} - P(s_{j,e}) \tag{3.10}$$

当信号相关性很大时，预测将非常有效。而在实际应用中，关联度一般都很大。

经过以上两个步骤产生的系数子集 $s_{j,e}$ 的某些整体性质(如均值)与原始数据的性质不再保持一致，需采用更新过程。即通过算子 U 产生一个更好的子数集 s_{j-1}，使之保持原数据集的一些性质，表示如下：

$$s_{j-1} = s_{j,e} + U(d_{j-1}) \tag{3.11}$$

若对分解得到的信号 s_{j-1} 再进行以上三个步骤的分解，经过一定次数的迭代之后就可以得到原信号 s 的一个多级分解。

从上面可以看出，提升算法实现小波分解的最大优点之一，是将小波变换分解成几个非常简单的基本步骤，每个步骤都非常容易找到它的逆变换。重构的过程就是分解过程的逆步骤，也有三个步骤：恢复更新、恢复预测、数据合并。恢复更新过程是将给定的 s_{j-1} 和 d_{j-1}，通过更新公式恢复偶数序列：

$$s_{j,e} = s_{j-1} - U(d_{j-1}) \tag{3.12}$$

恢复预测过程是用恢复更新计算得到出的 $s_{j,o}$ 和给定的 d_{j-1}，通过预测公式恢复奇数序列：

$$s_{j,o} = d_{j-1} + P(s_{j,e}) \tag{3.13}$$

通过恢复更新和恢复预测步骤，便获得了偶数和奇数样本，将它们再进行合并处理即可恢复原信号 s：

$$s_j = \text{Merge}(s_{j,e}, s_{j,o}) \tag{3.14}$$

2) 流体数据序列的提升小波消噪分析

本章用信噪比来表示原始信号和噪音信号的关系。信噪比，即 SNR(signal to

noise ratio），又称为讯噪比，是指有用信号幅值与同时噪声信号的比，常用分贝（dB）数表示。信号的信噪比越高表明它产生的杂音越少。一般来说，信噪比越大，说明混在信号里的噪声越小，否则相反。信噪比的数学定义为

$$\text{SNR} = 10\lg \frac{\frac{1}{n}\sum_{n=1}^{N}|x(n)|^2}{\sigma^2} \tag{3.15}$$

式中，$x(n)$ 为含有噪声的信号；N 为信号的长度；σ^2 为噪声的方差。

　　首先利用 MATLAB 里面的数据做一个仿真，对比一下离散小波和提升小波在消噪方面的差别。利用 leleccum.mat 作为原始数据如图 3.10(a)，加上高斯白噪声得到信噪比为 15.14dB 的含噪声数据，如图 3.10(b)。

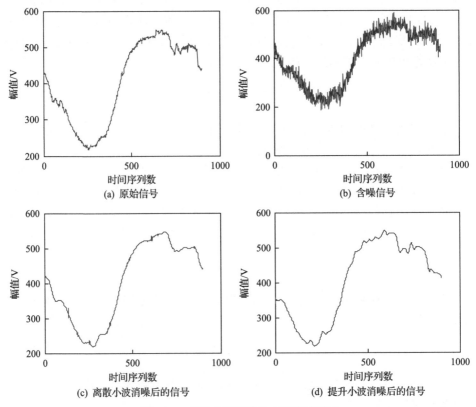

(a) 原始信号　　　　　　　　　　(b) 含噪信号

(c) 离散小波消噪后的信号　　　　　(d) 提升小波消噪后的信号

图 3.10　离散小波和提升小波消噪对比

　　离散小波降噪中正交小波选用"sym5"，门限选择为"minimaxi"软门限；提升小波降噪中根据 haar 制定提升方案，小波选用"db6"。利用离散小波和提升小波对信号进行消噪处理如图 3.10(c) 和图 3.10(d)。在实际中无法得到不加噪声的

信号，因而把图 3.10(b)看作是原始信号，那么表面上离散小波消噪后数据更光滑一些，直观感觉效果更好，而图 3.10(d)的曲线则显得滤波效果不如离散小波。当知道图 3.10(a)不含噪声的信号时，可以看到在处理含有高斯白噪声的数据时，提升小波的降噪效果要优于离散小波，利用提升小波能够保留更多原信号的细节信息。但是还有一个值得注意的问题，就是利用提升小波处理数据队列边界时有较大的误差。处理这样的边界问题可以通过简单重叠方法，分段对数据进行滤波，每段具有一定的重合度，这样就可以避免边界问题的干扰。

　　由于流体数据序列的噪声干扰也近似于白噪声，所以下面讨论提升小波用在本章研究的流体数据序列中的滤波效果。仍旧采用和图 3.10 相似的参数对流体数据序列进行处理。图 3.11 是平稳下的时间序列在用离散小波和提升小波消噪后的结果，从图形上看提升小波消噪虽然有一点效果但是明显没有离散小波效果理想。图 3.12(a)是含有故障的压力数据及两种小波的滤波效果，图 3.12(b)是把图 3.12(a)的故障点放大后原信号和两种小波的对比。从图 3.12 可以看到，在微观上提升小波是对原始信号进行预测，以达到滤波的效果，而不是单纯的滤波。从保存数据动态特征的角度，无疑提升小波保留了更多的细节信息，但是这种预测也有一定风险。图 3.13 是与图 3.12 在同样的参数下对另外一个采集数据信号进行滤波，从细节来说明显提升小波滤波参数并不合适，导致滤波产生了较大的误差。

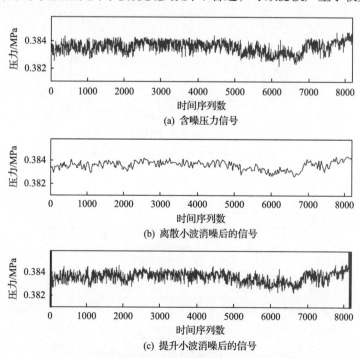

图 3.11　离散小波和提升小波对平稳压力消噪效果对比

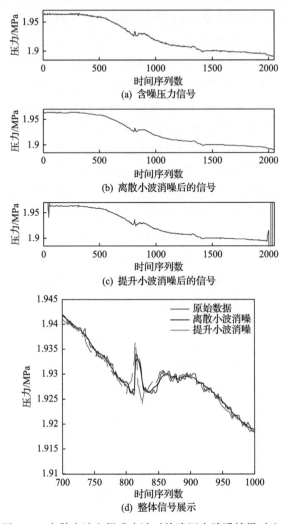

(a) 含噪压力信号

(b) 离散小波消噪后的信号

(c) 提升小波消噪后的信号

(d) 整体信号展示

图 3.12　离散小波和提升小波对故障压力消噪效果对比 1

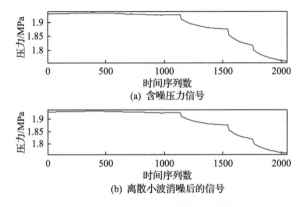

(a) 含噪压力信号

(b) 离散小波消噪后的信号

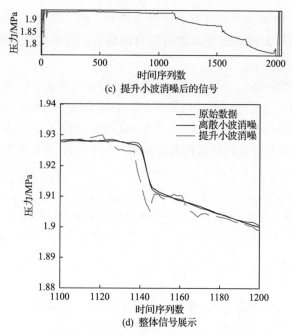

(c) 提升小波消噪后的信号

(d) 整体信号展示

图 3.13　离散小波和提升小波对故障压力消噪效果对比 2

通过以上的对比仿真和分析可知,提升小波采用了预测方式对数据进行滤波,可以更好地保留数据的特征,但是在处理一维时间序列时参数选择方面要比离散小波严格得多。因此,在实际应用两种小波对时间序列的消噪分析要有侧重点。一般条件下离散小波应用鲁棒性更强一些,但是在处理特殊问题需要保留时间序列的细节信息时选择合适的参数提升小波效果要更好一些。

3. 非抽样小波降噪

1) 非抽样小波概述

在过去数十年来,特别是随着小波的发展,多尺度方法已经变得十分普及。应用最广泛的小波变换算法为离散双正交小波变换。虽然双正交小波变换在图像压缩中已经有成功的应用,然而在其他方面,诸如滤波、卷积、探测,或者更一般地说,在数据分析方面,还没有达到理想效果。这主要是因为离散双正交小波变换的平移不变性,在小波系数修正后进行重构时,导致了严重的振铃效应。

基于这个原因,部分专家学者选择了连续小波变换,但如果利用连续小波变换那么要付出一定的代价。首先,因为不是最小化需要的信息,所以存在大量冗余;其次信号的重构依然不够理想。但是对于一些不规则分析,这些不足之处并没有影响，因为没有必要重构信号，而且随着计算机运算能力越来越强，在数据量不大或者不要求实时运算的场合，计算机完全可以支持一定程度的冗余。

在需要重构的时候，一些研究人员选择一种中间方法，这种方法由快速保持滤波器组重构和二进算法组成，但是在正交小波变换中省略了抽样这一步，称之为非抽样小波变换(undecimated wavelet transforms，UWT)，或者称为二进小波变换。关于抽样小波和非抽样小波的对比如图 3.14 所示，可以看出非抽样省略了中间的采样过程。

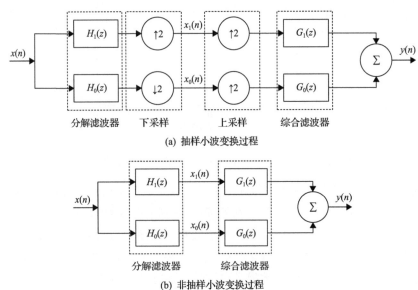

(a) 抽样小波变换过程

(b) 非抽样小波变换过程

图 3.14　抽样小波和非抽样小波变换过程

令小波函数为 $\psi(t)$，其傅里叶变换为 $\psi(\omega)$，若存在常数 A、B，当 $0 < A \leqslant B < \infty$，使

$$A \leqslant \sum_{k \in Z} \left| \psi(2^k \omega) \right|^2 \leqslant B \tag{3.16}$$

此时，$\psi(t)$ 才是一个非抽样小波。

定义函数 $f(t) \in L^2(R)$ 的非抽样小波变换系数为

$$WT_{2^k}(\tau) = f(t) * \psi_{2^k, \tau}(t) = 2^{\frac{k}{2}} \int_R f(t) \psi\left(\frac{\tau - t}{2^k}\right) \mathrm{d}t \tag{3.17}$$

式中

$$\psi_{2^k,k}(t) = 2^{\frac{-k}{2}} \psi\left(\frac{t-\tau}{2^k}\right) \tag{3.18}$$

设 $WT_{2^k}(\tau)$ 的傅里叶变换为 $\hat{W}T_{2^k}(\omega)$，由卷积定理，可得

$$\hat{W}T_{2^k}(\omega) = F(\omega)2^{\frac{k}{2}} \mathrm{e}^{-\mathrm{j}\omega\tau} \psi(2^k\omega) \tag{3.19}$$

这样，非抽样小波的条件就可以等价地表示为对 $\forall f(t) \in L^2(R)$，并且总有下式成立：

$$A\|f\|^2 \leqslant \sum_{k \in Z} \left\|WT_{2^k}(\tau)\right\|^2 \leqslant B\|f\|^2 \tag{3.20}$$

非抽样小波变换的重建公式：

$$f(t) = \sum_{k \in Z} \int_R WT_{2^k}(\tau)\tilde{\psi}_{2^k,\tau}(t)\mathrm{d}\tau \tag{3.21}$$

式中，$\tilde{\psi}_{2^k,\tau}(t)$ 为 $\psi_{2^k,\tau}(t)$ 的对偶框架，其上下界分别为 B^{-1} 和 A^{-1}。

同离散小波框架相似，当 $A = B$ 时，

$$\tilde{\psi}_{2^k,\tau}(t) = \frac{1}{A}\psi_{2^k,\tau}(t) \tag{3.22}$$

当 $A \neq B$ 时，可作一阶逼近，即

$$\tilde{\psi}_{2^k,\tau}(t) = \frac{2}{A+B}\psi_{2^k,\tau}(t) \tag{3.23}$$

当 $\dfrac{A}{B}$ 越接近 1 时，其重构误差越小。

2）非抽样小波消噪仿真

首先利用非抽样小波对流体数据序列平稳信号进行消噪处理，非抽样参数为软门限多尺度分析方法，小波母函数选为 db2 小波。消噪前后如图 3.15 和图 3.16 所示。

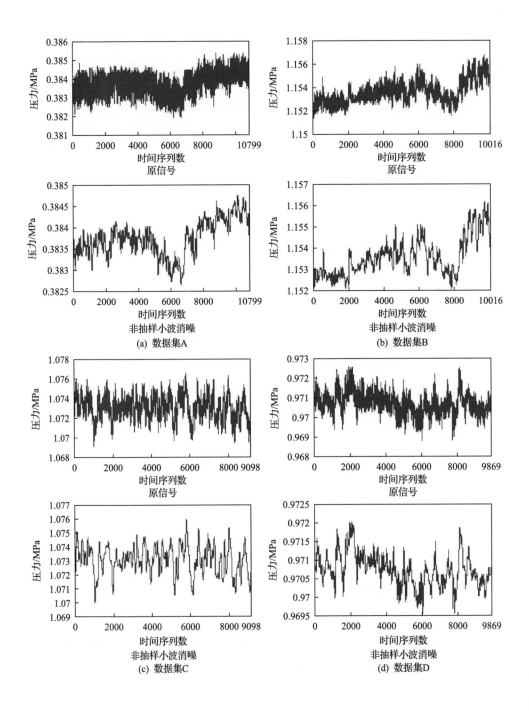

(a) 数据集A　　　　　　　　　　　　(b) 数据集B

(c) 数据集C　　　　　　　　　　　　(d) 数据集D

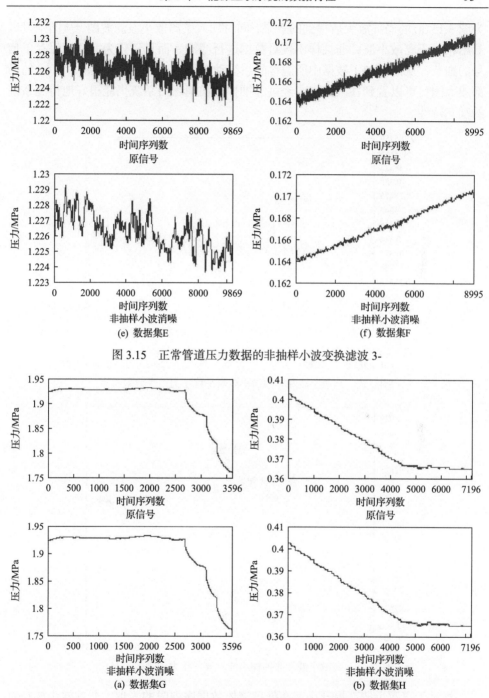

图 3.15　正常管道压力数据的非抽样小波变换滤波 3-

图 3.16　异常管道压力数据的非抽样小波变换滤波

从图 3.15 可以看到非抽样小波在处理实测数据时具有良好的滤波效果。图 3.17

为图 3.15(a) 的局部放大后得到的效果，同时加入了离散小波滤波图，从图中可以看出相对于离散小波，非抽样不仅对数据进行滤波，而且还较为完好地保存了信号的细节，从而保护了数据中所隐含的系统动态特性。图 3.18 为图 3.16(a) 的局部放大图，可以看到在故障点，经过非抽样小波消噪后系统仍能很好地得到系统的动态特性。

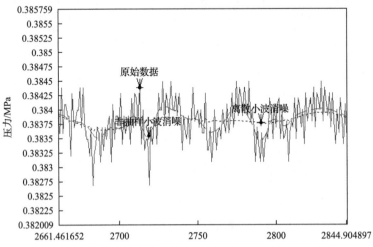

图 3.17　离散小波和非抽样小波对平稳压力消噪效果对比

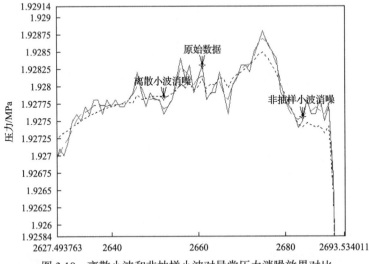

图 3.18　离散小波和非抽样小波对异常压力消噪效果对比

相对于离散小波、提升小波在处理流体数据序列时的表现，非抽样小波在对一维数据进行滤波处理时具有明显的优势。这主要体现在非抽样除了能够保证滤波效果外，还能很好地保留系统的内部特征信息。离散小波虽然也能达到滤波效果，但是从图 3.17 可以看到滤波结果会隐藏很多细节信息，特别是图 3.18 中，在故障点处离散小波明显地偏离了原信号，这样会造成系统分析的误差甚至错误。而提升小波虽然也能保留系统的特征，但是仿真中的边缘效应以及参数调节的困难性还是给普通的应用带来了一定的困难，适合于实验分析。

通过上述离散小波、提升小波以及非抽样小波的仿真对比分析结果可知：在三者之中，非抽样小波是解决流体数据序列滤波问题的最好选择。

3.4　管道流体的混沌特性研究

3.4.1　流体数据序列的混沌条件

判断一个时间序列是否是混沌时间序列有定性分析方法和定量分析方法。

定性分析方法主要通过揭示混沌信号在时域或频域中所表现的特殊空间结构或频率特性，从而和其他随机、噪声或者规律信号区分开来，主要有相图法、功率谱法等。

定量分析主要是计算时间序列中的一些参数来判断混沌行为，判断一个时间序列是否是混沌时间序列的定量分析需要满足一系列的条件。这些条件涉及时间序列的内在动态特性和吸引子的熵和几何特性[19,20]。

(1)时间序列要足够长。

(2)时间序列的状态应该是稳定的；由于实际采集的时间序列一般都含有噪声，在研究混沌特性之前需要对实际数据滤波。

(3)时间序列应该是非线性的，这意味着理论上(实际当中一般很难找到)通过微分方程才可以描述它的时域行为。

(4)吸引子具有分形维数，主要表现是关联维是分数值，随着嵌入维的增长，关联维会趋于一个常量。

(5)系统产生的动态应该是对初始值敏感的，换句话说，计算出的李雅普诺夫指数谱要满足至少一个李雅普诺夫指数是正值，而所有指数之和是负值。

(6)关联维数和 Kaplan-Yorke 维数接近。

3.4.2　流体数据序列的混沌特性证明

1. 相空间重构

本节采用相空间描述系统演化与运动。利用扩展自相关法求流体数据序列的嵌入延迟(利用采集得到的流体平稳数据集 A～F)如图 3.19 所示。图 3.19(a)是利用线性相关系数求取的嵌入延迟，结果介于 3～5；图 3.19(b)是利用非线性相关系数求取的嵌入延迟，也是介于 3～5，数据集 ABDF 都在 $\tau=4$ 处第一次达到最小。由于数据集取自不同的环境下，受到的干扰也不相同，所以取公倍数为 4。也就是流体数据序列的嵌入延迟约为 4。

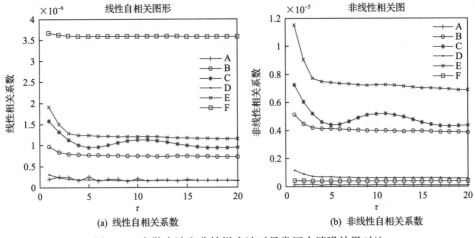

(a) 线性自相关系数　　　　　　　　　　(b) 非线性自相关系数

图 3.19　离散小波和非抽样小波对异常压力消噪效果对比

2. 嵌入维

因为伪近邻法在计算实测数据的嵌入维 d 的效果较好，所以流体数据序列采用伪近邻法计算最佳嵌入维。采用伪近邻法方法对正常工况下的 6 个数据集 A～F 进行运算，结果如图 3.20 所示。数据集 A、B、D、F 在横坐标 5 处达到平稳，因而这几个数据集的最佳嵌入维为 5，而在数据集 C、E 在横坐标 4 处平稳，其最佳嵌入维应为 4。根据伪近邻法原理，在没有噪声干扰的情况下，当达到最佳嵌入维时伪紧邻点的百分比应该为 0，但是从图 3.20 中可以看出除了数据集 F 外，其

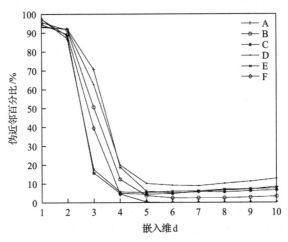

图 3.20　伪近邻法求平稳数据集的最佳嵌入维

他数据集的伪紧邻百分比都没有达到 0，这说明被处理的数据仍旧有噪声。因此，通过分析可以得到所有被处理数据的最佳嵌入维应该在 4~5 之间，而图 3.20 中嵌入维为 5 的数据集占多数(5 个)，另外为了避免嵌入维数过小导致吸引子不能完全展开，得到流体数据序列重构的最佳嵌入维为 5。之所以要把所有的数据集的嵌入维归到一个维数上，是因为下面将要利用重构的相空间对压力时间序列进行故障判断，而发生故障时的数据的嵌入维数可能发生变化。

3. 李雅普诺夫指数谱

李雅普诺夫指数作为混沌系统的一个重要的特征量，是判断时间序列是否混沌的一个必要条件。由于计算相空间重构时，已经充分考虑了干扰对计算嵌入维和嵌入延迟的影响，而嵌入维应该和李雅普诺夫指数个数相等，所以这里可以把 Darbyshire-Broomhead(D-B)法中的排除可疑指数的过程去掉。也就是利用互相关函数法计算嵌入延迟，利用伪近邻方法计算嵌入维，也就确定了李雅普诺夫指数的个数，然后再利用简化后的 D-B 法计算李雅普诺夫指数值，计算李雅普诺夫指数的流程图如图 3.21 所示。

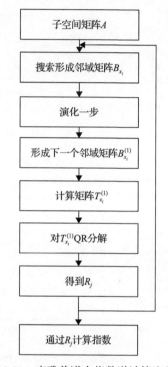

图 3.21　李雅普诺夫指数谱计算流程图

当计算出李雅普诺夫指数谱后，就可以根据这些指数计算李雅普诺夫维数(也叫 Kaplan-Yorke 维数)D_{KY}：

$$D_{KY} = K + \frac{1}{|\lambda_{K+1}|}\sum_{a=1}^{K}\lambda_a \tag{3.24}$$

式中，λ_a 为李雅普诺夫指数，$\lambda_1 \geqslant \lambda_2 \geqslant \cdots \geqslant \lambda_L \geqslant 0$，且 $\sum_{a=1}^{K}\lambda_a \geqslant 0$，$\sum_{a=1}^{K+1}\lambda_a < 0$。

李雅普诺夫维数与分形维数理论上应该完全一样，在用于有噪声的数据时，一般认为二者在同一个范围内就可以了。

根据前面求得的流体数据序列的嵌入延迟和嵌入维等参数，得到对应的李雅普诺夫指数的个数。利用李雅普诺夫指数谱算法求得李雅普诺夫指数和维数如

图 3.22 和表 3.1 所示。其中表 3.1 所列的指数是每个指数曲线的均值。可以看出每个数据集的所有指数之和都是负数，且都有正的李雅普诺夫指数，这说明能源互联系统中管道是个能量耗散系统，从李雅普诺夫指数表现出流体数据序列具有混沌特性。

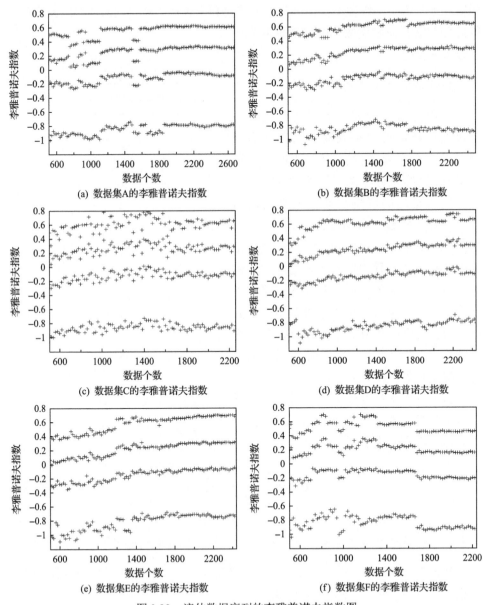

(a) 数据集A的李雅普诺夫指数　　　　　　(b) 数据集B的李雅普诺夫指数

(c) 数据集C的李雅普诺夫指数　　　　　　(d) 数据集D的李雅普诺夫指数

(e) 数据集E的李雅普诺夫指数　　　　　　(f) 数据集F的李雅普诺夫指数

图 3.22　流体数据序列的李雅普诺夫指数图

表 3.1　流体数据序列的李雅普诺夫指数谱和李雅普诺夫维数

参数	数据集					
	A	B	C	D	E	F
指数 1	0.6461	0.6315	0.6048	0.7077	0.5675	0.5251
指数 2	0.3504	0.3436	0.2544	0.3505	0.2048	0.2608
指数 3	0.0914	0.0770	−0.1244	0.0614	−0.1574	0.0341
指数 4	−0.2530	−0.2563	−0.8541	−0.2842	−0.8219	−0.2964
指数 5	−0.9638	−0.9617		−1.0289		−0.9889
李雅普诺夫指数和	−0.1289	−0.1659	−0.1193	−0.1935	−0.2069	−0.4652
李雅普诺夫维数 D_{KY}	4.87	4.83	3.86	4.81	3.75	4.53

4. 分形维数

维数是空间和集合的重要特征量。分形维数是维数的推广。分形维数有多种定义，如拓扑维、Hausdorff 维、容量维、相似维数和关联维等。关联维 D 直接反映了吸引子上的点在相空间或嵌入空间中分布的方式。

本节分别利用 Grassberger-Procaccia(G-P)算法和极大似然估计法求实测数据集 A～F 的关联维，结果如表 3.2。其中李雅普诺夫维数已经在本节中求得。

表 3.2　流体数据序列嵌入延迟、嵌入维和关联维

参数	数据集					
	A	B	C	D	E	F
嵌入维 d	5	5	4	5	4	5
延迟 τ	4	4	4	4	4	4
关联维 D	4.98	4.94	3.56	4.69	3.93	4.47
最大关联维 $D_{\max}$	4.98	4.95	3.81	4.99	3.92	4.65
最大似然估计 D_{NL}	4.68	4.81	3.90	4.75	3.81	4.51
李雅普诺夫维数 D_{KY}	4.87	4.83	3.86	4.81	3.75	4.53

从表中可以看出所有数据集的关联维具有分数的形式，且在一个范围内变化；再者，理论上关联维应该小于嵌入维，同时也应该小于最大关联维 $D_{\max}$，但是由于噪声和算法参数选择的影响，难以判断关联维和嵌入维谁大谁小，且在数据集 E 中 $D_{\max}<D$，但是可以看出关联维与嵌入维基本在同一个范围内，总体上关联维 D 小于或者接近于 $D_{\max}$。从上述两个结果可以得出产生时间序列的系统具有分形结构。

5. 平稳性分析

混沌本身就是一种非线性的表现，只有时间序列确定了是非线性的，才有可

能进一步分析其是否是混沌的。由于非线性是时间序列具有混沌特性的必要条件，在判定时间序列是否混沌前，时间序列的非线性检验是非常必要的。

流体数据序列内部动态特性需要在其平稳的状态下才能发现。但是从实际采集来的数据是否平稳是未知的，需要通过特定的方法来进行验证。本章采用递归图作为分析工具来验证数据是否平稳。X_i为d维空间中描述动态系统轨道上的第i个点。只要轨道中另外一个点X_j与X_i接近，就在以i和j组成的坐标系的(i,j)处画出一点。具体的步骤如下。

(1)利用嵌入维d和嵌入延迟τ构建d维轨道X_i。

(2)以X_i为中心，选择合适的r_i为搜索半径的球包含适当数目的其他点X_j。

(3)在以i和j组成的坐标系的(i,j)处画出一点。

(4)重复上述过程。

对数据集 A～F 所做的递归图如图 3.23 所示，从图中可以看到所有的数据集的递归图分布都较均匀，证明了所研究的数据集的平稳性。

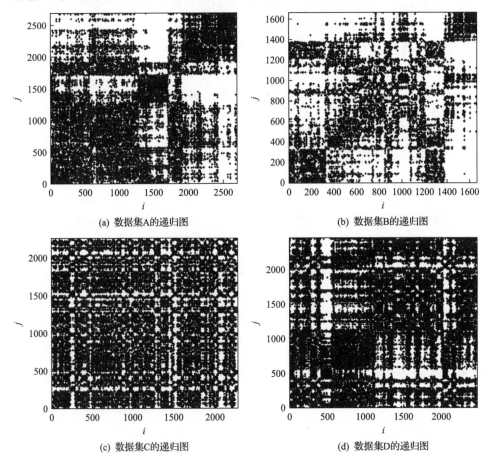

(a) 数据集A的递归图　　　　　　　　(b) 数据集B的递归图

(c) 数据集C的递归图　　　　　　　　(d) 数据集D的递归图

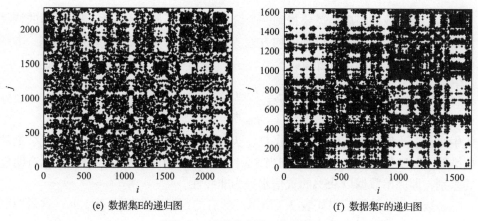

(e) 数据集E的递归图　　　　　　　　(f) 数据集F的递归图

图 3.23　流体数据序列递归图

6. 非线性证明

为了证明时间序列是非线性的，必须推翻时间序列是随机过程的假设。这里用替代数据分析方法来验证解决。其基本思想是提出零假设，即假设原时间序列是线性相关的，再以某种方式生成线性相关的数据集，称为替代数据集。然后利用统计检验方法检验其统计差异的显著性，并根据显著性水平来判断是否拒绝零假设。如果零假设成立，即原始数据和替代数据服从相同的分布，具有相同的统计特性，两者的特征量相近；反之如果零假设不成立，即原始时间序列为非线性的，那么原始数据要服从确定性的非线性规律，而被均匀随机化后的替代数据则不具有这一性质，二者的统计特性会有很大的差异。因此，要检验原始数据是否含有非线性成分，只需要比较生成的代替数据集和原始数据集的关联维的统计量来判断原始数据是否具有非线性。替代数据集利用相位随机算法产生，该算法保留了原始数据的功率谱幅值，但随机产生替代数据的相位值，过程如下。

(1)将原始数据 $\{x(1), x(2), \cdots, x(N)\}$ 输入数组 $y[t]$，$t=1, 2 \cdots, N$。

(2)对 $y[t]$ 计算傅里叶变换 $z[t]=\mathrm{DFT}(y[t])$。

(3)取 $z[t]$ 的幅度 $h_z(\omega_i)|$ 和相位 ψ_i，$i=1, 2, \cdots, N$。

(4)在 $[-\pi, \pi]$ 之间产生一个任意相位数据数组 ψ_i^*，$i=2, 3, \cdots, N/2$，如果 N 是偶数，则令 $\psi_1^*=\psi_{N/2+1}^*=0$，$\psi_{N+2-i}^*=-\psi_i^*$ $(i=2, 3, \cdots, N/2)$，如果 N 为奇数，则令 $\psi_1^*=0$，$\psi_{N+2-i}^*=-\psi_i^*$ $[i=2, 3, \cdots, \mathrm{ceil}(N/2)]$，其中 $\mathrm{ceil}(N/2)$ 是取 $N/2$ 的上限整数。

(5)利用 $h_z(\omega_i)|$ 和 ψ_i^* 做傅里叶逆变换得到 $y'[t]$。

(6)重复上述的步骤得到不同的替代数据集。

确定替代数据集后，需要找到一个统计量来判断原始数据和替代数据的特征量的异同，这个统计量可以利用均方差、关联维、李雅普诺夫指数、熵等。本章中采用关联维作为判定统计量：

$$S = \frac{\mid D_{\text{test}} - D_{\text{surr}} \mid}{\vartheta_{\text{surr}}} \tag{3.25}$$

式中，D_{test} 为原始数据的关联维，D_{surr} 为替代数据的关联维，ϑ_{surr} 为替代数据的标准差。取显著水平 $\alpha = 0.05$，则当 $S \geqslant 1.96$ 时，表明原始数据与替代数据有明显的差别，即原始数据以 95%的置信水平为非线性。

各数据集的计算结果如表 3.3 所示，所有的判据 S 都远大于 1.96，这说明所测试的数据集具有强烈的非线性。

表 3.3　时间序列统计量的比较

数据集	时间序列	均值 Mp	标准差 ϑ	关联维 D	判据 S
A	原始序列	0.38	5.68×10^{-4}	4.9826	
	替代序列 1	0.38374	5.6762×10^{-4}	4.9749	
	替代序列 2	0.38374	5.6762×10^{-4}	4.9651	24.36
	替代序列 3	0.38374	5.6762×10^{-4}	4.9668	
B	原始序列	1.1535	1.0365×10^{-3}	4.9382	
	替代序列 1	1.1535	1.0365×10^{-3}	4.9501	
	替代序列 2	1.1535	1.0365×10^{-3}	4.9516	11.627
	替代序列 3	1.1535	1.0365×10^{-3}	4.9492	
C	原始序列	0.36859	2.2812×10^{-3}	3.557	
	替代序列 1	0.36859	2.2812×10^{-3}	3.5686	
	替代序列 2	0.36859	2.2812×10^{-3}	3.5688	6.3
	替代序列 3	0.36859	2.2812×10^{-3}	3.514	
D	原始序列	3.4291	7.9081×10^{-3}	4.6936	
	替代序列 1	3.429	7.9081×10^{-3}	4.738	
	替代序列 2	3.429	7.9081×10^{-3}	4.5834	3.445
	替代序列 3	3.429	7.9081×10^{-3}	4.8412	
E	原始序列	1.9141	2.6329×10^{-3}	3.9327	
	替代序列 1	1.9141	2.6329×10^{-3}	3.953	
	替代序列 2	1.9141	2.6329×10^{-3}	3.9245	5.57
	替代序列 3	1.9141	2.6329×10^{-3}	3.9646	

续表

数据集	时间序列	均值 Mp	标准差 ϑ	关联维 D	判据 S
F	原始序列	0.16725	1.6725×10^{-3}	4.4645	
	替代序列 1	0.16725	1.6725×10^{-3}	4.4287	12.157
	替代序列 2	0.16725	1.6725×10^{-3}	4.4312	
	替代序列 3	0.16725	1.6725×10^{-3}	4.4726	

通过本章的分析，可以得到下面的结论：

(1)流体数据序列是一个非线性的物理过程。

(2)流体数据序列关联维具有分形特性且与压力值、温度等参数无关，是不依赖于环境的常量。

(3)流体数据序列的嵌入维约为 5 维。

(4)所有数据集的李雅普诺夫指数谱都有正的指数，所有指数之和为负数，且李雅普诺夫维数与关联维在同一个范围内，这些参数基本上与数据集的参数无关。

上述 4 个结论表明流体数据序列符合混沌时间序列的条件，从而揭示了流体数据序列具有严格混沌动态特性。

3.5　本章小结

本章首先对实测数据集的来源进行了详细的说明，并给出了数据预处理的流程和滤波方法。由于实测数据中含有噪声，所以通过硬件滤波和软件滤波方法对原始数据进行预处理。在软件滤波中，分别采用滑动均值滤波法和小波滤波法对数据进行处理。进一步，在小波滤波法分析中，对比了离散小波、提升小波和非抽样小波在实测数据滤波中的作用和优缺点。因此，本章所研究的实测数据集 A～F 经过了三个步骤的滤波过程，首先利用硬件滤波，然后利用滑动均值滤波，最后采用非抽样小波滤波。之后研究了流体数据序列的混沌条件，求解和分析了数据集的分形维数，计算李雅普诺夫指数的计算方法并且对数据集的李雅普诺夫指数进行了估计和分析，评估了数据集的平稳性和非线性，根据结果得到了流体数据序列波动具有混沌特性。

参 考 文 献

[1] 伦淑娴, 张化光, 冯健. 基于神经网络的多传感器自适应滤波及其应用[J]. 东北大学学报, 2003(8): 727-730.

[2] 谭向宇, 许学勤, 孙福, 等. 新型自适应广义形态滤波在 MOA 在线监测数据处理中的应用[J]. 中国电机工程学报, 2008(19): 25-29.

[3] 薛明喜, 杨扬, 张晨睿, 等. 基于自适应 Kalman 滤波的 SAW 测温数据纠错方法[J]. 仪器仪表学报, 2016, 37(12): 2766-2773.

[4] Chen B W, Ye W C. Low-error data recovery based on collaborative filtering with nonlinear inequality constraints for manufacturing processes[J]. IEEE Transactions on Automation Science and Engineering, 2020, 18(4): 1602-1614.

[5] Zhao L, Chen Z, Yang Z, et al. Local similarity imputation based on fast clustering for incomplete data in cyber-physical systems[J]. IEEE Systems Journal, 2016, 12(2): 1610-1620.

[6] Karmitsa N, Taheri S, Bagirov A, et al. Missing value imputation via clusterwise linear regression[J]. IEEE Transactions on Knowledge and Data Engineering, 2020, doi: 10.1109/TKDE.2020.3001694.

[7] 刘金海, 冯健, 马大中. 流体管道压力信号的高精度实时滤波方法[J]. 东北大学学报(自然科学版), 2013, 34(1): 9-12.

[8] Hu X, Zhang H G, Ma D, et al. Hierarchical pressure data recovery for pipeline network via generative adversarial networks[J]. IEEE Transactions on Automation Science and Engineering, 2021, doi: 10.1109/TASE.2021.3069003.

[9] Zhang H G, Jiang L, Liu J, et al. Data recovery of magnetic flux leakage data gaps using multifeature conditional risk[J]. IEEE Transactions on Automation Science and Engineering, 2020, 18(3): 1064-1073.

[10] 唐建华, 姜琳, 李志鹏, 等. 管道漏磁内检测失效数据处理方法[J]. 油气储运, 2020, 39(10): 1122-1128.

[11] 刘金海, 张化光, 冯健. 长输油管线实时泄漏发现与定位系统设计[J]. 仪器仪表学报, 2006(S1): 286-287.

[12] 冯健, 张化光, 刘金海, 等. 分布式网络化数据采集装置及其采集方法[J]. 仪器仪表学报, 2006(S2): 1296-1297.

[13] Zhang H, Hu X, Ma D, et al. Insufficient data generative model for pipeline network leak detection using generative adversarial networks[J]. IEEE Transactions on Cybernetics, 2020, doi: 10.1109/TCYB.2020.3035518.

[14] Zhang H, Xi R, Wang Y, et al. Event-triggered adaptive tracking control for random systems with coexisting parametric uncertainties and severe nonlinearities[J]. IEEE Transactions on Automatic Control, 2021, doi: 10.1109/TAC.2021.3079279.

[15] 冯健, 张化光. 基于小波消噪和盲源分离的信号奇异点检测方法[J]. 控制与决策, 2007(9): 1035-1038.

[16] Zhang H, Xie Y, Wang Z, et al. Adaptive synchronization between two different chaotic neural networks with time delay[J]. IEEE Transactions on Neural Networks, 2007, 18(6): 1841-1845.

[17] Zhang H, Liu D, Wang Z. Controlling Chaos: Suppression, Synchronization and Chaotification[M]. London: Springer-Verlag, 2009.

[18] Zhang H, Ma T, Huang G, et al. Robust global exponential synchronization of uncertain chaotic delayed neural networks via dual-stage impulsive control[J]. IEEE Transactions on Systems, Man, and Cybernetics, Part B (Cybernetics), 2009, 40(3): 831-844.

[19] 刘金海, 张化光, 冯健. 输油管道压力时间序列混沌特性研究[J]. 物理学报, 2008(11): 6868-6877.

[20] 刘金海, 张化光, 冯健. 基于压力时间序列的输油管道在线泄漏故障诊断算法[J]. 东北大学学报(自然科学版), 2009, 30(3): 321-324.

第 **4** 章 自适应动态规划理论基础

4.1 引　言

Werbos[1]于 20 世纪 90 年代提出了自适应动态规划(adaptive dynamic programming，ADP)理论的早期架构，其利用函数逼近方法设计控制器和性能目标值，实现了正向求解过程，避免了传统动态规划方法的缺陷。目前，自适应动态规划方法已经成功应用在诸多控制问题中，例如最优跟踪控制、鲁棒控制、非零和博弈、多智能体一致性控制等，同时也在实际控制问题中得到广泛应用，例如自动驾驶问题、智能交通控制、电力系统优化、工业流程优化等。

跟踪问题在实际应用中广泛存在，2008 年 Zhang 等[2]采用广义多维扩展原理处理时变轨迹最优跟踪问题，顺利解决了跟踪问题无法求取最优反馈控制的难题。2009 年，Zhang 等首次发现了迭代最优控制与神经动力学间的拓扑同胚现象，进而提出了多动态同胚压缩原理，建立了性能指标、最优控制及动态模型之间的自学习迭代关系，进而将原始最优控制问题中对 HJB 偏微分方程的求解，转化为对三个常微分方程的迭代求解，从数学上严格证明了该方法最终收敛于 HJB 方程的最优解，并给出了该方法最优性、收敛性、稳定性的完备证明[3]。以上方法于 2011 年进一步推广到连续时间系统的最优跟踪问题的求解中[4]。2010 年，Vamvoudakis 和 Lewis[5]提出了在线策略迭代算法，实现了评判网和执行网权值的同时调节，在线实时更新控制策略作用于被控系统，最终求得最优控制策略，并给出了闭环系统中所有变量的稳定性证明。之后学者开始研究简化网络结构和初始条件。2013 年，Zhang 等[6]提出了一种在线单网自适应训练方法，并且在自适应律中加入了稳定项，成功去除了对初始容许控制的依赖。同时学者着手解决系统动态未知的难题，初期大多通过增加一个辨识神经网络以近似系统模型的方法实现系统动态未知算法，但这类方法增加了算法复杂性和计算负担。罗彪教授[7]在 2014 年针对线性系统和非线性系统提出了基于数据的"离策略(off-policy)"方法，不需要知道任何系统动态，可以采集在任意控制策略下生成的系统数据用于训练。H. Modares[8]等在 2015 年将积分强化学习从离线采集数据拓展到在线采集，实现了积分强化学习的在线实时迭代求解。随后，Su 等[9]在 2017 年提出了针对连续时间系统的在线值迭代方法，解决部分未知系统的最优控制问题，并可在线地获得网络权值。

　　针对微分博弈问题的求解，2009 年罗艳红等[10]给出了离散时间系统值迭代方法的收敛性证明，方法中初始值函数为零，并且无需要求初始控制策略是可容许的。而在 2013 年，Wei 等[11]重新讨论了值迭代方法，将算法收敛要求中的初始值函数条件放宽为半正定。

　　针对非零和微分博弈问题，各玩家具有相同的整体目标，鞍点是通过协作实现性能最大化而得到的。2011 年，Zhang 等[12]首次给出了鞍点不存在情况下的微分博弈问题求解方法，求得了系统的混合最优解，随后又于 2013 年提出了基于单神经网络的在线求解方法。Song 等[13]在 2017 年提出了针对多人非零和博弈问题的积分强化学习算法，无需任何系统模型，可对问题进行离线求解。

　　除以上成果外，最优控制在实际应用中具有重要地位，自适应动态规划算法应用于实际问题中目前已经取得了一些成功案例。2017 年，Wei 等[14]将带有容错功能的自适应动态规划方法用于处理大楼的可再生能源调度和电池管理问题，取得了良好效果。同时，自适应动态规划算法也成功应用于车辆自动驾驶和交通控制中。Gao 等[15]提出一种基于数据驱动的车辆编队自动驾驶控制方法，其中车辆之间通过车联网的方式互相通信，通过实时采集车辆数据，无需建立系统模型便可实现自适应控制。在多种行驶情景下，车辆之间都可以保持速度和距离上的一致。随后 Wei 等[16]提出了一种基于自适应动态规划的多车轨迹最优控制方法，该方法是在一种简化的车辆跟驰模型中实现的。

4.2　自适应动态规划方法的数学推导

　　尽管动态规划方法已经为最优控制问题提供了解决方案，但在算法实际实现过程中，由于每一级的计算过程都需保存大量的计算数据，特别是当系统状态的维数较大时，算法所需的计算量和存储空间都呈指数形式上升，这一现象被 Bellman 称为 "维数灾难"（the curse of dimensionality），这极大地制约了该方法的实际应用。为克服该不利因素，数十年来研究者们一直致力于寻找新的解决途径以绕过问题，其中代表性成果当属基于强化学习和动态规划方法发展而来的自适应动态规划方法。它也被认为是 "实现未来智能控制和理解人脑智能的重要途径" [17]（美国知名学者 P. L. Werbos 语）。

4.2.1　自适应动态规划的算法原理

　　自适应动态规划方法是融合了动态规划、强化学习、函数拟合和自适应评判设计等多种技术而形成的近似最优控制解，其核心思想在于运用神经网络等函数逼近模型对最优性能指标函数进行拟合，从而间接地得到对应的 Bellman 动态规划方程的近似最优解。由于神经网络模型或模糊逼近模型的应用，相应的算法实现过程无需计算和保存过多的中间数据，从而巧妙地绕过了传统动态规划方法所面临的"维数灾"问题。从本质上来讲，自适应动态规划方法属于一种逐次迭代方法，其通过建立评判函数，使用从被控对象处采集到的状态和控制信息来对系统控制性能进行评价，随后使用执行函数产生相应的控制/执行操作，从而对系统产生影响，如此循环往复。在此过程中，评判函数和执行函数分别用神经网络进行拟合，因而也分别称为评判网络和执行网络。需要指出的是，评判网络相关参数的更新需满足 Bellman 最优性原理，即评判网络(函数)需能尽量逼近 Bellman 动态规划方程的解析解。使用这一迭代结构，便将对最优性能指标函数的求解转化为对于评判网络的求解，随后使用自适应调节方法或最小二乘逼近方法即可方便地得出所求的近似最优解。

与此同时，自适应动态规划方法不仅有严谨的数学推导作为支撑，更具备强大的自学习能力。由于引入了强化学习的奖励惩罚机制，其能够在评判网络和执行网络间的迭代过程中自主地完成对于最优性能指标和最优控制的搜索。此外，与传统动态规划方法逆向递推过程不同的是，自适应动态规划方法的解决过程是沿时间正向进行的，这也减少了相关计算的复杂度。

从算法的实现结构上来讲，自适应动态规划方法有如下几种基本结构：启发式动态规划(heuristic dynamic programming，HDP)，二次启发式规划(dual heuristic programming，DHP)，执行依赖启发式动态规划(action dependent heuristic dynamic programming，ADHDP)，执行依赖二次启发式规划(action dependent dual heuristic programming，ADDHP)和全局二次启发式规划(globalized dual heuristic programming，GDHP)等等。上述结构中都使用评判网络和执行网络分别实现不同的任务。如 HDP 结构中评判网络被用来逼近最优值函数，而执行网络被用于逼近最优控制策略。DHP 结构与 HDP 结构的本质区别是，其评判网络被用于逼近值函数关于状态 x 的偏导数，而非值函数本身。而 ADHDP 是 HDP 结构的发展，其评判网络及执行网络的输入变量不仅包括系统状态 x，还包括控制输入 u。类似的关系也存在于 ADDHP 和 DHP 结构间。

1. 启发式动态规划

启发式动态规划(HDP)是自适应动态规划方法中最基本的一种，主要由三个模块组成：评价(critic)模块(亦称评判模块)，模型(model)模块及执行(action)模块，每个模块皆可通过函数近似工具如神经网络、模糊基函数等近似逼近，因而它也被称为自适应评价设计(adaptive critic designs，ACD)。

HDP 的结构如图 4.1 所示，其中包含三个神经网络，第一个网络称为控制网络(亦称执行网络)(action network)，代表系统状态变量到控制变量之间的映射；第二个网络称为模型网络(model network)，用于对未知非线性系统进行建模；第三个网络称为评价网络(亦称评判网络)(critic network)，以状态变量作为输入，输出则是性能指标函数。

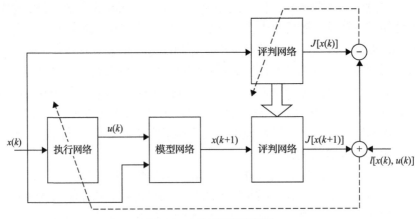

图 4.1　HDP 结构示意图

在 HDP 中，性能指标函数可以写成如下表达式：

$$J[x(k)] = l[x(k), u(x(k))] + J[x(k+1)] \tag{4.1}$$

式中，$u[x(k)]$ 为反馈控制变量，性能指标函数 $J[x(k)]$ 和 $J[x(k+1)]$ 为评价神经网络的输出。如果评价网络的权值设为 w，可以令式(4.1)的右式为

$$d[x(k), w] = l[x(k), u(x(k))] + J[x(k+1), w] \tag{4.2}$$

同时式(4.1)的左式可以写为 $J[x(k), w]$。因此可以通过调节评价神经网络权值 w 最小化如下均方误差函数：

$$w^* = \arg\min_w \left\{ \left| J[x(k), w] - d[x(k), w] \right|^2 \right\} \tag{4.3}$$

以获得最优性能指标函数。

根据最优性原理，最优控制应满足一阶微分必要条件，即有

$$\begin{aligned}
\frac{\partial J^*[x(k)]}{\partial u(k)} &= \frac{\partial l[x(k), u(k)]}{\partial u(k)} + \frac{\partial J^*[x(k+1)]}{\partial u(k)} \\
&= \frac{\partial l[x(k), u(k)]}{\partial u(k)} + \frac{\partial J^*[x(k+1)]}{\partial x(k+1)} \frac{\partial f[x(k), u(k)]}{\partial u(k)}
\end{aligned} \tag{4.4}$$

因此得到最优控制为

$$u^* = \arg\min_u \left(\left| \frac{\partial J[x(k)]}{\partial u(k)} - \frac{\partial l[x(k),u(k)]}{\partial u(k)} - \frac{\partial J^*[x(k+1)]}{\partial x(k+1)} \frac{\partial f[x(k),u(k)]}{\partial u(k)} \right| \right) \quad (4.5)$$

式中，$\dfrac{\partial J^*[x(k+1)]}{\partial x(k+1)}$ 可以通过评价网络权值 w 和输入输出关系式得出。

2. 控制依赖启发式动态规划

在上述 HDP 中，如果控制模块的输出直接作为评价模块的部分输入，则这种自适应评价设计被称为控制依赖启发式动态规划（ADHDP），其工作原理与 HDP 基本相同，结构图如图 4.2 所示。

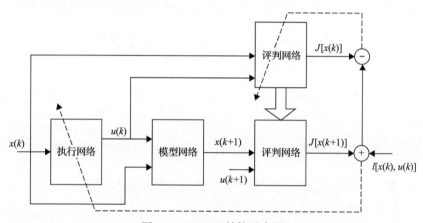

图 4.2　ADHDP 结构示意图

在实现上 HDP 与 ADHDP 的最大区别在于 ADHDP 的评价网络不但以系统状态作为输入，同时也以控制变量作为输入，评价网络的输出通常称为 Q 函数，因而 ADHDP 也被称为 Q 学习。

3. 二次启发式规划

二次启发式规划（DHP）结构如图 4.3 所示，同样包含三个神经网络，分别是执行网络、模型网络和评判网络，其中执行网络与模型网络的功能和作用与 HDP 相同。但对于 DHP，评判网络将逼近性能指标函数 J 对状态 x 的导数而不是性能指标函数 J 本身，其中 $\dfrac{\partial J[x(k)]}{\partial x(k)}$ 也叫作协状态（costate）。为此，我们需要知道效用函数对状态的导数 $\dfrac{\partial l[x(k),u(k)]}{\partial x(k)}$ 及系统函数对状态的导数 $\dfrac{\partial f[x(k),u(k)]}{\partial x(k)}$。

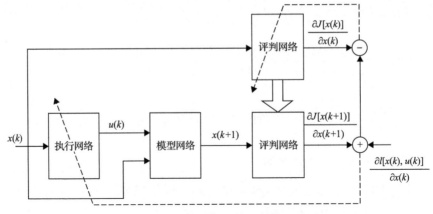

图 4.3　DHP 结构示意图

DHP 算法根据性能指标函数和效用函数对状态的导数进行迭代如下：

$$\frac{\partial J\left[x(k)\right]}{\partial x(k)} = \frac{\partial l\left[x(k),u(x(k))\right]}{\partial x(k)} + \frac{\partial J\left[x(k+1)\right]}{\partial x(k)} \tag{4.6}$$

式中，$u[x(k)]$ 为反馈控制变量，协状态 $\dfrac{\partial J\left[x(k)\right]}{\partial x(k)}$ 和 $\dfrac{\partial J\left[x(k+1)\right]}{\partial x(k)}$ 为评价网络的输出。

如果评价网络的权值设为 w，则可以令式(4.1)的右式取关 x 的偏导，并定义

$$e[x(k),w] = \frac{\partial l\left[x(k),u(x(k))\right]}{\partial x(k)} + \frac{\partial J\left[x(k+1),w\right]}{\partial x(k)} \tag{4.7}$$

同时式(4.1)左式关于 x 的偏导为 $\dfrac{\partial J[x(k),w]}{\partial x(k)}$。

通过调节评价网络的权值 w 来最小化如下的均方误差函数：

$$w^* = \arg\min_{w}\left\{\left\| \frac{\partial J[x(k),w]}{\partial x(k)} - e[x(k),w]\right\|^2\right\} \tag{4.8}$$

可以使评价网络的输出为协状态。

而根据最优性原理，最优控制应满足一阶微分必要条件，即有

$$\begin{aligned}\frac{\partial J^*[x(k)]}{\partial u(k)} &= \frac{\partial l\left[x(k),u(k)\right]}{\partial u(k)} + \frac{\partial J^*[x(k+1)]}{\partial u(k)} \\ &= \frac{\partial l\left[x(k),u(k)\right]}{\partial u(k)} + \frac{\partial J^*[x(k+1)]}{\partial x(k+1)}\frac{\partial f\left[x(k),u(k)\right]}{\partial u(k)}\end{aligned} \tag{4.9}$$

因此可以得到最优控制

$$u^* = \arg\min_u \left(\left\| \frac{\partial J\left[x(k)\right]}{\partial u(k)} - \frac{\partial l\left[x(k),u(k)\right]}{\partial u(k)} - \frac{\partial J^*\left[x(k+1)\right]}{\partial x(k+1)} \frac{\partial f\left[x(k),u(k)\right]}{\partial u(k)} \right\| \right) \qquad (4.10)$$

式中，$\dfrac{\partial J^*\left[x(k+1)\right]}{\partial x(k+1)}$ 即为最优协状态且满足式 (4.9)。

　　通过上述推导可以看出在 HDP 方法中，最优控制要通过评价网络权值 w 和输入输出关系式得出，而在 DHP 方法中，最优控制可以通过协状态直接获得。因此，一般来说 DHP 相对于 HDP 具有更高的控制精度。然而，HDP 直接计算性能指标函数本身，而 DHP 则需要计算性能指标函数对于状态的导数从而需要更高的计算量。

4. 控制依赖二次启发式规划

　　控制依赖二次启发式规划 (ADDHP) 的基本原理与 DHP 类似，其结构图如图 4.4 所示。

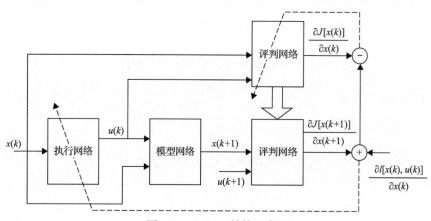

图 4.4　ADDHP 结构示意图

　　在实现上 DHP 与 ADDHP 算法的最大区别在于 ADDHP 的评价网络不但以系统状态作为输入，同时也以控制变量作为输入，因而 ADDHP 比 DHP 获得了更高的控制精度。

5. 全局二次启发式规划

　　全局二次启发式规划 (GDHP) 结合了启发式动态规划和二次启发式规划的内容，主要体现在评价网络的输出包括两部分，一部分为代价函数，另一部分为协状态函数。当利用控制网络计算最优控制时，可以根据评价网络的部分输出，也即协状态函数来直接计算。

4.2.2　自适应动态规划的迭代方法分类

传统的自适应动态规划方法包括策略迭代和值迭代两种迭代求解方案，下面分别对其具体的推导形式进行介绍。

1. 策略迭代方法

受强化学习理论的启发，策略迭代方法首先被用于最优控制策略的求解过程中。以如下的离散时间仿射非线性系统为例：

$$x_{k+1} = f(x_k) + g(x_k)u_k \tag{4.11}$$

系统的状态 $x_k \in \Omega$，Ω 为 R^n 上的紧集。设整个控制过程的性能指标采用如 $J = \sum_{k=0}^{\infty} r(x_k, u_k)$ 所示的形式。具体的迭代实现过程包括以下几个步骤。

(1)初始化阶段。对 $i=0$，选取初始可容许控制策略 $u_k^{(i)}$。

(2)策略估计阶段。通过以下方程求解值函数 $V^{(i+1)}(x_k)$：

$$0 = r(x_k, u_k^{(i)}) + V^{(i)}(x_{k+1}) - V^{(i)}(x_k) \tag{4.12}$$

这里 $V^{(i)}(0) = 0$。

(3)策略提升阶段。使用下列公式更新控制策略 $u_k^{(i+1)}$：

$$u_k^{(i+1)} = \arg\min_{u_k \in U(\Omega)} \{r(x_k, u_k) + V^{(i)}(x_{k+1})\} \tag{4.13}$$

也即

$$u_k^{(i+1)} = -\frac{1}{2} M^{-1} g^T(x_k) \frac{\partial V^{(i)}(x_{k+1})}{\partial x_{k+1}} \tag{4.14}$$

需要注意的是，对于任意 $i = 0, 1, 2, \cdots$，迭代在第(2)步与第(3)步间交替进行，直至值函数 $V^{(i)}(x_k)$ 收敛。

2. 值迭代方法

除策略迭代方法外，另一种经常使用的迭代算法为值迭代计算方法。依旧以仿射系统(4.11)为例，值迭代算法的实现过程如下。

(1)初始化阶段。选择初始值函数 $V^{(0)}(x_k)=0$，及初始控制策略 $u_k^{(0)}$。

(2) 值函数更新阶段。使用下式计算新的值函数 $V^{(i+1)}$：

$$V^{(i+1)}(x_k) = r(x_k, u_k^{(i)}) + V^{(i)}(x_{k+1}) \tag{4.15}$$

(3) 策略提升阶段。使用下列公式更新控制策略 $u_k^{(i+1)}$：

$$
\begin{aligned}
u_k^{(i+1)} &= \arg\min_{u_k \in U(\Omega)} \{r(x_k, u_k) + V^{(i+1)}(x_{k+1})\} \\
&= -\frac{1}{2} M^{-1} g^{\mathrm{T}}(x_k) \frac{\partial V^{(i+1)}(x_{k+1})}{\partial x_{k+1}}
\end{aligned} \tag{4.16}
$$

从上述的算法迭代过程可以看出，值迭代方法与策略迭代方法类似，两者间的区别主要在值迭代方法无需提前找到初始可容许控制策略，因而在算法实现上要较策略迭代方法更为容易。

基于值迭代算法，Al-Tamimi 等[18]在 2008 年提出了一种基于 HDP 结构的方法来求解离散时间 HJB 方程并给出了解的收敛性证明。而在近几年，鉴于值迭代算法在最优控制计算过程中所表现出来的优点，越来越多的研究者开始关注并发展这类方法。特别地，Wei 等[19]提出了一种新型的值迭代自适应控制方法来解决一类非仿射非线性系统的最优控制问题，并给出了严格的收敛性证明。

此外，基于策略迭代学习机制，Vamvoudakis 等[20]针对连续时间系统的最优控制问题提出了一种新的算法，能够同时对最优代价函数和最优控制律进行估计。在该方法中，评判网络和执行网络的权值是同步调节的，因而这种方法也被称为同步策略迭代算法。此外该方法的计算过程可以完全使用自适应方式实现，因而得到了普遍关注和深入研究。

4.3 自适应动态规划方法解决最优调控问题

非线性系统的最优控制问题一直是控制领域里的研究热点，但是由于 HJB 方程固有的非线性特性，往往很难得到其解析解。为了获得 HJB 方程的近似解，ADP 方法被提出并且获得了广泛关注。2009 年，Zhang 等[3]给出迭代 DHP 算法以解决一类具有控制约束离散非线性系统的优化控制问题，并采用基于径向基函数神经网络的 DHP 技术来实现迭代算法，且获得较好的控制效果。

为了克服离线迭代算法的不足，强化学习的方法被用来实现在线控制，这些算法的核心技术就是利用在线神经网络作为参数结构来近似代价函数和最优控制律。不过值得注意的是，在这些算法中，没有给出算法相应的收敛性分析，并且忽略了神经网络的近似误差。有鉴于此，Dierks 和 Jagannthan[21]提出了一种基于时间策略迭代在线最优控制方案。但是在执行这个在线控制方案时，需要记录和保存大量的历史数据用于学习新的策略，这将降低策略学习的效率。

为了解决基于时间策略迭代在线最优控制方案存在的不足，本节研究使用迭代 ADP 算法解决离散非线性系统的最优控制问题。首先，利用两个神经网络(评价网络和执行网络)作为在线参数结构来近似代价函数和最优控制律。在容许控制策略下，评价网络在线学习 HJB 方程的解，而执行网络依据评价网络提供的信息在线学习控制信号使代价函数最小化。根据自适应理论，设计新型的神经网络权值学习律。在考虑神经网络近似误差的基础上，最后根据李雅普诺夫理论，证明系统状态和神经网络权值估计误差的一致最终有界性，并且能够保证所获得的控制输入在最优控制输入的一个小的邻域内，这些证实了所设计的控制器能够保证系统具有良好的控制性能。

考虑如下形式的离散非线性系统：

$$x(k+1) = f[x(k)] + g[x(k)]u(k) \tag{4.17}$$

式中，$x(k) \in \Omega \subseteq \mathbb{R}^n$ 为系统的状态变量；$u(k) \in \Omega_u \subseteq \mathbb{R}^m$ 为系统的输入变量。$f(\cdot)$ 和 $g(\cdot)$ 可微，且 $f(0) = 0$。假设 $f + gu$ 在属于 $\mathbb{R}^n$ 且在包含原点的集合 Ω 上 Lipschitz 连续，而且系统(4.17)是可控的。

对于系统的最优控制问题，我们的目标就是设计一个反馈控制策略 $u(x)$，该策略能够使代价函数

$$V(x(k)) = \sum_{i=k}^{\infty} r[x(i), u(i)] \tag{4.18}$$

是最小的，其中 $r[x(i), u(i)] = x^{\mathrm{T}}(i)Qx(i) + u(i)^{\mathrm{T}}Mu(i)$ 为效用函数，且代价函数参数 Q 和 M 都是正定矩阵。

对于最优控制问题，不仅要求反馈控制策略 $u(x)$ 能够在 Ω 上镇定被控系统，而且要求其能够保证代价函数(4.18)是有限值，也就是说，它必须是容许控制。

定义 4.1：对于状态 $x(k) \in \Omega$，一个控制策略 $u[x(k)]$ 在 Ω 上关于式(4.18)是容许控制，记为 $u[x(k)] \in \Psi(\Omega)$，如果在 Ω 上 $u[x(k)]$ 是连续的，$u(0) = 0$ 且 $u[x(k)]$ 能够使系统(4.17)镇定，并且对于任意的初始状态 $x(0)$，$V[x(0)]$ 是有限值。

最优控制问题可以概括为对于给定的非线性系统(4.17)以及无限时间的代价函数(4.18)，那么最优问题就是寻找一个容许控制策略使得与系统(4.17)关联的代

价函数(4.18)是最小的。

对于给定容许控制策略$u(t)$，根据式(4.18)，有

$$
\begin{aligned}
V(x(k)) &= r[x(k),u(k)] + \sum_{i=k+1}^{\infty} r[x(i),u(i)] \\
&= r[x(k),u(k)] + V[x(k+1)]
\end{aligned}
\tag{4.19}
$$

如果$V[x(k)]$满足边界条件$V(0)=0$，那么，$V[x(k)]$就是系统(4.17)的一个李雅普诺夫函数。因而，式(4.19)就是一个非线性离散时间李雅普诺夫方程，可写为

$$
V[x(k+1)] - V[x(k)] + r[x(k),u(k)] = 0
\tag{4.20}
$$

我们可以定义 Hamiltonian 函数为

$$
H(V,x,u) = V[x(k+1)] - V[x(k)] + r[x(k),u(k)]
\tag{4.21}
$$

根据 Bellman 最优原则可知，最优代价函数$V^*[x(k)]$是时变的而且满足离散时间 HJB 方程：

$$
V^*[x(k)] = \min_{u(k)}\{r[x(k),u(k)] + V^*[x(k+1)]\}
\tag{4.22}
$$

最优控制$u^*(k)$满足一阶必要条件，那么通过求解式(4.22)的右侧关于$u(k)$的梯度得

$$
u^*[x(k)] = -\frac{1}{2} M^{-1} g[x(k)]^{\mathrm{T}} \frac{\partial V^*[x(k+1)]}{\partial x(k+1)}
\tag{4.23}
$$

由于最优控制$u^*(k)$和最优代价函数$V^*[x(k)]$满足非线性离散时间李雅普诺夫方程(4.20)，有

$$
H(x,u^*,V^*) = V^*[x(k+1)] - V^*[x(k)] + r[x(k),u^*(k)] = 0
\tag{4.24}
$$

将式(4.23)代入式(4.24)，则离散时间 HJB 方程为

$$
\begin{aligned}
&\frac{1}{4} \frac{\partial V^{*\mathrm{T}}[x(k+1)]}{\partial x(k+1)} g[x(k)] M^{-1} g^{\mathrm{T}}[x(k)] \frac{\partial V^*[x(k+1)]}{\partial x(k+1)} \\
&+ V^*[x(k+1)] - V^*[x(k)] + x^{\mathrm{T}}(k) Q x(k) = 0
\end{aligned}
\tag{4.25}
$$

式中，$V^*[x(k)]$ 是与最优控制 $u^*[x(k)]$ 对应的最优代价函数。在处理 LQR 问题时，这个等式退化为可以容易求解的 Riccati 方程。很显然，如果通过 HJB 方程 (4.25) 求得最优代价函数 $V^*[x(k)]$，那么就可以将其代入到式 (4.23) 得到最优控制 $u^*[x(k)]$。然而，对于一般的非线性情形，HJB 方程式很难求得其解析解的。本节提出一个新的基于 ADP 的在线自适应算法来得到 HJB 方程 (4.25) 的近似解。

4.3.1　网络设计

为了求得 HJB 方程 (4.25) 的近似解，需要利用神经网络作为参数结构来近似值函数 $V[x(k)]$ 和控制律 $u[x(k)]$，即评价网络和执行网络。

1. 评价网络设计

根据神经网络的通用逼近性质，值函数 $V[x(k)]$ 可以使用神经网络表示为

$$V[x(k)] = W_c^T \phi_c[x(k)] + \varepsilon_c(k) \tag{4.26}$$

式中，W_c 为评价网络的理想权值；$\phi_c(\cdot): \mathrm{R}^n \to \mathrm{R}^{N_c}$ 为评价网络的激活函数向量；N_c 为隐含层节点数；$\varepsilon_c(k)$ 为评价网络的近似误差。

定义 $\hat{W}_c$ 为 W_c 的估计值，则评价网络的实际输出为

$$\hat{V}[x(k)] = \hat{W}_c^T(k) \phi_c[x(k)] \tag{4.27}$$

那么根据式 (4.24) 和式 (4.27)，近似 Hamiltonian 函数可以写为

$$
\begin{aligned}
e_c(k) &= r(x_k, u_k) + \hat{V}[x(k+1)] - \hat{V}[x(k)] \\
&= r(x_k, u_k) + \hat{W}_c^T(k) \phi_c[x(k+1)] - \hat{W}_c^T(k) \phi_c[x(k)] \\
&= r(x_k, u_k) + \hat{W}_c^T(k) \Delta \phi_c[x(k)]
\end{aligned} \tag{4.28}
$$

其中 $\Delta \phi_c[x(k)] = \phi_c[x(k+1)] - \phi_c[x(k)]$。

评价网络的目标函数定义为

$$\hat{E}_c = \frac{1}{2} e_c^T(k) e_c(k) \tag{4.29}$$

评价网络的目标就是对于任一个容许控制 $u(k)$，使目标函数 $\hat{E}_c$ 最小。利用梯度下降法，则可得到评价网络的权值更新律为

$$\hat{W}_c(k+1) = \hat{W}_c(k) - \frac{\alpha_c \Delta \phi_c[x(k)][\hat{W}_c^{\mathrm{T}}(k)\Delta\phi_c[x(k)] + r(x_k, u_k)]^{\mathrm{T}}}{1 + \Delta\phi_c^{\mathrm{T}}[x(k)]\Delta\phi_c[x(k)]} \tag{4.30}$$

式中，$\alpha_c > 0$ 为评价网络的学习率。

定义评价网络的权值估计误差为 $\tilde{W}_c(k) = \hat{W}_c(k) - W_c$，那么对于一个给定的容许控制 $u(k)$，联立式 (4.19) 和式 (4.26)，我们有

$$
\begin{aligned}
r[x(k), u(x(k))] &= -\left\{ W_c^{\mathrm{T}}\phi_c[x(k+1)] - W_c^{\mathrm{T}}\phi_c[x(k)] \right\} - [\varepsilon_c(k+1) - \varepsilon_c(k)] \\
&= -W_c^{\mathrm{T}}\Delta\phi_c[x(k)] - \Delta\varepsilon_c(k)
\end{aligned}
\tag{4.31}
$$

联立式 (4.30) 和式 (4.31)，有

$$\tilde{W}_c(k+1) = \left\{ I - \frac{\alpha_c\Delta\phi_c[x(k)]\Delta\phi_c^{\mathrm{T}}[x(k)]}{1 + \Delta\phi_c^{T}[x(k)]\Delta\phi_c[x(k)]} \right\}\tilde{W}_c(k) + \frac{\alpha_c\Delta\phi_c[x(k)]\Delta\varepsilon_c(k)}{1 + \Delta\phi_c^{T}[x(k)]\Delta\phi_c[x(k)]} \tag{4.32}$$

2. 执行网络设计

根据神经网络的通用逼近性质，同样也可以用一个神经网络来近似控制 $u[x(k)]$，定义如下：

$$u[x(k)] = W_a^{\mathrm{T}}\phi_a[x(k)] + \varepsilon_a(k) \tag{4.33}$$

式中，W_a 为执行网络的理想权值；$\phi_a(\cdot): \mathrm{R}^n \to \mathrm{R}^{N_a}$ 为执行网络的激活函数向量；N_a 为执行网络隐含层节点数；$\varepsilon_a(k)$ 为执行网络的近似误差。

定义 $\hat{W}_a$ 为 W_a 的估计值，则执行网络的实际输出为

$$\hat{u}[x(k)] = \hat{W}_a^{\mathrm{T}}(k)\phi_a[x(k)] \tag{4.34}$$

调节执行网络的反馈误差信号定义为作用在系统 (4.17) 上的实际控制输入信号与最小化式 (4.27) 的理想控制输入信号之间的差，即

$$e_a(k) = \hat{W}_a^{\mathrm{T}}(k)\phi_a[x(k)] + \frac{1}{2}M^{-1}g[x(k)]^{\mathrm{T}}\frac{\partial\hat{V}[x(k+1)]}{\partial x(k+1)} \tag{4.35}$$

执行网络的目标是使下面的函数最小化：

$$\hat{E}_a(k) = \frac{1}{2}e_a^{\mathrm{T}}(k)e_a(k) \tag{4.36}$$

利用梯度下降法则，设计执行网络的权值更新律为

$$\hat{W}_a(k+1) = \hat{W}_a(k) - \alpha_a \frac{\phi_a[x(k)]e_a^{\mathrm{T}}(k)}{1+\phi_a^{\mathrm{T}}[x(k)]\phi_a[x(k)]} \tag{4.37}$$

式中，$\alpha_a > 0$ 为执行网络的学习率。

定义执行网络的权值估计误差为 $\tilde{W}_a(k) = \hat{W}_a(k) - W_a$。联立式(4.26)和式(4.33)，有

$$W_a^{\mathrm{T}}\phi_a[x(k)] + \frac{1}{2}M^{-1}g[x(k)]^{\mathrm{T}}\left\{\frac{\partial\phi_c^{\mathrm{T}}[x(k+1)]}{\partial x(k+1)}\right\}W_c + \varepsilon_a(k) + \frac{1}{2}M^{-1}g[x(k)]^{\mathrm{T}}\nabla\varepsilon_c(k+1) = 0 \tag{4.38}$$

进而可得

$$\begin{aligned}\tilde{W}_a(k+1) = &\left\{I - \frac{\alpha_a\phi_a[x(k)]\phi_a^{\mathrm{T}}[x(k)]}{1+\phi_a^{\mathrm{T}}[x(k)]\phi_a[x(k)]}\right\}\tilde{W}_a(k)\\&-\frac{\alpha_a\phi_a[x(k)]}{1+\phi_a^{\mathrm{T}}[x(k)]\phi_a[x(k)]}\times\left\{\frac{1}{2}M^{-1}g[x(k)]^{\mathrm{T}}\right.\\&\left.\times\frac{\partial\phi_c^{\mathrm{T}}[x(k+1)]}{\partial x(k+1)}\tilde{W}_c - \varepsilon_{ac}(k)\right\}^{\mathrm{T}}\end{aligned} \tag{4.39}$$

式中，$\varepsilon_{ac}(k) = \varepsilon_a(k) + \frac{1}{2}M^{-1}g^{\mathrm{T}}[x(k)]\nabla\varepsilon_c(k+1)$。

为了下面的系统的稳定分析，那么，根据式(4.33)和式(4.34)，可以得到闭环非线性动态系统为

$$\begin{aligned}x(k+1) &= f[x(k)] + g[x(k)]\hat{u}[x(k)]\\&= f[x(k)] + g[x(k)]\hat{u}[x(k)] - g[x(k)]u^*[x(k)] + g[x(k)]u^*[x(k)]\\&\quad + h[x(k)]\hat{w}[x(k)] - h[x(k)]w^*[x(k)] + h[x(k)]w^*[x(k)]\\&= f[x(k)] + g[x(k)]u^*[x(k)] - g[x(k)]\varepsilon_a\\&\quad + g[x(k)]\tilde{W}_a^{\mathrm{T}}(k)\phi_a[x(k)]\end{aligned} \tag{4.40}$$

4.3.2　稳定性分析

下面，在考虑神经网络近似误差 $\varepsilon_a(k)$ 和 $\varepsilon_c(k)$ 的基础上，给出系统稳定性分析。在给出稳定性分析之前，需要给出如下假设。

假设 4.1：①评价网络和执行网络的理想权值都是有界的，即 $\|W_c\| \leqslant W_{cM}$，且 $\|W_a\| \leqslant W_{aM}$。②评价网络和执行网络的近似误差都是有界的，即 $\|\varepsilon_c(k)\| \leqslant \varepsilon_{cM}$，且 $\|\varepsilon_a(k)\| \leqslant \varepsilon_{aM}$。③评价网络和执行网络的激活函数向量都是有界的，即 $\|\phi_c(\cdot)\| \leqslant \phi_{cM}$ 且 $\|\phi_a(\cdot)\| \leqslant \phi_{aM}$。④评价网络近似误差的梯度向量是有界的，即 $\|\nabla\varepsilon_c\| \leqslant \varepsilon_{cM}$，且评价网络的激活函数的梯度向量也是有界的，即 $\|\nabla\phi_c\| \leqslant \phi_{cM}$。

在以上算法的基础上，有如下的稳定性定理。

定理 4.1：考虑系统(4.17)，设计如式(4.21)所示的评价网络及如式(4.34)所示的执行网络。假设评价网络和执行网络的权值调节律分别由式(4.30)和式(4.37)给出，权值同时更新，且保证执行网络权值的初始值使系统产生初始稳定控制。那么，系统的状态 $x(k)$，评价网络和执行网络的权值估计误差 $\tilde{W}_c(k)$ 和 $\tilde{W}_a(k)$ 都是一致最终有界的。再者，所获得控制输出 $\hat{u}(k)$ 在最优控制输入 $u^*(k)$ 的 ε_u 邻域内，即 $\|\hat{u}(k) - u^*(k)\| \leqslant \varepsilon_u$，其中 ε_u 是一个很小的常数。

证明：首先选择 Lyapunov 函数：

$$V = \frac{\alpha_a \alpha_c \Delta\phi_{cMin}^2}{4g_M^2 \Pi_a(1+\phi_{aM}^2)(1+\Delta\phi_{cM}^2)} V_1 + \frac{\alpha_c \Delta\phi_{cMin}^2}{\alpha_a \Pi_a(1+\Delta\phi_{cM}^2)} V_a + \frac{1}{\alpha_c} V_c \quad (4.41)$$

式中，$V_1 = x^T(k)x(k)$；$V_a = \mathrm{tr}\{\tilde{W}_a^T(k)\tilde{W}_a(k)\}$；$V_c = \mathrm{tr}\{\tilde{W}_c^T(k)\tilde{W}_c(k)\}$，而 $\Pi_a = (2+3\alpha_a)(\lambda_{\max}(R^{-1})g_M\phi_{cM}')^2$。

首先，对 V_1 进行差分计算，即 $\Delta V_1 = x^T(k+1)x(k+1) - x^T(k)x(k)$，可得

$$\begin{aligned}
\Delta V_1 &= x^T(k+1)x(k+1) - x^T(k)x(k) \\
&= \left\| f[x(k)] + g[x(k)]u^*[x(k)] \right. \\
&\quad \left. + g[x(k)]\tilde{W}_a^T(k)\phi_a[x(k)] - g[x(k)]\varepsilon_a(k) \right\|^2 - x^T(k)x(k) \\
&\leqslant 2\left\| f[x(k)] + g[x(k)]u^*[x(k)] + h[x(k)]w^*[x(k)] \right\|^2 \\
&\quad + 2\left\| g[x(k)]\tilde{W}_a^T(k)\phi_a[x(k)] + h[x(k)]\tilde{W}_d(k)\phi_d[x(k)] \right. \\
&\quad \left. - g[x(k)]\varepsilon_a(k) - h[x(k)]\varepsilon_d(k) \right\|^2 - x^T(k)x(k) \\
&\leqslant 2\left\| f[x(k)] + g[x(k)]u^*[x(k)] \right\|^2 + 4\left\| g[x(k)]\tilde{W}_a^T(k)\phi_a[x(k)] \right\|^2 \\
&\quad + 4\left\| g[x(k)]\varepsilon_a(k) \right\|^2 - x^T(k)x(k)
\end{aligned} \quad (4.42)$$

假设 $\Theta_a = \tilde{W}_a^{\mathrm{T}}(k)\phi_a[x(k)]$ 和 $\left\|f[x(k)] + g[x(k)]u^*[x(k)]\right\|^2 \leqslant K^*\|x(k)\|^2$，推得

$$
\begin{aligned}
\Delta V_1 &\leqslant 2K^*\|x(k)\|^2 + 4g_{\mathrm{M}}^2\|\Theta_a\|^2 + 4g_{\mathrm{M}}^2\varepsilon_{a\mathrm{M}}^2 - \|x(k)\|^2 \\
&= -(1-2K^*)\|x(k)\|^2 + 4g_{\mathrm{M}}^2\|\Theta_a\|^2 + 4g_{\mathrm{M}}^2\varepsilon_{a\mathrm{M}}^2
\end{aligned}
\tag{4.43}
$$

对 V_a 进行差分计算，即 $\Delta V_a = \mathrm{tr}\{\tilde{W}_a^{\mathrm{T}}(k+1)\tilde{W}_a(k+1)\} - \mathrm{tr}\{\tilde{W}_a^{\mathrm{T}}(k)\tilde{W}_a(k)\}$，则有

$$
\begin{aligned}
\Delta V_a &= \mathrm{tr}\{\tilde{W}_a^{\mathrm{T}}(k+1)\tilde{W}_a(k+1)\} - \mathrm{tr}\{\tilde{W}_a^{\mathrm{T}}(k)\tilde{W}_a(k)\} \\
&= \mathrm{tr}\left\{\tilde{W}_a^{\mathrm{T}}(k)\left\{I - \frac{\alpha_a\phi_a[x(k)]\phi_a^{\mathrm{T}}[x(k)]}{1+\phi_a^{\mathrm{T}}[x(k)]\phi_a[x(k)]}\right\}^{\mathrm{T}}\right. \\
&\quad \times\left\{I - \frac{\alpha_a\phi_a[x(k)]\phi_a^{\mathrm{T}}[x(k)]}{1+\phi_a^{\mathrm{T}}[x(k)]\phi_a[x(k)]}\right\}\tilde{W}_a(k) \\
&\quad -2\alpha_a\tilde{W}_a^{\mathrm{T}}(k)\left\{I - \frac{\alpha_a\phi_a[x(k)]\phi_a^{\mathrm{T}}[x(k)]}{1+\phi_a^{\mathrm{T}}[x(k)]\phi_a[x(k)]}\right\}^{\mathrm{T}} \\
&\quad \times \frac{\phi_a[x(k)]}{1+\phi_a^{\mathrm{T}}[x(k)]\phi_a[x(k)]} \\
&\quad \times\left(\frac{1}{2}M^{-1}g[x(k)]^{\mathrm{T}}\left\{\frac{\partial\phi_c^{\mathrm{T}}[x(k+1)]}{\partial x(k+1)}\right\}\tilde{W}_c - \varepsilon_{ac}(k)\right)^{\mathrm{T}} \\
&\quad +\alpha_a^2\left(\frac{1}{2}M^{-1}g[x(k)]^{\mathrm{T}}\left\{\frac{\partial\phi_c^{\mathrm{T}}[x(k+1)]}{\partial x(k+1)}\right\}\tilde{W}_c - \varepsilon_{ac}(k)\right) \\
&\quad \times \frac{\phi_a^{\mathrm{T}}[x(k)]}{1+\phi_a^{\mathrm{T}}[x(k)]\phi_a[x(k)]} \times \frac{\phi_a[x(k)]}{1+\phi_a^{\mathrm{T}}[x(k)]\phi_a[x(k)]} \\
&\quad -\mathrm{tr}\{\tilde{W}_a^{\mathrm{T}}(k)\tilde{W}_a(k)\} \\
&\leqslant -\frac{3\alpha_a(1-\alpha_a)}{2(1+\phi_{a\mathrm{M}}^2)}\|\Theta_a\|^2 + \alpha_a(2+4\alpha_a)\varepsilon_{ac\mathrm{M}}^2 \\
&\quad +\frac{\alpha_a(2+3\alpha_a)}{2}(\lambda_{\max}(M^{-1})g_{\mathrm{M}}\phi_{c\mathrm{M}}')^2\|\tilde{W}_c\|^2
\end{aligned}
\tag{4.44}
$$

对 V_c 进行差分计算，即 $\Delta V_c = \mathrm{tr}\{\tilde{W}_c^{\mathrm{T}}(k+1)\tilde{W}_c(k+1)\} - \mathrm{tr}\{\tilde{W}_c^{\mathrm{T}}(k)\tilde{W}_c(k)\}$，并且假定 $\Theta_c = \tilde{W}_c^{\mathrm{T}}(k)\Delta\phi_c[x(k)]$。则有

$$\Delta V_c = \mathrm{tr}\left\{\tilde{W}_c^{\mathrm{T}}(k+1)\tilde{W}_c(k+1)\right\} - \mathrm{tr}\left\{\tilde{W}_c^{\mathrm{T}}(k)\tilde{W}_c(k)\right\}$$

$$= \mathrm{tr}\left\{\tilde{W}_c^{\mathrm{T}}(k)\left(I - \frac{\alpha_c\Delta\phi_c[x(k)]\Delta\phi_c^{\mathrm{T}}[x(k)]}{1+\Delta\phi_c^{\mathrm{T}}[x(k)]\Delta\phi_c[x(k)]}\right)^{\mathrm{T}}\right.$$

$$\times\left(I - \frac{\alpha_c\Delta\phi_c[x(k)]\Delta\phi_c^{\mathrm{T}}[x(k)]}{1+\Delta\phi_c^{\mathrm{T}}[x(k)]\Delta\phi_c[x(k)]}\right)\tilde{W}_c(k)$$

$$+ 2\tilde{W}_c^{\mathrm{T}}(k)\left(I - \frac{\alpha_c\Delta\phi_c[x(k)]\Delta\phi_c^{\mathrm{T}}[x(k)]}{1+\Delta\phi_c^{\mathrm{T}}[x(k)]\Delta\phi_c[x(k)]}\right)^{\mathrm{T}}$$

$$\times\frac{\alpha_c\Delta\phi_c[x(k)]\Delta\varepsilon_c(k)}{1+\Delta\phi_c^{\mathrm{T}}[x(k)]\Delta\phi_c[x(k)]} + \frac{\alpha_c\Delta\varepsilon_c^{\mathrm{T}}(k)\Delta\phi_c^{\mathrm{T}}[x(k)]}{1+\Delta\phi_c^{\mathrm{T}}[x(k)]\Delta\phi_c[x(k)]}$$

$$\left.\times\frac{\alpha_c\Delta\phi_c[x(k)]\Delta\varepsilon_c(k)}{1+\Delta\phi_c^{\mathrm{T}}[x(k)]\Delta\phi_c[x(k)]}\right\} - \mathrm{tr}\left\{\tilde{W}_c^{\mathrm{T}}(k)\tilde{W}_c(k)\right\}$$

$$= \mathrm{tr}\left\{\tilde{W}_c^{\mathrm{T}}(k)\tilde{W}_c(k) - \frac{2\alpha_c\tilde{W}_c^{\mathrm{T}}(k)\Delta\phi_c[x(k)]\Delta\phi_c^{\mathrm{T}}[x(k)]\tilde{W}_c(k)}{1+\Delta\phi_c^{\mathrm{T}}[x(k)]\Delta\phi_c[x(k)]}\right.$$

$$+ \alpha_c^2\tilde{W}_c^{\mathrm{T}}(k)\Delta\phi_c[x(k)]\Delta\phi_c^{\mathrm{T}}[x(k)]\times\frac{\Delta\phi_c[x(k)]\Delta\phi_c^{\mathrm{T}}[x(k)]\tilde{W}_c(k)}{(1+\Delta\phi_c^{\mathrm{T}}[x(k)]\Delta\phi_c[x(k)])^2}$$

$$+ \frac{2\alpha_c\tilde{W}_c^{\mathrm{T}}(k)\Delta\phi_c[x(k)]\Delta\varepsilon_c(k)}{1+\Delta\phi_c^{\mathrm{T}}[x(k)]\Delta\phi_c[x(k)]} - \frac{2\alpha_c{}^2\tilde{W}_c^{\mathrm{T}}(k)\Delta\phi_c[x(k)]\Delta\phi_c^{\mathrm{T}}[x(k)]}{(1+\Delta\phi_c^{\mathrm{T}}[x(k)]\Delta\phi_c[x(k)])}$$

$$\times\frac{\Delta\phi_c[x(k)]\Delta\varepsilon_c(k)}{(1+\Delta\phi_c^{\mathrm{T}}[x(k)]\Delta\phi_c[x(k)])}$$

$$\left.+ \frac{\alpha_c{}^2\Delta\varepsilon_c^{\mathrm{T}}\Delta\phi_c^{\mathrm{T}}[x(k)]\Delta\phi_c[x(k)]\Delta\varepsilon_c(k)}{(1+\Delta\phi_c^{\mathrm{T}}[x(k)]\Delta\phi_c[x(k)])^2}\right\} - \mathrm{tr}\left\{\tilde{W}_c^{\mathrm{T}}(k)\tilde{W}_c(k)\right\}$$

$$\leqslant -\frac{2\alpha_c\|\Theta_c\|^2}{1+\Delta\phi_c^{\mathrm{T}}[x(k)]\Delta\phi_c[x(k)]} + \frac{\alpha_c{}^2\|\Theta_c\|^2}{1+\Delta\phi_c^{\mathrm{T}}[x(k)]\Delta\phi_c[x(k)]}$$

$$+ \frac{\alpha_c\|\Theta_c\|^2}{1+\Delta\phi_c^{\mathrm{T}}[x(k)]\Delta\phi_c[x(k)]} + \frac{\alpha_c\Delta\varepsilon_c^{\mathrm{T}}\Delta\varepsilon_c(k)}{1+\Delta\phi_c^{\mathrm{T}}[x(k)]\Delta\phi_c[x(k)]}$$

$$+ \frac{\alpha_c{}^2\|\Theta_c\|^2}{1+\Delta\phi_c^{\mathrm{T}}[x(k)]\Delta\phi_c[x(k)]} + \frac{\alpha_c{}^2\Delta\varepsilon_c^{\mathrm{T}}\Delta\varepsilon_c(k)}{1+\Delta\phi_c^{\mathrm{T}}[x(k)]\Delta\phi_c[x(k)]}$$

$$+ \frac{\alpha_c{}^2\Delta\varepsilon_c^{\mathrm{T}}\Delta\varepsilon_c(k)}{1+\Delta\phi_c^{\mathrm{T}}[x(k)]\Delta\phi_c[x(k)]}$$

$$= -\frac{\alpha_c(1-2\alpha_c)}{1+\Delta\phi_c^{\mathrm{T}}[x(k)]\Delta\phi_c[x(k)]}\|\Theta_c\|^2 + \frac{\alpha_c(1+2\alpha_c)}{1+\Delta\phi_c^{\mathrm{T}}[x(k)]\Delta\phi_c[x(k)]}\|\Delta\varepsilon_c(k)\|^2$$

$$\leqslant -\frac{\alpha_c(1-2\alpha_c)\Delta\phi_{c\mathrm{Min}}^2}{1+\Delta\phi_{c\mathrm{M}}^2}\|\tilde{W}_c(k)\|^2 + \alpha_c(1+2\alpha_c)\Delta\varepsilon_{c\mathrm{M}}^2$$

$$\tag{4.45}$$

其中 $\Delta\phi_{c\mathrm{Min}} \leqslant \|\Delta\phi_c[x(k)]\| \leqslant \Delta\phi_{c\mathrm{M}}$ 而 $\|\Delta\varepsilon_c(k)\| \leqslant \Delta\varepsilon_{c\mathrm{M}}$。根据式(4.41)、式(4.43)~式(4.45),可推得

$$\Delta V = \frac{\alpha_a\alpha_c\Delta\phi_{c\mathrm{Min}}^2}{4g_{\mathrm{M}}^2\Pi_a(1+\phi_{a\mathrm{M}}^2)(1+\Delta\phi_{c\mathrm{M}}^2)}\Delta V + \frac{\alpha_c\Delta\phi_{c\mathrm{Min}}^2}{\alpha_a\Pi_a(1+\Delta\phi_{c\mathrm{M}}^2)}\Delta V_a + \frac{1}{\alpha_c}\Delta V_c$$

$$\leqslant -\frac{\alpha_a\alpha_c\Delta\phi_{c\mathrm{Min}}^2(1-2K^*)}{4g_{\mathrm{M}}^2\Pi_a(1+\phi_{a\mathrm{M}}^2)(1+\Delta\phi_{c\mathrm{M}}^2)}\|x(k)\|^2 - \frac{\alpha_c\Delta\phi_{c\mathrm{Min}}^2(3-5\alpha_a)}{2\Pi_a(1+\phi_{a\mathrm{M}}^2)(1+\Delta\phi_{c\mathrm{M}}^2)}\|\Theta_c\|^2$$

$$-\frac{\Delta\phi_{c\mathrm{Min}}^2(2-5\alpha_c)}{2(1+\Delta\phi_{c\mathrm{M}}^2)}\|\tilde{W}_c(k)\|^2 + \varepsilon_{T\mathrm{M}}$$

$$\tag{4.46}$$

其中

$$\varepsilon_{T\mathrm{M}} = \frac{\alpha_a\alpha_c\Delta\phi_{c\mathrm{Min}}^2\varepsilon_{a\mathrm{M}}^2}{\Pi_a(1+\phi_{a\mathrm{M}}^2)(1+\Delta\phi_{c\mathrm{M}}^2)} + \frac{\alpha_c\Delta\phi_{c\mathrm{Min}}^2\varepsilon_{ac\mathrm{M}}^2}{\Pi_a(1+\Delta\phi_{c\mathrm{M}}^2)}1+2\alpha_c)\Delta\varepsilon_{c\mathrm{M}}^2 \tag{4.47}$$

如果选取 α_a, α_c 和 K^* 分别满足 $0 < \alpha_a < 3/5$, $0 < \alpha_c < 2/5$ 以及 $0 < K^* < 1/2$。当下列不等式:

$$\|x(k)\| > \sqrt{\frac{4g_{\mathrm{M}}^2\Pi_a(1+\phi_{a\mathrm{M}}^2)(1+\Delta\phi_{c\mathrm{M}}^2)\varepsilon_{T\mathrm{M}}}{\alpha_a\alpha_c\Delta\phi_{c\mathrm{Min}}^2(1-2K^*)}} \tag{4.48}$$

或者

$$\|\tilde{W}_c(k)\| > \sqrt{\frac{2(1+\Delta\phi_{c\mathrm{M}}^2)\varepsilon_{T\mathrm{M}}}{\Delta\phi_{c\mathrm{Min}}^2(2-5\alpha_c)}} \tag{4.49}$$

或者

$$\|\Theta_a\| > \sqrt{\frac{2\Pi_a(1+\phi_{a\mathrm{M}}^2)(1+\Delta\phi_{c\mathrm{M}}^2))\varepsilon_{T\mathrm{M}}}{\alpha_c\Delta\phi_{c\mathrm{Min}}^2(3-5\alpha_a)}} \triangleq b_u \tag{4.50}$$

成立时，Lyapunov 函数的差分 ΔV 满足 $\Delta V \leqslant 0$。根据 Lyapunov 理论可知，系统的状态 $x(k)$、评价网络和执行网络的权值估计误差 $\tilde{W}_c(k)$ 和 $\tilde{W}_a(k)$ 都是一致最终有界的。

接下来证明 $\left\|\hat{u}(k) - u^*(k)\right\| \leqslant \varepsilon_u$，其中 ε_u 是一个很小的常数。根据式 (4.33) 和式 (4.34)，有

$$\hat{u}[x(k)] - u^*[x(k)] = \tilde{W}_a^{\mathrm{T}} \phi_a[x(k)] - \varepsilon_a(k) \tag{4.51}$$

进而有

$$\left\|\hat{u}[x(k)] - u^*[x(k)]\right\| \leqslant \left\|\tilde{W}_a^{\mathrm{T}} \phi_a[x(k)]\right\| + \left\|\varepsilon_a(k)\right\| \leqslant b_u \phi_{a\mathrm{M}} + \varepsilon_{a\mathrm{M}} \triangleq \varepsilon_u \tag{4.52}$$

证明完毕。

4.4　模糊自适应动态规划在多智能体最优协同控制问题中的应用

本节针对多智能体一致性问题提出了一种基于模糊自适应动态规划 (fuzzy adaptive dynamic programming，FADP) 的最优协调控制设计的在线算法。这种算法结合了博弈理论、广义双曲模型 (generalized fuzzy hyperbolic model，GFHM) 和自适应动态规划方法。通常来说多智能体一致性的最优协调控制是一组耦合 Hamilton-Jacobi(HJ) 方程的解。该方法在策略迭代 (policy iteration，PI) 算法的框架下，利用多个 GFHM 作为函数估计器逼近这些解 (值函数)。也就是说，每一个智能体的一致误差与值函数的关系映射都由一个 GFHM 近似逼近。因为我们使用的是上一章中提到的单网络结构，所以消除了传统逼近结构中的执行网络。与双网络结构相比，单网络对于解决多智能体一致最优问题具有更合理的逼近结构。然后，利用得到的逼近解获得多智能体一致性问题的最优协调控制。最后，我们给出了该方法的稳定性分析，证明了每个 GFHM 的权值估计误差和每个智能体的一致误差是最终一致有界的 (uniformly ultimately bounded，UUB)，并且控制节点轨迹是协调一致最终有界的 (cooperative uniformly ultimately bounded，CUUB)。

近十年来，多智能体系统一致性问题 (如编队控制问题、集群问题、聚集问题和传感器网络等) 已经得到了相当多的关注。早期一致性问题来源于计算机科学，然后逐渐成为分布式计算领域的基础。后来，一致性问题被发展到了管理科学和统计学领域。从物理意义上来讲，最优协调控制使得每个智能体消耗最少的能量，同时状态达成一致。事实上，每个智能体依赖于自身和与它相邻智能体的行为。因此，每个智能体需要根据它相邻智能体的决策结果来做相应的决策，使自身的

性能指标最小化。这与多人游戏的协调控制有些类似。

博弈论研究的是战略决策问题。更正式地讲，它是"理性的决策者之间冲突与合作数学模型的研究"。一般来说，如果决策者之间允许相互交流与沟通，那么它就是一个合作博弈。这种博弈中，每一个个体的决策都依赖于它自己和其他个体。早期，博弈论被广泛用于解决多人游戏。最近，博弈论已经成为多智能体最优协同控制的理论基础。智能体的状态变化取决于微分方程，因而求解微分对策的最优解与最优控制理论十分相似。特别地，闭环策略可以通过 Bellman 的动态规划方法求得。因为多智能体一致最优问题就是一个微分对策问题，所以我们可以为它建立一个耦合的 HJ 方程组。因此，它的最优协调控制依赖于求解这个耦合的 HJ 方程组。然而，通常是得不到准确解析解的。

因此，本节将利用结合自适应控制和强化学习方法的 ADP 算法来在线学习多智能体一致最优问题的 HJ 方程组的解。根据 Weierstrass 逼近定理，可以通过 $N(N \to \infty)$ 个完备基的线性表达来逼近 HJB 方程的解。但是，对于有限值 N 来说，该逼近定理对所选择的基是敏感的。如果一个光滑函数不能被有限个无关基集合张成，那么这些基将不能严格地逼近该函数。因此，我们想要选择一组尽可能好地描述值函数特征的基。目前，神经网络是一种比较流行的逼近器。但是神经网络的激励函数（基函数）及个数是人为决定的，并且没有清晰的物理意义。因此，我们事先不知道选择得是否合适。这一点启发了我们利用模糊逼近技术（模糊逼近器）来解决这个问题。模糊逼近技术能够通过人类专家经验和实验结果来更合理地特征化值函数。广义模糊双曲正切模型就是这样一个模糊逼近器。它具有清晰的物理意义（即如果我们知道一些值函数的输入与输出关系的语言信息，GFHM 就很容易地被构建），并且该模型理想权值可以通过自适应学习的方法辨识出来。特别地，GFHM 将如何选择基函数的问题转化为如何平移输入变量的问题（得到新的广义输入变量）。这种方式通过充分多合适的广义输入变量可以尽可能地覆盖整个输入空间。因此，对于逼近值函数来说，GFHM 是一个更好的选择。

4.4.1　问题描述

在给出问题之前，先介绍图论基础，并给出多智能体信息一致性控制和广义双曲模型的定义。

1. 图论基础知识

图论在本章中作为数学工具用来分析多智能体系统。一个通信网络拓扑，无论它是有向的还是无向的都可以表达为一个权值图。令 $\mathcal{G} = (\mathcal{V}, \mathcal{E}, A)$ 是具有 N 个节点的网络权值图。$\mathcal{V} = \{v_1, \cdots, v_N\}$ 是有限非空节点的集合；而边的集合 $\mathcal{E}$ 属于 $\mathcal{V}$ 的积空间（$\mathcal{E} \subseteq \mathcal{V} \times \mathcal{V}$），图 $\mathcal{G}$ 的一个边被定义为 $e_{ij} = (v_j, v_i)$，它表示从节点 j 到 i 的

直通路径；矩阵 $A=[a_{ij}]$ 是一个含有非负邻接元素的邻接矩阵，即 $a_{ij}\geq0$，$e_{ij}\in\mathcal{E}\Leftrightarrow a_{ij}>0$，否则 $a_{ij}=0$，其中节点索引 i 属于有限的索引集 $\mathcal{I}=\{1,2,\cdots,N\}$。

定义 4.2[Laplacian 矩阵]：一个图的 Laplacian 矩阵 $L=[l_{ij}]$ 被定义为 $D-A$。其中 $D=\mathrm{diag}\{d_i\}\in\mathrm{R}^{N\times N}$ 是图的入度(In-degree)矩阵，而 $d_i=\sum_{j=1}^{N}a_{ij}$ 是图中节点 v_i 的入度。

本章提到的都是简单图，即没有重复边和自环的图。与节点 v_i 相邻的节点集合定义为 $N_i=\{v_j\in\mathcal{V}:(v_j,v_i)\in\mathcal{E}\}$。在图中，如果从一个被称作根的节点到任何一个节点都存在一个路径，那么这个图被称作为一个生成树。如果对于任何不同的节点 $(v_i,v_j\in\mathcal{V})$，从节点 i 到 j 都存在一个路径，那么这个图被称作强连通的。如果一个图是强连通的，则这个图有一个生成树，反之则不成立。本节主要关注的是具有固定拓扑的强连通图。

2. 多智能体系统的一致性

多智能体系统是由一组智能体构成的一个网络，每个智能体称作网络中的一个节点。令 $x_i\in\mathrm{R}^n$ 表示节点 v_i 的状态。我们称 $\mathcal{G}_x=(\mathcal{G},x)$ ($x\in\mathrm{R}^N$) 为一个网络图，其中，$x=[x_1^{\mathrm{T}},\cdots,x_N^{\mathrm{T}}]^{\mathrm{T}}$。每个节点的状态可以表示高度、速度、角度、电压等。当且仅当对于所有的 $i,j\in\mathcal{I}$，$i\neq j$，$x_i=x_j$，我们就说节点达到了一致。而对于带 Leader 多智能体的一致问题，每个节点状态应该 $x_i(t)\to x_0(t)$，$\forall i\in\mathcal{I}$，其中 $x_0(t)$ 是 Leader 的状态轨迹。

3. 广义模糊双曲模型

定义 4.3：给定一个 MISO 系统，它的输入由 n 个输入变量组成 $x=[x_1(t),\cdots,x_n(t)]^{\mathrm{T}}$，输出变量为 y。如果用来描述此系统的模糊规则基满足以下条件，则称这组模糊规则基被称为广义双曲正切模糊规则基。

(1) 第 l ($l=1,\cdots,2^m$) 条模糊规则的形式为

$$\mathrm{IF}\ (x_1-d_{11})\mathrm{isF_{x_{11}}},\cdots,(x_1-d_{1w_1})\mathrm{is\ F_{x_{1w_1}}},(x_2-d_{21})\mathrm{is\ F_{x_{21}}},\cdots,$$
$$(x_2-d_{2w_2})\mathrm{is\ F_{x_{2w_2}}},\cdots,(x_n-d_{n1})\mathrm{is\ F_{x_{n1}}},\cdots,\ \mathrm{and}(x_n-d_{nw_n})\mathrm{is\ F_{x_{nw_n}}};$$
$$\mathrm{THEN}\ \ y^1=c_{F_{11}}+\cdots+c_{F_{1w_1}}+\cdots+c_{F_{n1}}+\cdots+c_{F_{nw_n}}.$$

其中，$w_z(z=1,\cdots,n)$ 为 x_z 的线性变换(平移)的个数；而 $d_{zj}(z=1,\cdots,n,j=1,\cdots,w_z)$ 是变换常数；$F_{x_{zj}}$ 是 x_z-d_{zj} 对应的模糊子集；包括 P_z (正)和 N_z (负)两个语言值；$c_{F_{zj}}$ 是与 $F_{x_{zj}}$ 对应的输出常量。

(2) 在 THEN 部分中的常量 $c_{F_{zj}}(z=1,\cdots,n,j=1,\cdots,w_z)$ 对应着 IF 部分中的常量 $F_{x_{zj}}$，即如果 IF 部分中包括 $F_{x_{zj}}$，那么 THEN 部分中应该包括 $c_{F_{zj}}$；否则 $c_{F_{zj}}$ 不

会出现在 THEN 部分中。

(3)规则基中存在 $s=2^m$ 条模糊规则(其中 $m=\sum\limits_{i=1}^{n}w_i$),即在 IF 部分中所有可能的 P_z 和 N_z 存在 $s=2^m$ 个线性组合方式。

引理 4.1:给定一组广义双曲正切型模糊规则基,首先定义广义的输入变量为

$$\overline{x}_i = x_z - d_{zj}, \quad i=1,\cdots,m \tag{4.53}$$

而定义广义输入变量对应的模糊集合 P_z 和 N_z (x_i 为输入变量)的隶属度函数为

$$\mu_{P_z}(x_z) = \mathrm{e}^{-\frac{1}{2}(x_z-\phi_z)^2} \tag{4.54}$$

$$\mu_{N_z}(x_z) = \mathrm{e}^{-\frac{1}{2}(x_z+\phi_z)^2} \tag{4.55}$$

式中, $\phi_z > 0$ 。则下面的数学模型能被推导出来:

$$y = \theta^{\mathrm{T}} \tanh(\Phi\overline{x}) + \zeta \tag{4.56}$$

式中, $\theta = [\theta_1,\cdots,\theta_m]^{\mathrm{T}}$ 为向量, $\tanh(\Phi\overline{x}) = [\tanh(\phi_1\overline{x}_1),\cdots,\tanh(\phi_m\overline{x}_m)]^{\mathrm{T}}$,而 $\Phi = \mathrm{diag}\{\phi_i\}$ ($i=1,\cdots,m$)并且 $\overline{x} = [\overline{x}_1,\cdots,\overline{x}_m]^{\mathrm{T}}$; ζ 是常数。我们称这个模型为 GFHM 模型。

引理 4.2:令 $\mathbb{F}$ 是引理 4.1 给出的所有广义模糊双曲模型的集合。在紧集 $U \subset \mathrm{R}^n$ 上的任何连续函数 $f(x)$,在集合 $\mathbb{F}$ 上都存在一个 $h(x)$ 满足 $\sup\limits_{x \in U}|f(x)-h(x)|<\delta$,而 δ 是任何一个大于零的数。

引理 4.2 说明 GFHM 在紧集 U 上可以以任意精度逼近一个非线性函数,即 GFHM 是一个万能逼近器。因此,通过专家经验选取足够多个适当的广义输入变量(令其尽可能地覆盖整个空间),GFHM 能以一个误差界逼近一个函数。

4. 一致误差动态系统

在通信网络图 $\mathcal{G}_x$ 中,考虑有 N 个节点的多智能体系统,他们节点的动态为

$$\dot{x}_i = f(x_i) + g_i(x_i)u_i \tag{4.57}$$

式中, $x_i(t) \in \mathrm{R}^n$ 为节点 v_i 的状态; $u_i(t) \in \mathrm{R}^{m_i}$ 为输入协调控制, $f(x_i) \in \mathrm{R}^n$ 和 $g_i(x_i) \in \mathrm{R}^{n \times m_i}$ ($\|g_i(x_i)\|<\beta_i$, $\|\cdot\|$ 是 Euclidean 范数)。

全局网络动态为

$$\dot{x} = f(x) + g(x)u \tag{4.58}$$

式中，全局多智能体系统 (4.58) 的状态向量是 $x = [x_1^T, x_2^T, \cdots, x_N^T]^T \in \mathrm{R}^{Nn}$，全局节点动态向量为 $f(x) = [f^T(x_1), f^T(x_2), \cdots, f^T(x_N)]^T \in \mathrm{R}^{Nn}$，$g(x) = \mathrm{diag}\{g_i(x_i)\} \in \mathrm{R}^{Nn \times K}$（$i \in \mathcal{I}$），而全局控制输入是 $u = [u_1^T, u_2^T, \cdots, u_N^T]^T \in \mathrm{R}^K$（$K = m_1 + \cdots + m_N$）。$N$ 是智能体系统的节点数。

控制 (Leader) 节点的状态为 $x_0(t)$，它满足动态方程

$$\dot{x}_0 = f(x_0) \tag{4.59}$$

式中，$x_0(t) \in \mathrm{R}^n$，$f(x_0)$ 为可微函数。节点 v_i 的局部一致误差 e_i 被定义为

$$e_i = \sum_{j \in N_i} a_{ij}(x_i - x_j) + b_i(x_i - x_0) \tag{4.60}$$

这里，$e_i = [e_{i1}, e_{i2}, \cdots, e_{in}]^T$（$e_i \in \mathrm{R}^n$）。$b_i$ 是牵引增益（$b_i \geqslant 0$）。注意至少有一个 $b_i > 0$。当且仅当图 $\mathcal{G}_x$ 中，从控制节点到 i_{th} 节点没有直接路径时 $b_i = 0$，否则 $b_i > 0$。节点 v_i（$b_i \neq 0$）被称为牵引节点 (控制节点)。

局部一致误差 e_i 代表着一种信息，即是否节点 v_i 的状态与控制节点及邻接节点达成一致。如，是否当 $t \to \infty$ 时 $e_i \to 0$。

图 $\mathcal{G}_x$ 的全局误差向量可以表示为

$$\begin{aligned}
e &= (L \otimes I_n)x + (B \otimes I_n)(x - \underline{x}_0) \\
&= (L \otimes I_n)x - (L \otimes I_n)\underline{x}_0 + (B \otimes I_n)(x - \underline{x}_0) \\
&= ((L + B) \otimes I_n)(x - \underline{x}_0) \\
&= \Gamma(x - \underline{x}_0),
\end{aligned} \tag{4.61}$$

式中，$\Gamma = (L + B) \otimes I_n$（$I_n$ 为一个 $n \times n$ 的单位阵），而 L 为图 $\mathcal{G}_x$ 的一个 Laplacian 矩阵；$e = [e_1^T, e_2^T, \cdots, e_N^T]^T \in \mathrm{R}^{Nn}$，并且 $\underline{x}_0 = \underline{I}x_0 \in \mathrm{R}^{Nn}$（$\underline{I} = \mathbf{1} \otimes I_n \in \mathrm{R}^{Nn \times n}$），而 $\mathbf{1}$ 是 1 的 N 维向量；$B = [b_{ij}] \in \mathbb{R}^{N \times N}$ 是一个对角矩阵，对角元素是 b_i（即 $b_{ii} = b_i$）。对式 (4.60) 或式 (4.61) 微分，得到图 $\mathcal{G}_x$ 的局部一致误差动态方程为

$$\begin{aligned}
\dot{e}_i &= [(L_i + B_i) \otimes I_n](\dot{x} - \dot{\underline{x}}_0) \\
&= [(L_i + B_i) \otimes I_n][f(x) + g(x)u - \underline{f}(x_0)] \\
&= [(L_i + B_i) \otimes I_n][f_e(t) + g(x)u] \\
&= \sum_{j \in \mathcal{I}} [(l_{ij} + b_{ij}) \otimes I_n][f_{ej}(t) + g_j(x_j)u_j] \\
&= [(l_{ii} + b_{ii}) \otimes I_n][f_{ei}(t) + g_i(x_i)u_i] \\
&\quad + \sum_{j \in N_i} [(l_{ij} + b_{ij}) \otimes I_n][f_{ej}(t) + g_j(x_j)u_j]
\end{aligned} \tag{4.62}$$

式中，$f_e(t) = f(x) - \underline{f}(x_0)$，而 $\underline{f}(x_0) = If(x_0)$，$f_{ei}(t) = f(x_i) - f(x_0)$，并且 $f_{ej}(t) = f(x_j) - f(x_0), (j \in N_i)$。令 L_i 表示 Laplacian 矩阵 L 中第 i 行的行向量，即 $L_i = [l_{i1}, \cdots, l_{ii}, \cdots, l_{iN}]$。类似地，$B_i = [b_{i1}, \cdots, b_{ii}, \cdots, b_{iN}]$。

因为在图 $\mathcal{G}_x$ 中，当节点 v_j 不是节点 v_i 的邻接节点时 a_{ij} 是零，所以表达式 (4.62) 仅仅包含节点 v_i 自身和它邻接节点的所有控制输入。事实上，节点 v_i 的局部一致误差依赖于它自身和它邻接节点的输入。

定义 4.4[一致最终有界，UUB]：如果存在一个紧集 $\Omega_i \in \mathbf{R}^n$，使 $\forall e_i(t_0) \in \Omega_i$，并且存在一个界 $\mathcal{B}_i$ 和一个时间 $t_{fi}[\mathcal{B}_i, e_i(t_0)]$（它们都不依赖于 $t_0 \geqslant 0$），使 $\|e_i(t)\| \leqslant \mathcal{B}_i, \forall t \geqslant t_0 + t_{fi}$，那么局部一致误差 $\|e_i(t)\|$ 是 UUB 的。

定义 4.5(协调一致最终有界，CUUB)：如果存在一个紧集 $\Omega \subset \mathbf{R}^n$ 使 $\forall [x_i(t_0) - x_0(t_0)] \in \Omega$，并且存在一个界 $\mathcal{C}$ 和一个时间 $t_f\{\mathcal{C}, [x_i(t_0) - x_0(t_0)]\}$（它们都不依赖于 $t_0 \geqslant 0$），使对任意 i 以及 $t \geqslant t_0 + t_f$ 有 $\|x_i(t) - x_0(t)\| \leqslant \mathcal{C}$，那么控制节点的轨迹 $x_0(t)$ 是 CUUB 的。

为了使多智能体系统一致协同运行，同时最小化每个智能体各自的性能指标，本节利用 N 人合作博弈的机制对多智能体系统 (4.62) 设计最优协调控制。

4.4.2　问题提出

定义每个智能体局部性能指标为

$$
\begin{aligned}
J_i\big[e_i(0), u_i, u_{(j)}\big] &= \int_0^\infty r_i(e_i, u_i, u_{(j)})\mathrm{d}t \\
&= \int_0^\infty \left(e_i^\mathrm{T} Q_{ii} e_i + \sum_{j \in \mathcal{I}} u_j^\mathrm{T} M_{ij} u_j\right)\mathrm{d}t \\
&= \int_0^\infty \left(e_i^\mathrm{T} Q_{ii} e_i + u_i^\mathrm{T} M_{ii} u_i + \sum_{j \in \mathcal{I}, j \neq i} u_j^\mathrm{T} M_{ij} u_j\right)\mathrm{d}t \\
&= \int_0^\infty \left(e_i^\mathrm{T} Q_{ii} e_i + u_i^\mathrm{T} M_{ii} u_i + \sum_{j \in N_i} u_j^\mathrm{T} M_{ij} u_j\right)\mathrm{d}t
\end{aligned}
\tag{4.63}
$$

式中，$r_i(e_i, u_i, u_{(j)}) = e_i^\mathrm{T} Q_{ii} e_i + u_i^\mathrm{T} M_{ii} u_i + \sum_{j \in N_i} u_j^T M_{ij} u_j$；$u_{(j)}$ 为节点 v_i 的邻接节点控制向量，即 $\{u_j : j \in N_i\}$。

所有的权值矩阵是常数矩阵，并且 $Q_{ii} > 0$，$M_{ii} > 0$ 和 $M_{ij} \geqslant 0$。注意如果 u_j 是节点 v_i 的邻接节点的控制输入向量，那么 $M_{ij} > 0$，反之亦然，否则 $M_{ij} = 0$。也就是说，节点 v_i 的性能指标依赖于它自身及其邻接节点的控制输入信息。

问题 4.1：本节要解决的问题是如何为每个非线性的智能体设计最优协调控制，使得所有节点最终与控制节点达成一致，同时最小化一致动态误差(4.62)的性能指标(4.63)。

4.4.3　近似最优协调控制设计

1. 耦合 HJ 方程

本节介绍多智能体一致问题的最优控制设计方法。在给出具体设计过程之前，首先给出容许协调控制的定义。

定义 4.6　容许协调控制(admissible coordination control)：如果协调控制 u_i $(i \in \mathcal{I})$ 不仅仅在域 $\Omega_i \in \mathbf{R}^n$ 上可以镇定误差动态系统(4.62)(使多智能体系统达成一致)，而且使得每个智能体的性能指标有界，那么控制 u_i $(i \in \mathcal{I})$ 就称为容许协调控制。

在给定容许协调控制 u_i 和 $u_{(j)}$ 的情况下，节点 v_i 的值函数 $V_i(e_i)$ 被定义为

$$
\begin{aligned}
Vi\big[ei(t)\big] &= \int_t^\infty r_i(e_i, u_i, u_{(j)})\mathrm{d}t \\
&= \int_t^\infty \left(e_i^{\mathrm{T}} Q_{ii} e_i + u_i^{\mathrm{T}} M_{ii} u_i + \sum_{j \in N_i} u_j^{\mathrm{T}} M_{ij} u_j \right) \mathrm{d}t
\end{aligned}
\tag{4.64}
$$

而与式(4.62)相应的非线性李雅普诺夫方程是

$$
\begin{aligned}
0 &= H_i(e_i, V_{e_i}, u_i, u_{(j)}) \\
&\equiv r_i(e_i, u_i, u_{(j)}) + V_{e_i}^{\mathrm{T}}[(L_i + B_i) \otimes I_n][f_e(t) + g(x)u] \\
&= e_i^{\mathrm{T}} Q_{ii} e_i + u_i^{\mathrm{T}} M_{ii} u_i + \sum_{j \in N_i} u_j^{\mathrm{T}} M_{ij} u_j + V_{e_i}^{\mathrm{T}} \Gamma_i[f_e(t) + g(x)u]
\end{aligned}
\tag{4.65}
$$

式中，$\Gamma_i = (L_i + B_i) \otimes I_n$；$V_{e_i}$ 为值函数 $V_i(e_i)$ 关于 e_i 的偏导数。

同时，问题 4.1 的耦合 Hamiltonian 函数被定义为

$$
\begin{aligned}
H_i(e_i, V_{e_i}, u_i, u_{(j)}) &= r_i(e_i, u_i, u_{(j)}) + V_{e_i}^{\mathrm{T}} \Gamma_i[f_e(t) + g(x)u] \\
&= e_i^{\mathrm{T}} Q_{ii} e_i + u_i^{\mathrm{T}} M_{ii} u_i + \sum_{j \in N_i} u_j^{\mathrm{T}} M_{ij} u_j + V_{e_i}^{\mathrm{T}} \Gamma_i[f_e(t) + g(x)u]
\end{aligned}
\tag{4.66}
$$

根据最优原理的必要条件，可以得到

$$
\begin{aligned}
u_i &= -\frac{1}{2} M_{ii}^{-1} \left(\frac{\partial u^{\mathrm{T}}}{\partial u_i} \right) g^{\mathrm{T}}(x) \Gamma_i^{\mathrm{T}} V_{e_i} \\
&= -\frac{1}{2} M_{ii}^{-1} g_i^{\mathrm{T}}(x_i)[(l_{ii} + b_{ii}) \otimes I_n]^{\mathrm{T}} V_{e_i}
\end{aligned}
\tag{4.67}
$$

假设值函数 $V_i^*(e_i)$ 满足耦合 HJ 方程

$$\min_{u_i} H_i(e_i, V_{e_i}^*, u_i, u_{(j)}) = 0 \tag{4.68}$$

那么，节点 v_i 的最优协调控制为

$$u_i^* = -\frac{1}{2} M_{ii}^{-1} g_i^{\mathrm{T}}(x_i)[(l_{ii} + b_{ii}) \otimes I_n]^{\mathrm{T}} V_{e_i}^* \tag{4.69}$$

代入 u_i^* 和 $u_{(j)}^*$ 到式 (4.65)，得到

$$0 = e_i^{\mathrm{T}} Q_{ii} e_i + u_i^{*\mathrm{T}} M_{ii} u_i^* + \sum_{j \in N_i} u_j^{*\mathrm{T}} M_{ij} u_j^* + V_{e_i}^{*\mathrm{T}} \varGamma_i [f_e(t) + g(x)u^*]$$

$$= e_i^{\mathrm{T}} Q_{ii} e_i + \frac{1}{4} V_{e_i}^{*\mathrm{T}} [(l_{ii} + b_{ii}) \otimes I_n] g_i(x_i) M_{ii}^{-1} g_i^{\mathrm{T}}(x_i)[(l_{ii} + b_{ii}) \otimes I_n]^{\mathrm{T}} V_{e_i}^*$$

$$+ \frac{1}{4} \sum_{j \in N_i} V_{e_j}^{*\mathrm{T}} [(l_{jj} + b_{jj}) \otimes I_n] g_j(x_j) M_{jj}^{-1} M_{ij} M_{jj}^{-1} g_j^{\mathrm{T}}(x_j)[(l_{jj} + b_{jj}) \otimes I_n]^{\mathrm{T}} V_{e_j}^*$$

$$+ V_{e_i}^{*\mathrm{T}} \varGamma_i [f_e(t) + g(x)u^*]$$

上式可以重新写为耦合 HJ 方程

$$0 = e_i^{\mathrm{T}} Q_{ii} e_i + \frac{1}{4} V_{e_i}^{*\mathrm{T}} [(l_{ii} + b_{ii}) \otimes I_n] g_i(x_i) M_{ii}^{-1} g_i^{\mathrm{T}}(x_i)[(l_{ii} + b_{ii}) \otimes I_n]^{\mathrm{T}} V_{e_i}^*$$

$$+ \frac{1}{4} \sum_{j \in N_i} \left\{ V_{e_j}^{*\mathrm{T}} [(l_{jj} + b_{jj}) \otimes I_n] g_j(x_j) M_{jj}^{-1} M_{ij} M_{jj}^{-1} g_j^{\mathrm{T}}(x_j)[(l_{jj} + b_{jj}) \otimes I_n]^{\mathrm{T}} V_{e_j}^* \right\}$$

$$+ V_{e_i}^{*\mathrm{T}} [(l_{ii} + b_{ii}) \otimes I_n][f_{ei}(t) + g_i(x_i)u_i^*]$$

$$+ V_{e_i}^{*\mathrm{T}} \sum_{j \in N_i} [(l_{ij} + b_{ij}) \otimes I_n][f_{ej}(t) + g_j(x_j)u_j^*]$$

$$\tag{4.70}$$

再将 (4.69) 式代入 (4.70) 式，得到

$$0 = e_i^{\mathrm{T}} Q_{ii} e_i - \frac{1}{2} V_{e_i}^{*\mathrm{T}} [(l_{ii} + b_{ii}) \otimes I_n] g_i(x_i) M_{ii}^{-1} g_i^{\mathrm{T}}(x_i)[(l_{ii} + b_{ii}) \otimes I_n]^{\mathrm{T}} V_{e_i}^*$$

$$+ \frac{1}{4} \sum_{j \in N_i} V_{e_j}^{*\mathrm{T}} [(l_{jj} + b_{jj}) \otimes I_n] g_j(x_j) M_{jj}^{-1} M_{ij} M_{jj}^{-1} g_j^{\mathrm{T}}(x_j)[(l_{jj} + b_{jj}) \otimes I_n]^{\mathrm{T}} V_{e_j}^*$$

$$- \frac{1}{2} V_{e_i}^{*\mathrm{T}} \sum_{j \in N_i} [(l_{ij} + b_{ij}) \otimes I_n] g_j(x_j) M_{jj}^{-1} g_j^{\mathrm{T}}(x_j)[(l_{jj} + b_{jj}) \otimes I_n]^{\mathrm{T}} V_{e_j}^*$$

$$+ V_{e_i}^{*\mathrm{T}} \sum_{j \in \{N_i, i\}} [(l_{ij} + b_{ij}) \otimes I_n] f_{ej}(t) \tag{4.71}$$

注意最优值函数 $V_i^*(e_i)$ ($i = 1, \cdots, N$) 是方程组 (4.71) 的解。而最优协调控

制 (4.69) 可以通过求解的 $V_i^*(e_i)$ 得到。事实上，方程组 (4.71) 是一个纳什均衡点。它们之间的关系将在下面介绍。

首先，介绍一下多人博弈的纳什均衡定义。

定义 4.7(全局纳什均衡)：如果对于所有的 $i \in \mathcal{I}$，满足

$$J_i^* \triangleq J_i(u_1^*, u_2^*, \cdots, u_i^*, \cdots, u_N^*) \leqslant J_i(u_1^*, u_2^*, \cdots, u_i, \cdots, u_N^*), \quad u_i \neq u_i^* \quad (4.72)$$

那么一组 N 元控制策略 $\{u_1^*, u_2^*, \cdots, u_N^*\}$ 被称作一个 N 人博弈(或，图 $\mathcal{G}_x$) 的一个全局的纳什均衡解。而一组 N 元性能指标值 $\{J_1^*, J_2^*, \cdots, J_N^*\}$ 被称为 N 人博弈(或，图 $\mathcal{G}_x$) 的纳什均衡点。

下面的定理给出了最优协同控制的特性。

定理 4.2：令 $V_i^*(e_i) > 0 \in C^1, i \in \mathcal{I}$ 是耦合 HJ 方程式 (4.71) 的解。通过这些解 $V_i^*(e_i)$ 和式 (4.69)，最优协调控制能够被得到，则有

(1) 局部一致误差动态系统 (4.62) 是渐进稳定的。

(2) 局部性能指标值 $J_i^*(e_i(0), u_i^*, u_{(j)}^*)$ 等于 $V_i^*[e_i(0)]$，$i \in \mathcal{I}$；并且 u_i^* 和 $u_{(j)}^*$ 处在纳什均衡点。

证明：首先证明结论 (I) 成立。由条件得知最优值函数 $V_i^*(e_i) > 0$ 满足式 (4.71)，那么也满足式 (4.65)。取 $V_i^*(e_i)$ 的时间导数，得

$$\begin{aligned}
\dot{V}_i^*(e_i) &= V_{e_i}^{*\mathrm{T}} \dot{e}_i = V_{e_i}^{*\mathrm{T}} \mathcal{L}[f_e(t) + g(x)u^*] \\
&= -e_i^{\mathrm{T}} Q_{ii} e_i - u_i^{*\mathrm{T}} M_{ii} u_i^* - \sum_{j \in N_i} u_j^{*\mathrm{T}} M_{ij} u_j^*
\end{aligned} \quad (4.73)$$

因为 $Q_{ii} > 0$，$M_{ii} > 0$，$M_{ij} > 0$，并且 $\dot{V}_i^*(e_i) < 0$。所以，$V_i^*(e_i)$ 是一个关于 e_i 的 Lyapunov 函数。进而，局部一致误差系统 (4.62) 是渐进稳定的。

根据性能指标和值函数定义以及定义 4.7，结论 (II) 是显然成立的。

定理 4.2 中的结论 (II) 说明，HJ 方程组式 (4.71) 的解是一个纳什均衡点。注意式 (4.71) 的解不唯一，通常是存在多个纳什均衡解的。事实上，在 ADP 领域中通常得到的最优解是局部最优解。除非我们遍历整个空间，否则很难得到全局最优解，一般来说这是不可能做到的。

明显地，只要耦合 HJ 方程组式 (4.71) 被求解，多智能体一致问题的纳什均衡解就被获得。但由于耦合 HJ 方程的非线性性质，通常解析解很难被获得。因此，下面利用策略迭代算法求解耦合 HJ 方程组。

2. 耦合 HJ 方程的策略迭代(PI)算法

通常式 (4.71) 不可能得到解析解的。在 ADP 领域中增强学习和策略迭代算法

通常被用来求解 HJB 方程的解。我们效仿这种方式通过反复策略估计(4.65)和策略改进(4.69)求解 HJ 方程组。直到策略改进不再发生变化，迭代过程才被终止。如果在 PI 算法框架下，所有节点$(i=1,\cdots,N)$的控制更新不再发生变化，那么它们就被称作耦合 HJ 方程组(4.68)的解或式(4.71)的纳什均衡解。但是在这个 PI 算法中，迭代过程需要一组初始的局部容许协调控制策略。

策略迭代算法：以 N 元的容许协调控制策略组 $u_1^0,\cdots,u_N^0$ 开始迭代。

步骤 1：(策略估计)给定 N 元的控制策略组 $u_1^k,\cdots,u_N^k$，通过下式求解 N 元的值函数组 $V_1^k,\cdots,V_N^k$：

$$0 = H_i(e_i, V_{e_i}^k, u_i^k, u_{(j)}^k), \qquad \forall i = 1, \cdots, N \tag{4.74}$$

步骤 2：(策略改进)通过下式更新 N 元的控制策略组：

$$u_i^{k+1} = -\frac{1}{2} M_{ii}^{-1} g_i^{\mathrm{T}}(x_i)[(l_{ii}+b_{ii})\otimes I_n]^{\mathrm{T}} V_{e_i}^k, \qquad \forall i = 1, \cdots, N \tag{4.75}$$

返回**步骤 1**。

直到所有的 u_i 收敛到 u_i^*，迭代停止。

下面给出上述的多智能体策略迭代算法的收敛性定理。

定理 4.3(策略迭代算法收敛性)：假设所有节点 i 的策略迭代在 PI 算法的每一步都被更新。对于较小的 $\bar{\sigma}(M_{jj}^{-1}M_{ij})$ 和较大的 $\underline{\sigma}(M_{ii})$，则所有的 u_i 收敛到纳什均衡解，而所有的值函数收敛到纳什均衡点，即 $V_i^k \to V_i^*$。

证明：根据前式，有

$$
\begin{aligned}
& H_i(e_i, V_{e_i}^{k+1}, u_i^{k+1}, u_{(j)}^{k+1}) - H_i(e_i, V_{e_i}^k, u_i^k, u_{(j)}^k) \\
& = \sum_{j\in\{N_i,i\}} (u_j^{k+1}-u_j^k)^{\mathrm{T}} M_{ij}(u_j^{k+1}-u_j^k) + 2\sum_{j\in\{N_i,i\}} (u_j^k)^{\mathrm{T}} M_{ij}(u_j^{k+1}-u_j^k) + \Theta_i
\end{aligned}
\tag{4.76}
$$

式中

$$
\begin{aligned}
\Theta_i &= (V_{e_i}^{k+1})^{\mathrm{T}} \sum_{j\in\{N_i,i\}} [(l_{ij}+b_{ij})\otimes I_n][f_{ej}(t)+g_j(x_j)u_j^{k+1}] \\
&\quad - (V_{e_i}^k)^{\mathrm{T}} \sum_{j\in\{N_i,i\}} [(l_{ij}+b_{ij})\otimes I_n][f_{ej}(t)+g_j(x_j)u_j^k]
\end{aligned}
\tag{4.77}
$$

并且

$$H_i(e_i, V_{e_i}^{k+1}, u_i^{k+1}, u_{(j)}^{k+1}) - H_i(e_i, V_{e_i}^k, u_i^k, u_{(j)}^k) = r_i(e_i, u_i^{k+1}, u_{(j)}^{k+1}) - r_i(e_i, u_i^k, u_{(j)}^k) + \Theta_i$$

$$\tag{4.78}$$

可以得到

$$
\begin{aligned}
& r_i(e_i, u_i^{k+1}, u_{(j)}^{k+1}) - r_i(e_i, u_i^k, u_{(j)}^k) \\
& = \sum_{j \in \{N_i, i\}} (u_j^{k+1} - u_j^k)^{\mathrm{T}} M_{ij}(u_j^{k+1} - u_j^k) + 2 \sum_{j \in \{N_i, i\}} (u_j^k)^{\mathrm{T}} M_{ij}(u_j^{k+1} - u_j^k)
\end{aligned}
\tag{4.79}
$$

因为在第（$k+1$）步和第 k 步值函数的时间导数分别可以写为 $\dot{V}_i^{k+1} = -r_i(e_i, u_i^{k+1}, u_{(j)}^{k+1})$ 和 $\dot{V}_i^k = -r_i(e_i, u_i^k, u_{(j)}^k)$，那么上面的表达式可以重写为

$$
\dot{V}_i^k - \dot{V}_i^{k+1} = \sum_{j \in \{N_i, i\}} (u_j^{k+1} - u_j^k)^{\mathrm{T}} M_{ij}(u_j^{k+1} - u_j^k) + 2 \sum_{j \in \{N_i, i\}} (u_j^k)^{\mathrm{T}} M_{ij}(u_j^{k+1} - u_j^k)
$$
$$
\tag{4.80}
$$

从而可得 $\dot{V}_i^k - \dot{V}_i^{k+1} \geqslant 0$ 的充分条件是

$$
\Delta u_j^{\mathrm{T}} M_{ij} \Delta u_j \geqslant -2(u_j^k)^{\mathrm{T}} M_{ij} \Delta u_j, \quad j \in \{N_i, i\}
\tag{4.81}
$$

其中

$$
\Delta u_j = u_j^{k+1} - u_j^k
\tag{4.82}
$$

或者

$$
\Delta u_j^{\mathrm{T}} M_{ij} \Delta u_j \geqslant (V_{e_j}^{k-1})^{\mathrm{T}} [(l_{jj} + b_{jj}) \otimes I_n] g_j(x_j) M_{jj}^{-1} M_{ij} \Delta u_j, \quad j \in \{N_i, i\}
\tag{4.83}
$$

对上式取范数，得到

$$
\underline{\sigma}(R_{ij}) \| \Delta u_j \| \geqslant (l_{jj} + b_{jj}) \bar{\sigma}(M_{jj}^{-1} M_{ij}) \| V_{e_j}^{k-1} \| \beta_i, \quad j \in \{N_i, i\}
\tag{4.84}
$$

这里 $\underline{\sigma}(\cdot)$ 和 $\bar{\sigma}(\cdot)$ 分别表示取一个矩阵最小奇异值和最大奇异值的算子。如果 $\bar{\sigma}(M_{jj}^{-1} M_{ij}) = 0$ 成立，则上式成立。由连续性可知对于较小的 $\bar{\sigma}(M_{jj}^{-1} M_{ij})$ 值和较大的 $\underline{\sigma}(M_{ii})$ 值，上式也成立。

对 $\dot{V}_i^k \geqslant \dot{V}_i^{k+1}$ 两边积分得到 $V_i^k \geqslant V_i^{k+1}$。这意味着 V_i^k 是一个下界为零的非增函数。因此，当 $k \to \infty$ 时，V_i^k 是收敛的，即 $\lim_{k \to \infty} V_i^k = V_i^\infty$。根据值函数(4.64)的定义，得到

$$
V_i^k \geqslant \int_t^\infty (e_i^{\mathrm{T}} Q_{ii} e_i + u_i^{*\mathrm{T}} M_{ii} u_i^* + \sum_{j \in N_i} u_j^{*\mathrm{T}} M_{ij} u_j^*) \mathrm{d}t \equiv V_i^*
\tag{4.85}
$$

式中，u_i^* 和 $u_{(j)}^*$ 为最优协调控制。当 $k \to \infty$ 时，$V_i^\infty \geqslant V_i^*$。因为 $V_i^* \leqslant V_i^\infty$，所以

PI 算法收敛到 V_i^*，进而得到耦合 HJ 方程的解，即合作的纳什均衡点。证毕。

定理 4.3 的证明说明了当 $j \in N_i$ 时，节点 i 在它自身的性能指标 J_i 中加权它的邻接控制 u_j 的权值应该比节点 j。

在 J_j 中加权它自身的权值要小而 $\underline{\sigma}(M_{ii})$ 应该足够大使得当 $j = i$ 时，$\underline{\sigma}(M_{ii})\|\Delta u_i\| \geqslant (l_{ii} + b_{ii})\|V_{e_i}^{k-1}\|\beta_i$。因此实际上对于局部性能指标来说，选择合适的权值矩阵是非常必要的。另外，$\|g_i(x_i)\|$ 应该有上界。

下面通过自适应算法利用 GFHM 模型来求解耦合 HJ 方程。这里在 PI 算法的框架下为了逼近方程(4.68)或(4.71)的解，发展了一种单网络的自适应结构。

3. 基于 GFHM 的耦合 HJ 方程的近似解

本节主要提出一种自适应算法近似耦合 HJ 方程组(4.71)的解。但是由于每一个节点的协调控制不仅依赖于它自身的信息，还会依赖它的邻接节点信息，所以这种方程组很难求解。

根据引理 4.1 和引理 4.2，这里首次利用 GFHM 模型来近似值函数 $V_i(e_i)$。我们称之为广义模糊双曲评价估计器(generalized fuzzy hyperbolic critic estimator, GFHCE)，其具体表达式如下：

$$V_i(e_i) = \theta_i^{\mathrm{T}} \tanh(\Phi_i \overline{e_i}) + \zeta_i + \varepsilon_i \tag{4.86}$$

式中，$\overline{e_i}$ 为一致误差 e_i 的广义输入变量；$\theta_i = [\theta_{i1}, \theta_{i2}, \cdots, \theta_{im_k}]^{\mathrm{T}} \in \mathrm{R}^{m_k}$（$k = 1, \cdots, n$）是节点 v_i 的未知理想权值向量；$\Phi_i = \mathrm{diag}\{\phi_{ij}\}$（$j = 1, \cdots, m_k$）；$\zeta_i$ 是节点 v_i 的一个常数值；ε_i 是 GFHCE 逼近 $V_i(e_i)$ 的估计误差。注意因为 $V_i(e_i)$ 满足 Lyapunov 函数条件(即，$V_i(0) = 0$)，所以 ζ_i 被设置为零。

因为 Φ_i 是 GFHM 中的非线性参数，所以在应用中分析稳定性是困难的。幸运的是 GFHM 又是一个三层的神经网络模型，它的激励函数视为 $\tanh(\cdot)$。这样如果权值 Φ_i 固定，则 GFHM 是关于 θ_i 的线性参数模型。为了便于稳定性分析，这里假设 Φ_i 被固定为 I_{m_k}（I_{m_k} 是一个 $m_k \times m_k$ 的单位阵）。

值函数 $V_i(e_i)$ 关于 e_i 的导数为

$$V_{e_i} = \Lambda_i(\overline{e_i})\theta_i + \Delta\varepsilon_i \tag{4.87}$$

式中，$\Lambda_i(\overline{e_i}) = [\partial \tanh(\overline{e_i}) / \partial e_i]^{\mathrm{T}}$，并且 $\Delta\varepsilon_i = \partial\varepsilon_i / \partial e_i$。

令 $\hat{\theta}_i$ 是 θ_i 的估计值，则可以得到 $V_i(e_i)$ 和 V_{e_i} 的估计分别为

$$\hat{V}_i(e_i) = \hat{\theta}_i^{\mathrm{T}} \tanh(\overline{e_i}) \tag{4.88}$$

和

$$\hat{V}_{e_i} = \Lambda_i(\overline{e}_i)\hat{\theta}_i \tag{4.89}$$

而后可以推导出与 (4.66) 式相对应的近似 Hamiltonian 函数为

$$
\begin{aligned}
\mathbf{e}_i &= H_i(e_i, \hat{\theta}_i, u_i, u_{(j)}) \\
&= r_i(e_i, u_i, u_{(j)}) + \hat{V}_{e_i}^{\mathrm{T}}[(L_i + B_i) \otimes I_n][f_e(t) + g(x)u] \\
&= e_i^{\mathrm{T}} Q_{ii} e_i + u_i^{\mathrm{T}} M_{ii} u_i + \sum_{j \in N_i} u_j^{\mathrm{T}} M_{ij} u_j + \hat{\varphi}_i(\hat{\theta}_i)
\end{aligned} \tag{4.90}
$$

式中

$$\hat{\varphi}_i(\hat{\theta}_i) = (\Lambda_i(\overline{e}_i)\hat{\theta}_i)^{\mathrm{T}} \sum_{j \in \{N_i, i\}} [(l_{ij} + b_{ij}) \otimes I_n][f_{ej}(t) + g_j(x_j)u_j] \tag{4.91}$$

给定任意容许控制策略 u_i 和 $u_{(j)}$，需要得到理想的 $\hat{\theta}_i$ 最小化平方残留误差 $E_i(\hat{\theta}_i)$：

$$E_i(\hat{\theta}_i) = \frac{1}{2} \mathbf{e}_i^{\mathrm{T}} \mathbf{e}_i \tag{4.92}$$

使用梯度下降法，设计权值 $\hat{\theta}_i$ 的自适应更新律为

$$
\begin{aligned}
\dot{\hat{\theta}}_i &= -a_i \frac{\partial E_i(\hat{\theta}_i)}{\partial \hat{\theta}_i} = -a_i \frac{\partial \mathbf{e}_i^{\mathrm{T}}}{\partial \hat{\theta}_i} \mathbf{e}_i = -a_i \frac{\partial \hat{\varphi}_i^{\mathrm{T}}(\hat{\theta}_i)}{\partial \hat{\theta}_i} \mathbf{e}_i \\
&= -a_i \sigma_i [\sigma_i^{\mathrm{T}} \hat{\theta}_i + r_i(e_i, u_i, u_{(j)})]
\end{aligned} \tag{4.93}
$$

式中，$a_i > 0$ 为 $\hat{\theta}_i$ 的自适应更新律的增益 $\sigma_i = \Lambda_i^{\mathrm{T}}(\overline{e}_i)[(l_{ij} + b_{ij}) \otimes I_n][f_{ej}(t) + g_j(x_j) u_j]$。

为了使 $\hat{\theta}_i$ 收敛到理想值 θ_i，则必须保证满足持续激励条件。因此，协调控制策略需要混入一些探测噪音。一般来说，混合的协调控制信号应该包含至少 $n/2$ 个不同的非零频率信号。

将式 (4.89) 代入式 (4.69)，那么容许协调控制策略可以表示为

$$\hat{u}_i = -\frac{1}{2} M_{ii}^{-1} g_i^{\mathrm{T}}(x_i)[(l_{ii} + b_{ii}) \otimes I_n]^{\mathrm{T}} \Lambda_i(\overline{e}_i)\hat{\theta}_i \tag{4.94}$$

接下来，基于模糊自适应动态规划方法求解式 (4.65) 和式 (4.69) 的详细设计过程被给出。注意该过程存在于 PI 算法中的每一步迭代中。

步骤 1：GFHM 作为估计器用来逼近 HJ 方程式 (4.68) 的解（值函数），因而出现了平方残留误差 (4.92) 式。

步骤 2：为了最小化平方残留误差式(4.92)，利用梯度下降法得到权值 $\hat{\theta}_i$ 的自适应更新律式(4.93)。

步骤 3：以初始容许权值 $\hat{\theta}_i = \theta_i^0$ （$i=1,\cdots,N$）开始更新，直到权值 $\hat{\theta}_i$ 收敛为止（即 $\|\hat{\theta}_i - \theta_i\| < \varepsilon_{\theta_i}$ ，ε_{θ_i} 是理想估计误差）。

4.4.4　稳定性分析

本节通过定理 4.4 的证明给出了该方法的稳定性分析。在给出定理 4.4 之前，我们需要做下面的一些准备工作。

将式(4.87)代入到式(4.65)，得到

$$
\begin{aligned}
0 &= H_i(e_i,\theta_i,u_i,u_{(j)}) \\
&= r_i(e_i,u_i,u_{(j)}) + \theta_i^{\mathrm{T}} \Lambda_i^{\mathrm{T}}(\overline{e_i})\Gamma_i[f_e(t)+g(x)u] + \Delta\varepsilon_i^{\mathrm{T}}\Gamma_i[f_e(t)+g(x)u] \\
&= r_i(e_i,u_i,u_{(j)}) + \theta_i^{\mathrm{T}}\sigma_i + \Delta\varepsilon_i^{\mathrm{T}}\Gamma_i[f_e(t)+g(x)u]
\end{aligned} \tag{4.95}
$$

进而可以得到

$$
r_i(e_i,u_i,u_{(j)}) + \theta_i^{\mathrm{T}}\sigma_i = \varepsilon_{HJ_i} \tag{4.96}
$$

式中，$\varepsilon_{HJ_i} = -\Delta\varepsilon_i^{\mathrm{T}}\Gamma_i[f_e(t)+g(x)u]$ ，ε_{HJ_i} 为由函数逼近得到的残留误差。

定义值函数的权值估计误差为 $\tilde{\theta}_i = \hat{\theta}_i - \theta_i$ 。由式(4.93)和式(4.96)，得到

$$
\begin{aligned}
\dot{\hat{\theta}}_i &= -a_i\sigma_i(\sigma_i^{\mathrm{T}}\hat{\theta}_i - \sigma_i^{\mathrm{T}}\theta_i + \varepsilon_{HJ_i}) \\
&= a_i\sigma_i(\sigma_i^{\mathrm{T}}\tilde{\theta}_i + \varepsilon_{HJ_i})
\end{aligned} \tag{4.97}
$$

在本节中，下面的假设始终成立。

假设 4.2：多智能体系统(4.57)满足这些条件。

(1)持续激励确保 $\sigma_{m_i} < \|\sigma_i\| < \sigma_{M_i}$ ；且 $\|\theta_i\| < \theta_{M_i}$ ，其中 σ_{m_i} ，σ_{M_i} 和 θ_{M_i} 都是正常数。

(2)近似耦合 HJ 方程的误差 $\|\varepsilon_{HJ_i}\|$ 存在上界，即 $\|\varepsilon_{HJ_i}\| < \overline{\varepsilon}_i$ ，$\overline{\varepsilon}_i$ 是一个正常数。

(3)GFHCE 的估计误差 ε_i 存在上界，即 $\|\varepsilon_i\| \leqslant \varepsilon_{M_i}$ ；并且 $\|\Delta\varepsilon_i\| < \varepsilon_{\Delta M_i}$ ，ε_{M_i} 和 $\varepsilon_{\Delta M_i}$ 也是正整数。

定理 4.4：考虑多智能体系统(4.57)。在协调控制式(4.94)的控制下，其中权值 $\hat{\theta}_i$ 的更新律为式(4.93)，则局部一致误差 e_i 和权值估计误差 $\tilde{\theta}_i$ 是一致最终有界的。同时，控制节点轨迹 $x_0(t)$ 是协调一致最终有界的，即所有节点与 $x_0(t)$ 达成一致。此外，近似协调控制 $\hat{u}_i$ 近似于理想的协调控制 u_i ，即当 $t\to\infty$ ，$\|\hat{u}_i - u_i\| \leqslant \varepsilon_{u_i}$ ，并且 ε_{u_i} 是一个小的正常数。

证明：选择李雅普诺夫函数为

$$L_i = L_{1_i} + L_{2_i} \tag{4.98}$$

这里 $L_{1_i} = tr(\tilde{\theta}_i^\mathrm{T} \tilde{\theta}_i)/2a_i$，并且 $L_{2_i} = e_i^\mathrm{T} e_i + 2\rho_i V_i(e_i)$，$\rho_i > 0$。

根据假设 4.2 和式 (4.97)，式 (4.98) 的时间导数为

$$\dot{L}_i = \dot{L}_{1_i} + \dot{L}_{2_i} \tag{4.99}$$

其中

$$
\begin{aligned}
\dot{L}_{1_i} &= \frac{1}{a_i} tr(\tilde{\theta}_i^\mathrm{T} \dot{\tilde{\theta}}_i) \\
&= \frac{1}{a_i} \left\{ \tilde{\theta}_i^\mathrm{T} \left[-a_i \sigma_i (\sigma_i^\mathrm{T} \tilde{\theta}_i + \varepsilon_{HJ_i}) \right] \right\} \\
&= -\tilde{\theta}_i^\mathrm{T} \sigma_i \sigma_i^\mathrm{T} \tilde{\theta}_i - 2 \frac{a_i}{\sqrt{2a_i}} \tilde{\theta}_i^\mathrm{T} \sigma_i \frac{1}{\sqrt{2a_i}} \varepsilon_{HJ_i}
\end{aligned}
\tag{4.100}
$$

又因为 $\tilde{\theta}_i^\mathrm{T} \sigma_i \sigma_i^\mathrm{T} \tilde{\theta}_i > 0$，存在 $q_i > 0$ 满足 $q_i \left\| \tilde{\theta}_i \right\|^2 \leqslant \tilde{\theta}_i^\mathrm{T} \sigma_i \sigma_i^\mathrm{T} \tilde{\theta}_i, (q_i \leqslant \left\| \sigma_i \right\|^2)$，则

$$
\begin{aligned}
\dot{L}_{1_i} &\leqslant -q_i \left\| \tilde{\theta}_i \right\|^2 + \frac{a_i}{2} \left\| \sigma_i \right\|^2 \left\| \tilde{\theta}_i \right\|^2 + \frac{1}{2a_i} \bar{\varepsilon}_i^2 \\
&\leqslant \left(-q_i + \frac{a_i}{2} \left\| \sigma_i \right\|^2 \right) \left\| \tilde{\theta}_i \right\|^2 + \frac{1}{2a_i} \bar{\varepsilon}_i^2
\end{aligned}
\tag{4.101}
$$

并且

$$
\begin{aligned}
\dot{L}_{2_i} &= 2e_i^\mathrm{T} e_i + 2\rho_i \dot{V}_i(e_i) \\
&= 2e_i^\mathrm{T} \Gamma_i [f_e(t) + g(x)u] - 2\rho_i r_i(e_i, u_i, u_{(j)}) \\
&= 2e_i^\mathrm{T} \Gamma_i [f_e(t) + g(x)u] - 2\rho_i \left(e_i^\mathrm{T} Q_{ii} e_i + u_i^\mathrm{T} M_{ii} u_i + \sum_{j \in N_i} u_j^\mathrm{T} M_{ij} u_j \right) \\
&= \sum_{j \in \{N_i, i\}} 2e_i^\mathrm{T} [(l_{ij} + b_{ij}) \otimes I_n][f_{ej}(t) + g_j(x_j)u_j] \\
&\quad - 2\rho_i e_i^\mathrm{T} Q_{ii} e_i - 2\rho_i \sum_{j \in \{N_i, i\}} u_j^\mathrm{T} M_{ij} u_j \\
&= \sum_{j \in \{N_i, i\}} 2e_i^\mathrm{T} [(l_{ij} + b_{ij}) \otimes I_n] f_{ej}(t) + \sum_{j \in \{N_i, i\}} 2e_i^\mathrm{T} [(l_{ij} + b_{ij}) \otimes I_n] g_j(x_j)u_j \\
&\quad - 2\rho_i e_i^\mathrm{T} Q_{ii} e_i - 2\rho_i \sum_{j \in \{N_i, i\}} u_j^\mathrm{T} M_{ij} u_j
\end{aligned}
$$

$$
\leqslant \sum_{j\in\{N_i,i\}} \left(\left\| [(l_{ij}+b_{ij})\otimes I_n]\beta_j \right\|^2 - 2\rho_i\lambda_{\min}(M_{ij}) \right) \left\| u_j \right\|^2
$$
$$
+[2(\bar{N}_i+1)-2\rho_i\lambda_{\min}(Q_{ii})]\left\| e_i \right\|^2 \tag{4.102}
$$
$$
+ \sum_{j\in\{N_i,i\}} \left\| [(l_{ij}+b_{ij})\otimes I_n]f_{ej}(t) \right\|^2
$$

式中，$\bar{N}_i$ 为节点 i 的邻接节点数。

然后，可以得到

$$
\dot{L}_i \leqslant \left(-q_i + \frac{a_i}{2}\left\|\sigma_i\right\|^2 \right)\left\|\tilde{\theta}_i\right\|^2 + \frac{1}{2a_i}\bar{\varepsilon}_i^2
$$
$$
+[2(\bar{N}_i+1)-2\rho_i\lambda_{\min}(Q_{ii})]\left\| e_i \right\|^2 + \sum_{j\in\{N_i,i\}}\left\| [(l_{ij}+b_{ij})\otimes I_n]f_{ej}(t) \right\|^2 \tag{4.103}
$$
$$
+ \sum_{j\in\{N_i,i\}} \left[\left\| [(l_{ij}+b_{ij})\otimes I_n]\beta_j \right\|^2 - 2\rho_i\lambda_{\min}(M_{ij}) \right]\left\| u_j \right\|^2
$$

如果选择的 a_i 和 $\varGamma_i$ 满足

$$
0 < a_i < \frac{2q_i}{\left\|\sigma_i\right\|^2} \tag{4.104}
$$

和

$$
\varGamma_i > \max\left(\frac{\bar{N}_i+1}{\lambda_{\min}(Q_{ii})}, \left\{ \frac{\left\| [(l_{ij}+b_{ij})\otimes I_n]\beta_j \right\|^2}{2\lambda_{\min}(M_{ij})}, j\in\{N_i,i\} \right\} \right) \tag{4.105}
$$

并且对于大的 $\left\|\tilde{\theta}_i\right\|$ 和 $\left\|e_i\right\|$，不等式

$$
\left\|\tilde{\theta}_i\right\| > \sqrt{ \frac{\displaystyle\sum_{j\in\{N_i,i\}}\left\| [(l_{ij}+b_{ij})\otimes I_n]f_{ej}(t) \right\|^2 + \frac{1}{2a_i}\bar{\varepsilon}_i^2}{\left(q_i - \frac{a_i}{2}\sigma_{M_i}^2 \right)} } \triangleq b_{\tilde{\theta}_i} \tag{4.106}
$$

或

$$
\left\|e_i\right\| > \sqrt{ \frac{\displaystyle\sum_{j=\{N_i,i\}}\left\| [(l_{ij}+b_{ij})\otimes I_n]f_{ej}(t) \right\|^2 + \frac{1}{2a_i}\bar{\varepsilon}_i^2}{2\varGamma_i\lambda_{\min}(Q_{ii})-2(\bar{N}_i+1)} } \triangleq b_{e_i} \tag{4.107}
$$

成立，则 $\dot{L}_i < 0$。因此，利用李雅普诺夫稳定定理，得出局部一致误差 e_i 和权值估计误差 $\tilde{\theta}_i$ 是 UUB 的，而 $x_0(t)$ 是 CUUB 的。

接下来，将证明当 $t \to \infty$ 时，$\|\hat{u}_i - u_i\| \leqslant \varepsilon_{u_i}$。现在结合式(4.69)和式(4.94)，回忆协调控制 u_i 的表达式，得到

$$
\begin{aligned}
\hat{u}_i - u_i &= -\frac{1}{2} M_{ii}^{-1} g_i^{\mathrm{T}}(x_i)[(l_{ii} + b_{ii}) \otimes I_n]^{\mathrm{T}} (\hat{V}_{e_i} - V_{e_i}) \\
&= -\frac{1}{2} M_{ii}^{-1} g_i^{\mathrm{T}}(x_i)[(l_{ii} + b_{ii}) \otimes I_n]^{\mathrm{T}} (\Lambda_i(\overline{e}_i)\tilde{\theta}_i - \Delta\varepsilon_i)
\end{aligned}
\tag{4.108}
$$

当 $t \to \infty$ 时，式(4.108)的上界为

$$
\begin{aligned}
\|\hat{u}_i - u_i\| &= \frac{1}{2} \left\| M_{ii}^{-1} g_i^{\mathrm{T}}(x_i)[(l_{ii} + b_{ii}) \otimes I_n]^{\mathrm{T}} (\Lambda_i(\overline{e}_i)\tilde{\theta}_i - \Delta\varepsilon_i) \right\| \\
&\leqslant \frac{1}{2} \left\| M_{ii}^{-1} g_i^{\mathrm{T}}(x_i)[(l_{ii} + b_{ii}) \otimes I_n]^{\mathrm{T}} \right\| \sqrt{(\tilde{\theta}_i^{\mathrm{T}} \Lambda_i(\overline{e}_i) - \Delta\varepsilon_i^{\mathrm{T}})(\Lambda_i(\overline{e}_i)\tilde{\theta}_i - \Delta\varepsilon_i)} \\
&= \frac{1}{2} \left\| M_{ii}^{-1} g_i^{\mathrm{T}}(x_i)[(l_{ii} + b_{ii}) \otimes I_n]^{\mathrm{T}} \right\| \sqrt{\left\| \Lambda_i(\overline{e}_i)\tilde{\theta}_i \right\|^2 - 2\Delta\varepsilon_i^{\mathrm{T}} \Lambda_i(\overline{e}_i)\tilde{\theta}_i + \left\| \Delta\varepsilon_i \right\|^2} \\
&\leqslant \frac{1}{2} \left\| M_{ii}^{-1} g_i^{\mathrm{T}}(x_i)[(l_{ii} + b_{ii}) \otimes I_n]^{\mathrm{T}} \right\| \sqrt{2\left\| \tilde{\theta}_i \right\|^2 + 2\left\| \Delta\varepsilon_i \right\|^2} \leqslant \varepsilon_{u_i}
\end{aligned}
\tag{4.109}
$$

这里 $\varepsilon_{u_i} = \dfrac{\sqrt{2}}{2} \left\| M_{ii}^{-1} g_i^{\mathrm{T}}(x_i)[(l_{ii} + b_{ii}) \otimes I_n]^{\mathrm{T}} \right\| \sqrt{b_{\tilde{\theta}_i}^2 + \varepsilon_{\Delta M_i}^2}$。

因为存在 $q_i \leqslant \|\sigma_i\|^2$，能够得到 $\dfrac{2q_i}{\|\sigma_i\|^2} \leqslant 2$。令 $\delta_i \in [0, 2)$，则 $\dfrac{2q_i}{\|\sigma_i\|^2} = 2 - \delta_i$。进而可以得到 $0 < a_i < 2 - \delta_i$。因此，a_i 的值可以通过经验在区间 $(0, 2)$ 中选取。得证。

4.4.5　仿真研究

本节利用一个数值例子阐述本章方法的有效性，并且设计了多智能体系统(图 4.5)的最优协调控制。这里考虑五个节点的图结构，其中 Leader 节点连接到节点 3，如图 4.5 所示，其中的边权值和牵引增益都选为 1。

在图 4.5 的结构中，每一个节点的动态系统如下。

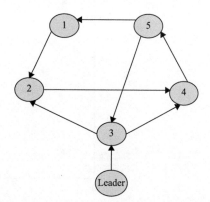

图 4.5　具有 Leader 节点的五节点系统结构图

节点 1：

$$\dot{x}_{11} = x_{12} - x_{11}^2 x_{12} \dot{x}_{12} = -(x_{11} + x_{12})(1 - x_{11})^2 + x_{12}^2 u_1$$

节点 2：

$$\dot{x}_{21} = x_{22} - x_{21}^2 x_{22} \dot{x}_{22} = -(x_{21} + x_{22})(1 - x_{21})^2 + 1.5 x_{22}^2 u_2$$

节点 3：

$$\dot{x}_{31} = x_{32} - x_{31}^2 x_{32} \dot{x}_{32} = -(x_{31} + x_{32})(1 - x_{31})^2 - 0.2 x_{32}^2 u_3$$

节点 4：

$$\dot{x}_{41} = x_{42} - x_{41}^2 x_{42} \dot{x}_{42} = -(x_{41} + x_{42})(1 - x_{41})^2 + 0.3 x_{42}^2 u_4$$

节点 5：

$$\dot{x}_{51} = x_{52} - x_{51}^2 x_{52} \dot{x}_{52} = -(x_{51} + x_{52})(1 - x_{51})^2 - 0.9 x_{52}^2 u_5$$

而 Leader 节点的状态轨迹为 $\dot{x}_{01} = x_{02} - x_{01}^2 x_{02} \dot{x}_{02} = -(x_{01} + x_{02})(1 - x_{01})^2$。

令 $Q_{ii} = \begin{bmatrix} 1 & 0 \\ 0 & 1 \end{bmatrix}$，$i = 1, \cdots, 5$；$M_{ii} = 8.5$，$i = 1, \cdots, 5$；$M_{ij} = 0.1 (i \neq j)$，$i, j = 1, \cdots, 5$（注意如果节点 v_j 不是 v_i 的邻接节点，$M_{ij} = 0$，并且 $a_i = 0.1$，$i = 1, \cdots, 5$）。这里为了简单起见，令 $\Phi = I_n$，并且广义输入变量是 e_i。

这里的目的是设计最优协调控制器使 x_i 与 Leader 节点达成一致并且最小化性能指标式(4.63)。从图 4.6 中可以看到，通过本章的方法取得的权值 $\hat{\theta}_i$（第 i 个智

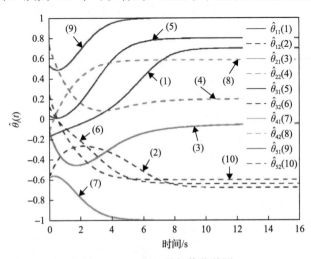

图 4.6　GFHCE 的权值收敛图

能体的权值)的辨识轨迹。很显然在 10s 后，$\hat{\theta}_i$ 收敛到了理想值。

图 4.7 描述了在最优协调控制的作用下(其中 θ_i 是前面获得的理想权值)，每个智能体的状态轨迹。显然在 15s 之后，每个节点的状态与 Leader 节点达成一致。

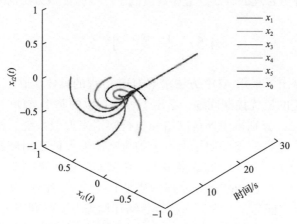

图 4.7　智能体的状态轨迹(i=1, 2, 3, 4, 5)

图 4.8 表示了在最优协调控制的作用下(其中 θ_i 是前面获得的理想权值)，每个智能体的一致误差轨迹。从图中可见，在 15s 之后，一致误差均趋近于零。

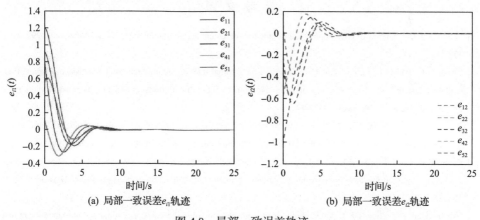

(a) 局部一致误差e_{i1}轨迹　　　　　　　　(b) 局部一致误差e_{i2}轨迹

图 4.8　局部一致误差轨迹

很明显，这里对于每一个智能体仅仅使用了一个 GFHM 就可以设计出最优协调控制，而不需要执行网络。由于本章的方法消除了执行网络结构，逼近结构简单，所以对于解决复杂的多智能体一致性问题，本章的方法比双网络结构法更具优越性。

本章基于模糊自适应动态规划方法为多智能体系统设计了一致最优协调控制器。该方法在 PI 迭代算法框架下，利用单个 GFHM 逼近 HJ 方程的解，该近似解用来得到最优协调控制器。由于本章的方法消除了传统双网络结构中的执行网，简化了逼近结构，所以基于单个 GFHM 的模糊自适应动态规划对于设计多智能体系统来说是一种更合理的方法。上述数值例子已经验证该方法的有效性。

4.5 本 章 小 结

本章首先给出了采用 ADP 方法求解 HJB 方程的具体步骤。随后，针对一类离散非线性系统的最优控制问题，给出了一种有效的基于 ADP 技术的在线自适应最优控制方案，分别采用评价网络和执行网络来近似系统的性能指标和系统的动态控制器，之后严格证明了所提出的方案能够保证在闭环系统中所有信号一致最终有界稳定。其次，本章将多人合作博弈问题扩展到非线性多智能体一致最优协调控制，借助 Bellman 原理构建了非线性多智能体系统一致最优问题的耦合 HJ 方程，证明了该方程的解就是纳什均衡点，并利用 GFHM 作为值函数的估计器，通过梯度下降法更新 GFHM 的权值，直到获得最优值。然后，利用该最优解设计了多智能体系统的一致最优协调控制，最后给出了稳定性分析及仿真证明。

参 考 文 献

[1] Werbos P J. Consistency of HDP applied to a simple reinforcement learning problem[J]. Neural Networks, 1990, 3(2): 179-189.

[2] Zhang H G, Wei Q L, Luo Y H. A novel infinite-time optimal tracking control scheme for a class of discrete-time nonlinear system based on greedy hdp iteration algorithm[J]. IEEE Transactions on Systems, Man, and Cybernetics-Part B: Cybernetics, 2008, 38(4): 937-942.

[3] Zhang H G, Luo Y H, Liu D R. Neural-network-based near-optimal control for a class of discrete-time affine nonlinear systems with control constraints[J]. IEEE Transactions on Neural Networks, 2009, 20(9): 1490-1503.

[4] Zhang H G, Cui L L, Zhang X, et al. Data-driven robust approximate optimal tracking control for unknown general nonlinear systems using adaptive dynamic programming method[J]. IEEE Transactions on Neural Networks, 2011, 22(12): 2226-2236.

[5] Vamvoudakis K G, Lewis F L. Online actor-critic algorithm to solve the continuous-time infinite horizon optimal control problem[J]. Automatica, 2010, 46(5): 878-888.

[6] Zhang H G, Cui L L, Luo Y H. Near-optimal control for nonzero-sum differential games of continuous-time nonlinear systems using single-network ADP[J]. IEEE Transactions on Cybernetics, 2013, 43(1): 206-216.

[7] Luo B, Wu H N, Huang T W, et al. Data-based approximate policy iteration for affine nonlinear continuous-time optimal control design[J]. Automatica, 2014, 50(12): 3281-3290.

[8] Modares H, Lewis F L. Optimal tracking control of nonlinear partially-unknown constrained-input systems using integral reinforcement learning[J]. Automatica, 2014, 50(7): 1780-1792.

[9] Su H G, Zhang H G, Zhang K, et al. Online reinforcement learning for a class of partially unknown continuous-time nonlinear systems via value iteration[J]. Optimal Control Applications and Methods, 2018, 39(3-4): 1011-1028.

[10] 罗艳红, 张化光, 崔黎黎. 复杂非线性系统的自适应优化控制[M]. 北京: 科学出版社, 2013.

[11] Wei Q L, Liu D R, Lin H Q. Value iteration adaptive dynamic programming for optimal control of discrete-time nonlinear systems[J]. IEEE Transactions on Cybernetics, 2016, 46(3): 840-853.

[12] Zhang H G, Wei Q L, Liu D R. An iterative adaptive dynamic programming method for solving a class of nonlinear zero-sum differential games[J]. Automatica, 2011, 47(1): 207-214.

[13] Song R Z, Lewis F L, Wei Q L. Off-policy integral reinforcement learning method to solve nonlinear continuous-time multiplayer nonzero-sum games[J]. IEEE Transactions on Neural Networks and Learning Systems, 2017, 28(3): 704-713.

[14] Wei Q L, Liu D R, Lewis F L, et al. Mixed iterative adaptive dynamic programming for optimal battery energy control in smart residential microgrids[J]. IEEE Transactions on Industrial Electronics, 2017, 64(5): 4110-4120.

[15] Gao W N, Jiang Z P, Ozbay K. Data-Driven adaptive optimal control of connected vehicles[J]. IEEE Transactions on Intelligent Transportation Systems, 2017, 18(5): 1122-1133.

[16] Wei Y G, Avc C, Liu J T, et al. Dynamic programming-based multivehicle longitudinal trajectory optimization with simplified car following models[J]. Transportation Research Part B: Methodological, 2017, 106: 102-129.

[17] Werbos P L. Foreword ADP: the key direction for future research in intelligent control and understanding brain intelligence[J]. IEEE Transactions on Systems, Man, and Cybernetics-Part B: Cybernetics, 2008, 38(4): 898-900.

[18] Al-Tamimi A, Lewis F L, Abu-Khalaf M. Discrete-time nonlinear HJB solution using approximate dynamic programming: Convergence proof[J]. IEEE Transactions on Systems, Man, and Cybernetics, Part B: Cybernetics, 2008, 38(4): 943-949.

[19] Wei Q L, Lewis F L, Liu D R, et al. Discrete-time local value iteration adaptive dynamic programming: Convergence analysis[J]. IEEE Transactions on Systems, Man, and Cybernetics: Systems, 2018, 48(6): 875-891.

[20] Vamvoudakis K, Lewis F, Hudasc G. Multi-agent differential graphical games: online adaptive learning solution for synchronization with optimality[J]. Automatica, 2012, 48(8): 1598-1611.

[21] Dierks T, Jagannthan S. Optimal control of affine nonlinear discrete-time systems[C]. Proceedings of Mediterranean Conference on Control and Automation. Thessaloniki, Greece, 2009: 1390-1395.

第5章 基于混沌特性及自适应动态规划的管道微弱泄漏检测及定位

5.1 引　言

随着信息采集和网络通信技术的不断进步与发展，能源互联系统依靠数字化及智能化的检测执行设备、低时延网络通信以及高度集成的决策分析手段，使不同系统间运行管理的联系更加紧密。为了使能源输送能够按照预期实现，确保系统的安全运行成为日常生产调度中的关键一环，管道微弱泄漏检测及定位是实现该目标的重要途径[1-3]。

在采集到系统数据的基础上，专家学者提出了一系列基于瞬态流模型、测量信号统计分析和机器学习的方法，用于实现不同情况下的泄漏状态诊断研究。Aamo[4]构建了基于一维瞬态流动模型的自适应观测器，用于完成管道泄漏检测及实际泄漏位置的确定；此外，一维瞬态流动模型也被 Santos-Ruiz 等转换为一个常微分方程组，然后采用扩展卡尔曼滤波器得到泄漏状态诊断相关结果[5]；崔谦等[6]将流体数据序列处理后使其满足高斯分布，通过序贯概率比检验方法得到管道实际的运行状态；焦敬品等[7]分析了泄漏信号的时域、频域及波形特点，提取出可用于泄漏信号表征的 20 种特征参数，构建了针对泄漏状态分析的 BP 神经网络识别系统；基于采集数据信号的时域特征，Wang 等[8]利用主成分分析方法减少提取的特征向量尺寸，并将其应用到 SVM 中实现泄漏信号的检测；在去除压力信号噪声后，张化光课题组引入泵状态、阀门开度及管道设计参数等变量的专家知识经验，通过建立的管道模糊分类模型，完成了对管道泄漏状态的诊断[9]；进一步，考虑到由于设备故障或网络中断导致的数据不完整问题，胡旭光、张化光等提出了一种基于多网络融合的生成对抗网络，从而得到管道泄漏检测结果[10]；基于设计的重叠神经元，刘金海和冯健[11]、Zhang 等[12]提出了模糊最小-最大神经网络用于实现管道流体运行状态的分类，仿真结果表明该方法具有很好的鲁棒性和分类精度；为确保泄漏点精确定位，Feng 和 Zhang[13]提出了结合压力梯度和负压波的模糊决策定位方法，通过引入模糊决策规则，实现了泄漏点位置的在线计算。

上述方法对于泄漏量大于瞬时流量 3%(压力波动大于正常压力 2%)的泄漏可

以较为准确地报警和定位。但是上述方法假设管道内流体的动态特性是随机的，导致诊断精确度不够理想，对于较小的泄漏无能为力。在第 3 章，通过理论证明和实验，已经证明能源互联系统中数据波动是混沌的。而混沌时间序列具有短期可预测性，因而基于混沌分析理论，本章探讨管道微弱泄漏检测及定位。

本章在介绍微弱泄漏检测及定位原理基础之上，提出了基于视神经网络的流体数据序列泄漏检测算法，利用 Lorenz 理论模型产生的时间序列和实测能源互联系统中的管道流体数据序列检验了所提方法在抗干扰能力、检测微弱信号能力和运算速度等方面的性能。

在获取管道泄漏状态后，本章进一步通过第 4 章的自适应动态规划方法，将泄漏点定位问题转化为动态系统优化求解问题。首先构建基于神经网络的管道数据模型，得到不同管道参数情况下的压力变化值随信号传播距离的变化关系，进而提出估计管道两端压力变化值的值迭代方法，在满足压力-距离物理约束的前提下，迭代过程中分别输出的管道两端的距离变化值之和即为泄漏信号源距管道两端的位置。

5.2　管道微弱泄漏检测及定位原理

流体管道在运行于稳定状态时，其内部的介质流体具有很高的压力。当管道某点发生破损时，由于管内外的压力差很大，在破损部位会立即有物质损失，产生泄漏，泄漏处压力将突然下降，形成的负压波沿介质向上下游传递，相当于在泄漏点处产生了以一定波速传播的负压力波，如图 5.1 所示[14-16]。

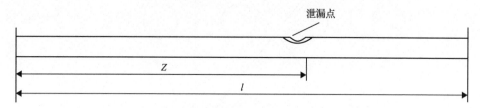

图 5.1　管道微弱泄漏检测原理

根据安装在管道上、下游的压力传感器检测到的负压波的到达时刻及时间差，结合负压波的传播速度，可确定泄漏点的具体位置：

$$Z = \frac{1}{2}(l - \tau \times v) \tag{5.1}$$

式中，Z 为泄漏点到首端传感器的距离；l 为管线首末传感器之间的距离；τ 为负压波传到上下游传感器的时差；v 为负压波在管线内的传播速度。

5.3　基于混沌特性的微弱泄漏检测

5.3.1　视神经网络模型

视神经网络(retina neural network，RNN)于 2005 年提出，考虑一个视神经活跃细胞，其周围是无长突神经细胞。假定这个固定的神经键到活跃细胞在某些情况下是可变的，即前突和后突神经元的信号如果是关联的，对应的神经键变得强壮，反之变弱，这就是 anti-hebb 规则基本原理。也就是说同样的刺激多了，视神经系统已经适应了这个环境，则对相同的刺激不再敏感。如果接收到不同的刺激，则对应的视神经细胞输出的预测误差加大，因而需要增大对应的权值[17,18]。视神经网络成像原理可以做成一个简单的前馈神经网络如图 5.2 所示。该网络输入层与输出层通过两种神经键结连接，称之为权。一种是固定权值 b_{ij}，该值根据网络事先给定，并且不再改变；另外一种是可变权值 a_{ij}，通过 anti-hebb 学习率修改。如果 x_i 是输入，y_j 是输出，有

$$y_j = \sum_i (b_{ij} + a_{ij}) x_i \qquad (5.2)$$

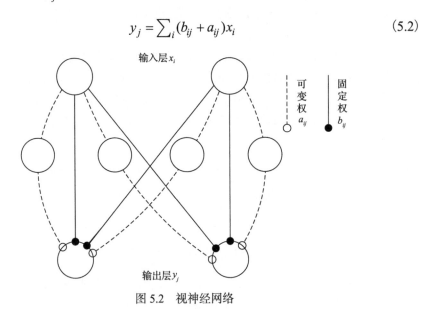

图 5.2　视神经网络

网络通过调整 a_{ij} 适应环境。a_{ij} 的调整遵循 anti-hebb 规律，有

$$\frac{\mathrm{d}a_{ij}}{\mathrm{d}t} = \frac{-a_{ij} - \beta \operatorname{cov}_{m_1}(y_j, x_i)}{\tau}, \qquad \tau, \beta > 0 \qquad (5.3)$$

式中，$\operatorname{cov}_{m_1}(y_j, x_i)$ 为 y_j 和 x_i 在 m_1 时间步长下的协方差，用来确定 x_i 和 y_j 之间的

关系；常量 β、τ 和 m_1 为神经网络的参数，β 控制网络对输入的适应速度，τ 决定网络学习新知识和遗忘旧知识的速度，m_1 控制计算协方差的向量的长度。τ 和 m_1 一起控制网络敏感的时间带，β 根据网络适应环境的期望反应而设置，因而这三个参数虽然固定，但是要根据不同的应用场合适应合理选择。β 如果过小，网络对输入没有反应，如果过大则减小了抑制作用，导致反应过慢，如图 5.3 所示。τ 如果过小，学习和遗忘的速度都很快，导致不能完全适应新环境，如果过大，则 τ 学习的速度很慢，需要很长的时间才能完成学习，增加学习的时间，如图 5.4 所示。m_1 过小，则并不能完全地反应环境前后的联系，或者协方差为 0 导致 β 失去作用；如果 m_1 过大则把没有关联度的环境联系在一起，导致对权重的学习误差甚至错误。β、τ 和 m_1 这三个参数要根据不同的环境进行不同的调整，目前在实际当中以试凑法最为有效。

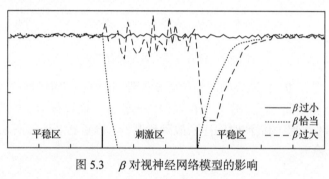

图 5.3　β 对视神经网络模型的影响

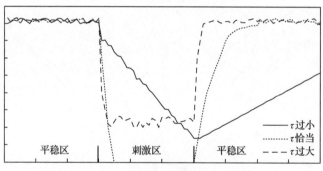

图 5.4　τ 对视神经网络模型的影响

5.3.2　算法描述

针对一般性设备或系统故障，可以通过直接观察对应的状态曲线初步判断出来，例如可以通过根据如图 5.5 所示数据变化曲线判断管道是否发生异常。从图中可以很容易地找出这个曲线至少具有 5 个奇异点。之所以说最少具有 5 个奇异点是因为如果局部放大曲线寻找细节，还可能发现其他的奇异点。基于此，下面利用 RNN 寻找流体管道故障。

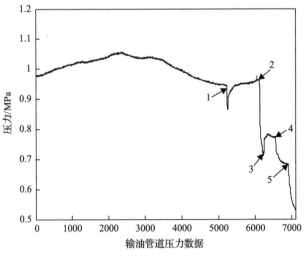

图 5.5　含有故障的数据变化曲线

首先设计基于 RNN 原理的混沌故障诊断器,根据混沌时间序列可以重构相空间的特性,以相空间的尺寸作为视神经网络的输入,而以预测值作为输出,设计一种基于视神经网络的混沌时间序列故障诊断器。诊断器结构如图 5.6 所示,有 n 个输入,1 个输出。

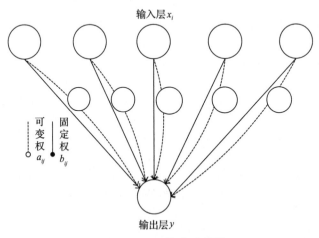

图 5.6　RNN 故障诊断器

由于实际当中采集到的数据都为离散数据,所以按照离散方式处理数据,首先根据图 5.6 得到输入输出的关系式(5.2)及学习规则式(5.3)。

学习规则(5.3)离散化后得到

$$\frac{a_{ij}(k+1)-a_{ij}(k)}{\Delta t}=\frac{-a_{ij}(k)-\beta\,\mathrm{cov}_{m_1}(y,x_i)}{\tau} \tag{5.4}$$

式中，Δt 为采样时间；y 与 x_i 分别为 m_1 维向量。式(5.4)整理后有

$$a_{ij}(k+1)=\left(1-\frac{\Delta t}{\tau}\right)a(k)-\frac{\Delta t}{\tau}\beta\,\mathrm{cov}_m(y,x_j) \tag{5.5}$$

式(5.5)就是求取可变权的依据。

在 MATLAB 上实现的具体算法描述如下。

(1)把原始数据规范到 0~1。

(2)根据相空间重构原理，把 $N\times1$ 维时间序列转化为 $N_1\times n$ 维相空间矩阵，其中 N 是时间序列的长度，N_1 是相空间的行数，n 为嵌入维。

```
for k=1:M                                %所有样本的个数
    for 1:n                              %嵌入维尺寸
        if 样本个数小于 m                 %协方差初始化为 1
            输入和输出的协方差为 1
        Else                             %根据式(5.5)计算权值
            计算新的权重
            计算预测和实际输出的差值 err   %根据式(5.2)计算输出值
        end
    end
end
```

(3)比较差值信号 err 和设定阈值 RT，判断时间序列的状态是否发生改变。

(4)边界条件的确定。由于训练数据应为正常数据，所以认为输入和输出是相关的，初始的协方差选择 1。

5.3.3　实验结果及检测性能分析

为了对本章提出方法的有效性进行研究，本章将 BP(back propagation)神经网络、RBF 神经网络(radial basis function)作为对比方法进行性能分析。

1. Lorenz 系统研究

1)BP 神经网络

利用 Lorenz 公式生成 30000 个数据点，从这 30000 个 Lorenz 数据点的中间取出 10000 个点，根据 Lorenz 系统特性重构相空间。BP 神经网络的参数选取中，采用 3 层结构，输入节点 3 个，隐含层节点 28 个，一个输出节点。离线训练数据

集包含 400 个向量, 在线学习的历史向量为 20 个, 训练 800 代。处理方式选用批处理, 即仅仅当所有的输入数据都被提交以后, 网络权重和偏置才被更新。隐含层激活函数为 logsig, 输出层激活函数为 purelin, 训练算法采用 Levenberg_Marquardt 的 BP 算法, 学习算法采用自适应学习速率的梯度下降法。为了尽量保持预测的准确性, 误差目标函数选为 SSE(sum squared error), 即所有训练结果的平方误差的和, 这个值给定为 0.0001。图 5.7(a)为 Lorenz 原始数据, 并且在第 1000 个数据点处加上一个奇异点。图 5.7(b)为 BP 网络在线学习与一步预测的结果。从结果中可以看出第 1000 个点的预测误差要明显比其他点的预测误差大, 如果设置 RT=30, 则可以把这个奇异点找出来。图 5.7 说明了 BP 网络预测混沌时间序列的有效性。

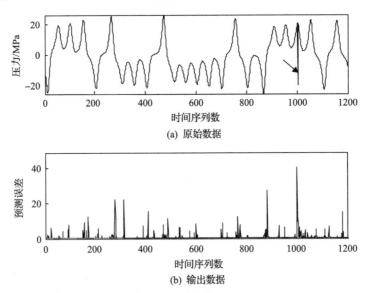

(a) 原始数据

(b) 输出数据

图 5.7　BP 网络在线检测 Lorenz 数据奇异点

　　虽然 BP 网络可以检测混沌时间序列中的奇异点, 但是由于是有监督学习, 且混沌时间序列的极度不规则性, 导致学习消耗的时间增长, 所以完成本仿真所用的时间为 8920s。通过多次仿真验证, 被学习的数据规则性越差, 所消耗的时间越长。

　　2)RBF 神经网络

　　取 3000 个 Lorenz 数据, 在其中加上两个奇异点, 奇异点的幅值小于整个时间序列的最大幅值, 如图 5.8(a)所示。图 5.8(b)为利用 RBF 网络检测的预测误差, 只要把控制阈值 RT 设置为 100 就可以找出奇异点的位置, 说明 RBF 对于检测混沌时间序列的奇异点具有明显的识别效果。

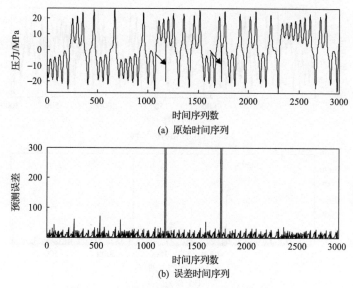

图 5.8　RBF 网络检测 Lorenz 数据的奇异点

　　利用数学模型产生的时间序列都是理想的情况，没有噪声干扰，而在客观世界中所获得的实测数据都有噪声干扰。为了验证 RBF 网络对噪声的抑制能力，下面验证利用 RBF 网络检测混沌时间序列的抗干扰能力。对于图 5.9(a)所示的时间序列，分别加上 30%、40%、50%的噪声，信噪比分别为 1.2dB、–0.4dB、–2.25dB，得到的结果分别如图 5.9～图 5.11 所示。

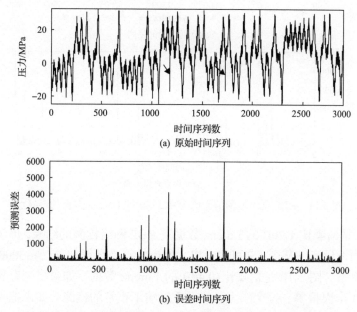

图 5.9　RBF 网络检测信噪比为 1.2dB 的 Lorenz 数据的奇异点

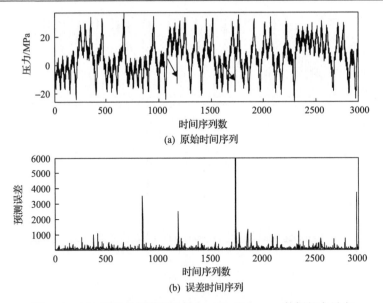

(a) 原始时间序列

(b) 误差时间序列

图 5.10 RBF 网络检测信噪比为–0.4dB 的 Lorenz 数据的奇异点

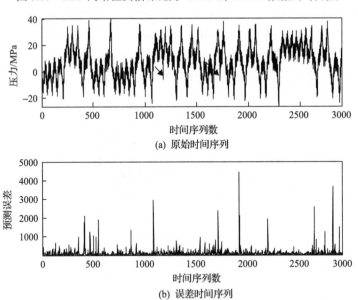

(a) 原始时间序列

(b) 误差时间序列

图 5.11 RBF 网络检测信噪比为–2.25dB 的 Lorenz 数据的奇异点

图 5.9 是信噪比 1.2dB 的 Lorenz 数据及 RBF 网络检测的结果,仍然可以检测出信号中的奇异点,从图 5.9 可以看出,噪声使得必须增加 RT 至 3000 才可以把奇异点找出来。图 5.10 是信噪比–0.4dB 的 Lorenz 数据,如果想把奇异点找出来就会带来 3 个误报警,这个噪声已经严重影响了正常的检测。如果把噪声幅度增加到–2.25dB,如图 5.11 所示,这个时候已经不能把奇异信号检测出来。通过仿

真实验可以看到 RBF 网络具有较好的抗干扰能力，可以检测出大于–0.4dB 的噪声干扰。

3) 视神经网络

在获得 Lorenz 系统数据基础上，得到 Lorenz 时间序列，截取生成 Lorenz 序列的中间 10000 个数据点，前 2000 个数据作为学习数据。在所得数据中间分别加入 5 个的奇异点，如图 5.12(a) 中的标注。利用图 5.6 所示的故障诊断模型，分别取嵌入维 3、嵌入延迟 1、$\beta =100$、$\tau =10$、$m_1 =2$ 得到结果如图 5.12(b) 所示。从图 5.12(a) 中可以看到对于 5 个奇异点，图 5.12(b) 的输出时间序列可以完全检测出来，说明了该诊断器可以检测混沌系统中的信号。最重要的是 RNN 故障诊断器完成 6000 个数据的检测所用的时间是 1.66s，检测时间远远小于 RBF 神经网络故障诊断器，因而更适用于快速检测。

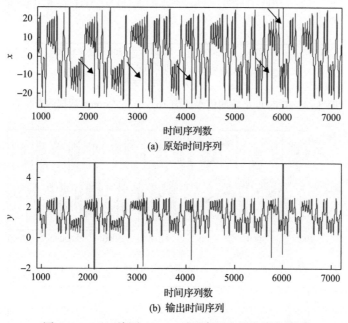

(a) 原始时间序列

(b) 输出时间序列

图 5.12　RNN 检测 Lorenz 时间序列中的奇异点检测

由于实际当中数据都会含有噪声，所以下面测试含有白噪声的 Lorenz 时间序列测试对奇异点的检测的影响，对图 5.13(a) 的 Lorenz 时间序列加上 10% 的白噪声(即信噪比 16.6dB)后利用 RNN 故障诊断器测试，结果如图 5.13(b) 所示，可以看出对结果几乎没有影响，5 个奇异点全部可以检测出来。图 5.14 和图 5.15 分别是加上 20%(信噪比为 10.5dB) 和 50%(信噪比为–2.25dB) 的白噪声进行测试，可以看到随着噪声干扰的增加，结果越来越不理想，但是当有 50% 噪声时仍然能够检测出来 4 个奇异点，说明本方法对于含有噪声干扰的信号具有较为理想的效果。

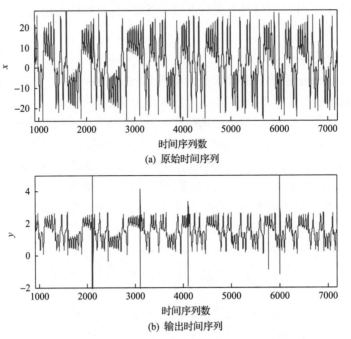

(a) 原始时间序列

(b) 输出时间序列

图 5.13　RNN 网络检测信噪比为 16.6dB 的 Lorenz 数据的奇异点

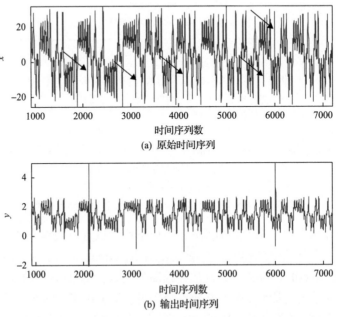

(a) 原始时间序列

(b) 输出时间序列

图 5.14　RNN 网络检测信噪比为 10.5dB 的 Lorenz 数据的奇异点

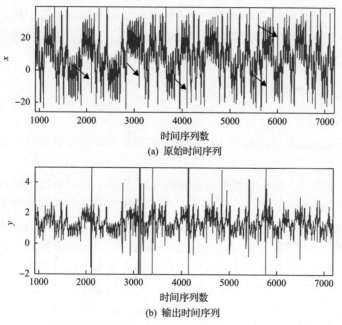

图 5.15　RNN 网络检测信噪比为–2.25dB 的 Lorenz 数据的奇异点

　　进一步测试 RNN 故障诊断器对于微弱信号的检测能力，通过试验发现信噪比大于–35.2dB 可以完成检测，如图 5.16 所示。相对于 RBF 神经网络的–137dB 的检测微弱信号的能力，RNN 诊断器在检测不加噪声的混沌系统中的微弱信号的能

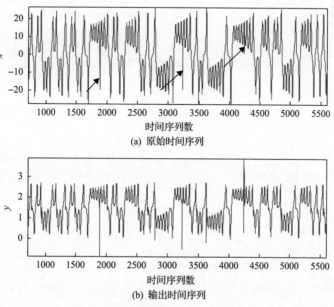

图 5.16　RNN 检测 Lorenz 数据中的微弱信号

力明显偏低。但是实际工业现场中几乎所有的实测数据都会有干扰，因而关于微弱信号的检测能力只能说明理论上 RNN 比较差。下面一小节将对实测数据进行仿真，对 RNN 诊断器在实际应用中的能力进行深入研究。

2. 管道压力数据研究

1)BP 神经网络

下面以实测数据验证基于 BP 网络的泄漏检测算法在输油管道压力实测数据中的应用。

正常数据集 A～F 一步预测误差如图 5.17 所示，可以看出不同条件下所测得的正常工况数据集的预测误差都小于 0.7%，说明本算法对于实测数据可以进行很好的一步预测，证明了本算法对平稳实测数据预测的有效性。虽然流体数据序列也是混沌的，但是其混乱程度比 Lorenz 减弱很多，因而 BP 网络在学习的时候要快很多，这 6 组实测数据完成仿真的平均时间大概为 100s。也就是说，对于实测数据利用 BP 网络实现在线的故障检测是基本上可以满足实时要求的。

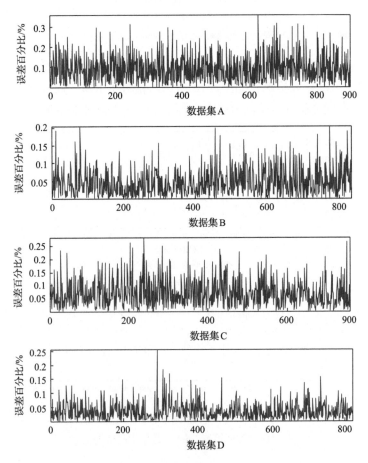

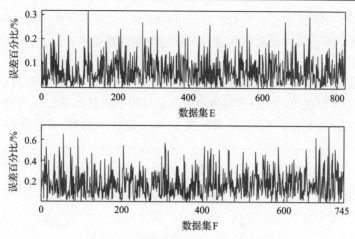

图 5.17　正常数据集 A～F 的预测误差

下面对于含有故障点的数据集 G 和 F 进行检测。如图 5.18 所示是含有故障的数据集 G，在数据点 680、830、1140、1470 处压力变化都大于 2%，从误差预测图中可以看出这几个故障点的预测差值都在 0.01 以上，只要把故障阈值设为RT=0.01，可以容易地判断出故障点，说明本算法可以容易地发现压力变化较大的故障点。包括离线学习和在线学习、预测，完成这个仿真所需要的时间约为 294s，其中离线训练约 30s。在线学习和预测 1700 个数据点需要 264s，即完成一次学习和预测需要的时间约为 0.16s（其中完成数据拟合所需要的运算量很少，运行时间可以忽略）。由于采样频率是 1Hz，且嵌入延迟为 5，相当于实时数据之间的距离为

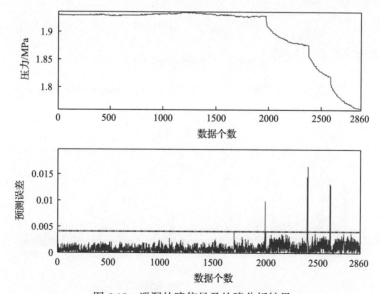

图 5.18　泄漏故障信号及故障分析结果

5s，所以在线诊断时间远小于实时数据间隔时间，二者的比值约为 1/31，可以满足实际需要，不会因为预测时间过长而影响泄漏检测效果。

在泄漏检测中信号由于受到噪声信号的干扰，如果故障信号微弱（压力波动小于 2%），则容易被噪声信号淹没，难以判断是否发生泄漏。数据集 H 是微弱泄漏数据集，利用本章提出的在线泄漏检测算法运算得到结果如图 5.19，其中图 5.19(a)是训练误差 err=0.001 条件下的结果，图 5.19(b)是 err=0.0001 条件下得到的结果。

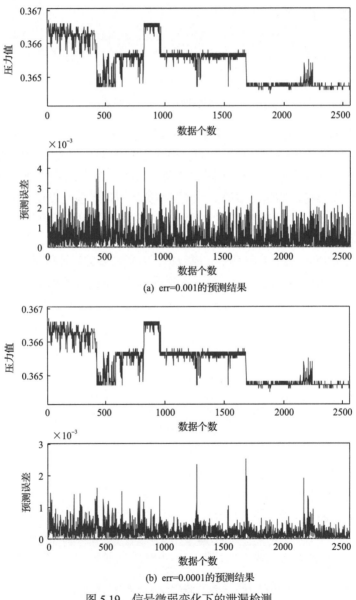

(a) err=0.001的预测结果

(b) err=0.0001的预测结果

图 5.19　信号微弱变化下的泄漏检测

从图 5.19(b)中可以看出本章的算法对于较为微弱的信号也具有一定的检测能力,能够检测出压力波动大于 0.3%的变化。

需要说明的是,微弱信号很容易被噪声信号干扰以至于失真,通过调整参数可以获得较好的结果,例如调整 err 等。从图 5.19 可以明显看出调整 err 前后的这种差别。

通过实测数据的仿真,可以得到基于 BP 神经网络的在线泄漏检测系统能在线对混沌时间序列进行奇异点的检测,并且对于实测数据具有一定的抗干扰能力,可以基本上满足实际的要求。但是 BP 网络对于混乱程度较大的数据预测能力稍差,学习的时间也明显地增长,这些因素都会导致预测误差偏大,从而出现误报。

2) RBF 神经网络

利用 RBF 网络对管道进行泄漏检测,这里采用单步预测,实时学习数据为 10 组,压力非常平稳时数据的预测如图 5.20 所示,其预测误差约为 2×10^{-3}。对于正常状态下带有故障的数据的诊断结果如图 5.21 所示,压力变化的点可以明显地显现出来。图 5.22 是具有强干扰下的泄漏检测结果,RBF 网络基本上可以把奇异点检测出来,但是会有误报。

利用 RBF 网络完成实测数据 1000 个数据泄漏检测的时间约为 50s,比 BP 网络所用的时间减小约一半,在实时性方面优于 BP 网络。

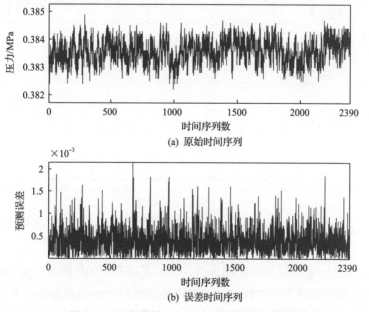

图 5.20　平稳数据及 RBF 网络泄漏检测结果

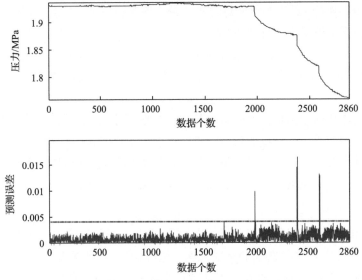

图 5.21　故障数据及 RBF 网络泄漏检测结果

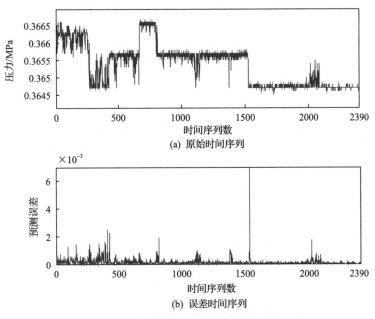

(a) 原始时间序列

(b) 误差时间序列

图 5.22　强干扰数据及 RBF 网络泄漏检测结果

　　对比 Lorenz 系统故障诊断的分析，发现无论利用 BP 网络还是 RBF 网络对
Lorenz 系统预测的误差都比较大，预测的误差是 Lorenz 数据幅值的几倍，奇异点
处误差达到几十倍甚至接近于无限。这再一次说明了强混沌系统的预测的困难性，
但是通过分析又看到在纯粹的混沌系统中，即使非常小的奇异点也能被检测出来，

这就为混沌系统的泄漏检测提供了依据。

3) 视神经网络

在已知 RNN 故障诊断器对于 Lorenz 系统时间序列的奇异点具有较好的检测能力的情况下，采用实测数据对 RNN 故障诊断器在实际应用中的性能进行测试。图 5.23 是含有典型泄漏的数据及 RNN 故障诊断器结果，可以看出对于较为明显的泄漏可以给出理想的效果。图 5.24(a) 是滤波后的含有泄漏的时间序列，图 5.24(b) 是 RNN 故障诊断器给出的结果，可以看出给出了正确的结果，但是结果含有几个误报。这也说明在含有干扰的情况下，无论是 BP 网络、RBF 网络还是 RNN 都有一定的检测能力，差距并不是非常明显。

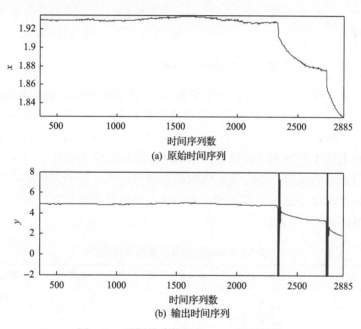

(a) 原始时间序列

(b) 输出时间序列

图 5.23　泄漏故障数据及 RNN 诊断结果

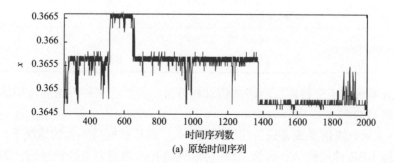

(a) 原始时间序列

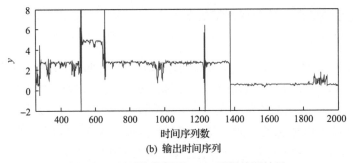

(b) 输出时间序列

图 5.24　强干扰数据及 RNN 泄漏检测结果

通过仿真研究发现 RNN 具有诊断快速的特点，这是由于 RNN 的学习算法为无监督指导，不需要反复地学习，减小了泄漏检测时间，特别适合于在线快速的泄漏检测。

3. 基于神经网络的故障算法的对比分析

本节讨论了基于 BP 网络、基于 RBF 网络和基于 RNN 的泄漏检测算法，并且利用 Lorenz 系统和实测数据进行了仿真研究。各种神经网络泄漏检测算法参数比较如表 5.1 所示。从表中可以看出，基于 RBF 的泄漏检测算法具有最好的检测能力，整体上优于另外两种方法。如果从实时性的角度无疑基于 RNN 的泄漏检测算法具有极强的优势，适合于在线泄漏检测的环境；基于 BP 网络的泄漏检测算法无论从检测能力还是检测速度上都明显不及另外两种方法，但是可以作为一种对比研究的标尺。

表 5.1　神经网络泄漏检测算法比较

算法	仿真数据类型	常规故障检测	微弱信号检测	3000 数据诊断速度/s
基于 BP 泄漏检测算法	Lorenz	一般	一般	18000
	输油管道数据	好	较好	280
基于 RBF 泄漏检测算法	Lorenz	好	很好	240
	输油管道数据	好	很好	225
基于 RNN 泄漏检测算法	Lorenz	一般	差	1.3
	输油管道数据	好	较好	1

通过本章对于三种神经网络的仿真和分析，关于这三种方法的适用场合可以作如下的归纳。

(1)如果离线仿真或者只关注结果的研究，而且数据量不大的情况下，肯定要优先选择 RBF 神经网络，因为 RBF 神经网络在检测能力上是最好的。如果小数据量情况或者实时性要求不高的情况下，而又是检测理想模型的微弱故障信号，

RBF 神经网络最合适。

（2）如果在要求实时性高的场合并且所要检测的精度不高的条件下，可以优先选择 RNN 泄漏检测方法，该方法对于计算资源的消耗最小。但是由于该方法目前研究还处于起步阶段，具体的性能和局部最优等问题还有待于进一步研究。

（3）针对本章所研究的流体数据序列泄漏检测，考虑到对于实时性要求较高，并且实际当中计算资源有限，所以应该优先选择 RNN 神经网络泄漏检测方法。因为实际系统当中，需要计算的或者管理的资源不仅仅是泄漏检测算法的运算，还需要对工况分析、监控多种参数等，所以需要的计算资源很多，并且还需要保证速度和稳定性。而 RNN 泄漏检测算法不仅计算速度明显地优于其他两种方法，在流体数据序列泄漏检测中，其泄漏检测性能也基本与另外两种方法相当。

5.4　基于自适应动态规划的泄漏点定位

根据第 4 章内容可知，自适应动态规划（ADP）主要用于解决传统动态规划中的"维数灾"问题，其核心思想在于将性能指标函数和控制律分别用两个函数近似结构实现，然后根据最优性原理获得近似最优的控制输出。因为 ADP 采用神经网络等作为基本结构，所以该方法可以在不需要获取系统精确模型信息的情况下，对复杂非线性系统的最优控制问题进行求解。

当管道发生泄漏事件时，负压波的影响随着与泄漏点距离的增加而减小。因此，改变的压力值和泄漏点距管道两端的距离有关。由于管道两端压力值的变化是由同一泄漏点引起的，所以泄漏点距离管道两端的距离之和即为管道长度。也就是说，如果估计泄漏距离满足上述条件，则估计泄漏点为实际泄漏点[19,20]。受这一想法的启发，根据实际变化的压力值，通过求解函数极值问题的处理方法，可以得到泄漏点位置。

5.4.1　基于神经网络的管道数据模型设计

反向传播神经网络是以实际输出值和期望输出值间误差的平方最小为训练目标，将得到的误差通过梯度下降的方法进行逆向传播训练，进而得到期望输出值的多层前馈神经网络。由于其通过多层神经元映射得到输入和输出数据间的关系，故 BP 神经神经网络是一种通用的函数逼近器，可以拟合复杂的非线性系统模型。基于此，本章采用基于 BP 神经网络的数据驱动模型来描述管道压力变化值。为叙述方便，将该数据驱动模型称之为管道数据模型。

根据管道内流体机理可知，影响泄漏点定位的主要参数有管道长度 L、管道直径 D、负压波传播速度 a、流体密度 ρ 和摩擦系数 f。此外，压力变化值的初始值 $\bar{p}$ 也是构建管道数据模型的关键参数。综上，BP 神经网络的网络结构如

图 5.25 所示，其输入为上述参数，输出为沿负压波传播方向的压力变化值 $\hat{p}$，隐含层的神经元数量为 14，也就是说基于 BP 神经网络的管道数据模型的参数数量为 6-14-1，从输入层到隐含层的激活函数为双曲正切函数，隐含层到输出层的激活函数为线性函数。另外，Levenberg-Marquardt 算法用于调整和更新 BP 神经网络的权值参数，其训练目标为输出值 $\hat{p}$ 接近真实值 p，对应的训练性能目标函数定义为

$$e_m = \frac{1}{2}\sum_{i=1}^{x}\left(\hat{p}_i^{\,j} - p_i^{\,j}\right)^2 \tag{5.6}$$

式中，x 为批样本数量；j 为第 j 次的迭代训练过程。

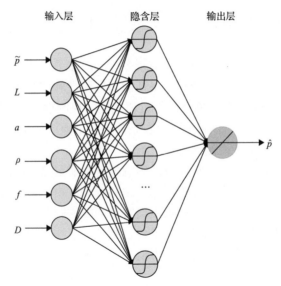

图 5.25　管道数据模型结构

5.4.2　基于值迭代算法的泄漏点定位

在建立管道数据模型的基础之上，本节对泄漏点定位问题进行研究，通过基于值迭代算法的 ADHDP 找到泄漏点在管道中的具体位置。

首先为了能够描述沿负压波传播方向的压力变化值情况，对轮次 k（$k=1, 2, \cdots$）的压力变化值的公式为

$$p(k+1) = p(k) - \varphi[p(k), l(k), \theta(k)] \tag{5.7}$$

式中，$p(k)$ 为第 k 轮次的压力变化值；$\varphi(\cdot)$ 为上一节训练好的管道数据模型；

$\theta = \{a, \rho, f, D\}$；$l(k)$ 为第 k 轮次的距离变化值。

在实现泄漏点定位的过程中，除了式(5.7)以外，两个物理约束用于确保输出结果符合实际泄漏事件情况。第一个物理约束为压力变化值约束。根据式(5.7)可知，压力变化值 $p(k+1)$ 逐渐减小直至接近管道两端的压力变化值 p_{up} 和 p_{down}。因此，管道两端的压力变化值最终迭代结果 p_{up}^{∞} 和 p_{down}^{∞} 需要满足下列条件，即第一个物理约束表述为

$$
\begin{cases}
E_{\text{up}} = \left| p_{\text{up}}^{\infty} - p_{\text{up}} \right| \leqslant e_{\text{up}} \\
E_{\text{down}} = \left| p_{\text{down}}^{\infty} - p_{\text{down}} \right| \leqslant e_{\text{down}}
\end{cases}
\tag{5.8}
$$

式中，e_{up} 和 e_{down} 分别为压力变化值与真实值间允许的最小误差。

与此同时，为了获得估计的泄漏点位置，$l(k)$ 需要满足第二个物理约束。因为泄漏点位置处于管道内，所以泄漏点距管道两端的距离应该在 0 到管道长度 L 之间，并且泄漏点与管道两端的距离之和等于管道长度 L。因此，第二个物理约束表述为

$$
\begin{cases}
E_L = \left| \displaystyle\sum_{k=1}^{\infty} l_{\text{up}}(k) + \sum_{k=1}^{\infty} l_{\text{down}}(k) \right| - L \leqslant e_L \\
0 \leqslant \displaystyle\sum_{k=1}^{\infty} l_{\text{up}}(k), \sum_{k=1}^{\infty} l_{\text{down}}(k) \leqslant L
\end{cases}
\tag{5.9}
$$

式中，$l_{\text{up}}(k)$ 和 $l_{\text{down}}(k)$ 分别为 $p_{\text{up}}(k)$ 和 $p_{\text{down}}(k)$ 对应的距离变化值；e_L 为允许的最小定位误差值。

基于上述内容及 ADHDP 适用性分析可得，泄漏点定位问题可以转化为求解最小的性能指标函数，具体表达式定义如下：

$$
\begin{aligned}
&\min \tilde{J} = \{E_{\text{up}}^2, E_{\text{down}}^2\} \\
&\text{s.t. 式(5.8)、式(5.9)}
\end{aligned}
\tag{5.10}
$$

需要说明的是，在异常源信号定位过程当中，管道两端的压力变化值分别作为 ADHDP 算法的状态进行研究，因而在求解最优性能指标函数(5.10)时，只选择 E_{up}^2 和 E_{down}^2 中的一个参与计算，该值的选择要与压力变化值相对应。此外，E_{up} 和 E_{down} 分别用于表达管道两端估计的压力变化值与实际压力变化值间的误差，如果上述误差不能同时满足式(5.8)，则认为计算得到的泄漏点位置的结果不是正确的泄漏点位置。通过加入两个物理约束，ADHDP 可以找到正确的泄漏点位置。

当求得最小的性能指标函数时，泄漏点的位置可以定义为

$$L_{\text{leak}} = \begin{cases} L_{\text{leak}}^{\text{up}} : \sum_{k=1}^{\infty} l_{\text{up}}(k), & \text{上游端站场} \\ L_{\text{leak}}^{\text{down}} : \sum_{k=1}^{\infty} l_{\text{down}}(k), & \text{下游端站场} \end{cases} \tag{5.11}$$

由上式可知，因为管道两端压力变化值均受到同一个泄漏点的影响，所以 $L_{\text{leak}}^{\text{up}}$ 和 $L_{\text{leak}}^{\text{down}}$ 均可作为最终泄漏点位置 L_{leak} 的计算结果。两者的区别在于观察泄漏点位置的角度不同， $L_{\text{leak}}^{\text{up}}$ 表示管道上游端与泄漏点间的距离， $L_{\text{leak}}^{\text{down}}$ 则为管道下游端与泄漏点间的距离，因而最终计算结果可以根据实际需求进行表示。

为了求解最优性能指标函数(5.10)，ADHDP 需要根据压力变化值式(5.7)输出距离变化值 $l(k)$ 。问题求解的核心思想为利用强化学习原理通过迭代方式得到最优性能指标函数和最优距离变化值。从管道两端求解泄漏点位置角度来看，ADHDP 算法对于两者是相同的。因此，为了便于描述，本节其余部分不再区分是从管道上游端还是下游端进行问题的求解。

进一步，效用函数定义为第 k 轮次的泄漏点定位误差，其表达式如下所示：

$$U(k) = E_p^2 \tag{5.12}$$

式中， $E_p \in \{E_{\text{up}}, E_{\text{down}}\}$ 。

同时，ADHDP 求解泄漏点定位问题的性能指标函数表示为

$$J(k) = \sum_{g=k}^{\infty} \gamma^{g-k} U(k) \tag{5.13}$$

式中， γ 为折扣因子，其值取值范围为 $(0,1]$ 。

根据式(5.10)和式(5.13)可知，ADHDP 的最优性能指标函数为

$$J^*(k) = \min_{l(k)} \left\{ U(k) + \gamma J^*(k+1) \right\} \tag{5.14}$$

同时，在第 k 轮次的最优距离变化值 $l^*(k)$ 为

$$l^*(k) = \arg\min_{l(k)} \left\{ U(k) + \gamma J^*(k+1) \right\} \tag{5.15}$$

式(5.14)称为 ADHDP 需要求解的 Bellman 最优方程。为了求解该方程，本节采用值迭代算法进行实现，其具体迭代过程如下。

首先引入迭代变量 w ，并且令 $w=0$ ，初始化迭代性能指标函数 $\hat{J}^0(k) = 0$ 。

那么初始化的迭代距离变化值 $\hat{l}^0(k)$ 为

$$\hat{l}^0(k) = \arg\min_{l(k)}\left\{U(k) + \hat{J}^0(k+1)\right\} \tag{5.16}$$

迭代性能指标函数 $\hat{J}^1(k)$ 为

$$\hat{J}^1(k) = \min_{l(k)}\left\{U(k) + \hat{J}^0(k+1)\right\} \tag{5.17}$$

对于后续的迭代变量 $w = 1, 2, \cdots$，ADHDP 的值迭代算法在更新输出和值函数之间进行反复迭代。

更新输出：

$$\hat{l}^w(k) = \arg\min_{l(k)}\left\{U(k) + \gamma\hat{J}^w(k+1)\right\} \tag{5.18}$$

更新值函数：

$$\hat{J}^{w+1}(k) = \min_{l(k)}\left\{U(k) + \gamma\hat{J}^w(k+1)\right\} \tag{5.19}$$

5.4.3　基于神经网络的迭代算法的设计与实现

为了能够实现值迭代算法，三层 BP 神经网络用于构建评判网络和执行网络。基于神经网络的值迭代算法结构如图 5.26 所示，通过与压力变化值公式 (5.7) 的交

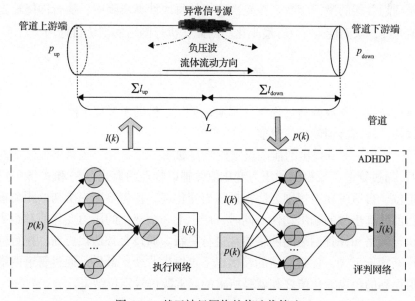

图 5.26　基于神经网络的值迭代算法

互，最优距离变化值和最优性能指标函数可以通过执行网络和评判网络实现。接下来将分别对评判网络、执行网络和异常源定位实现过程进行描述。

根据设计的网络结构可知，评判网络用于得到近似最优性能指标函数 $J^*(k)$。评判网络是由 $p(k)$ 和 $l(k)$ 组成的两个输入层节点到一个输出层节点的非线性映射。隐含层神经元节点数量为 n_c，其值是通过专家经验和试错法得到的。在轮次迭代的每次计算步骤中，评判网络的误差函数定义为

$$e_c^w(k) = \hat{J}^{w+1}(k) - \left[\gamma \hat{J}^w(k+1) + U(k) \right] \tag{5.20}$$

式中，$\hat{J}^{w+1}(k)$ 表示为在第 k 轮次的第 $w+1$ 次计算步骤中评判网络的输出值。

为了能够得到近似最优性能指标函数，误差函数 $e_c^w(k)$ 的值需要逐渐变小直至等于 0。因此，评判网络的学习目标为尽可能地减小误差 $e_c^w(k)$。为此，采用基于梯度下降算法调整神经网络参数从而使得误差逐渐减小，其训练目标为

$$E_c^w(k) = \frac{1}{2} \left[e_c^w(k) \right]^2 \tag{5.21}$$

当 $e_c^w(k)$ 达到规定的误差精度时，训练停止。评判网络能够输出近似最优性能指标函数 $\hat{J}^w(k)$。

此外，执行网络用于得到近似最优距离变化值，其输入为压力变化值 $p(k)$。为了能够达到满意的效果，隐含层包含 n_a 个神经元，并且采用双曲正切函数作为输入层到隐含层的激活函数。在轮次迭代的每次计算步骤中，执行网络输出距离变化值 $l(k)$，从而使得 $\hat{J}^w(k)$ 最小化。因此，执行网络的训练目标为

$$E_a^w(k) = \frac{1}{2} \left[\hat{J}^w(k) \right]^2 \tag{5.22}$$

执行网络的参数调整过程与评判网络类似，借助于梯度下降算法，网络参数不断调整，从而得到最优输出值。

综上所述，本章提出的泄漏点定位流程如图 5.27 所示。当管网处于泄漏运行状态时，通过管道两端得到的压力变化值并辅以物理约束式(5.8)和式(5.9)进行泄漏点定位。自适应动态规划方法根据压力变化值，首先给出一个初始距离输出值作为当前计算步骤的输出动作。同时，产生下一个变化的压力变化值和距离变化值对执行网络和评判网络的网络参数进行更新。通过交替迭代更新，执行网络的输出逐渐接近于 0，评判网络的输出也不再发生改变。最后，通过管道两端压力变化值得到的距离变化值之和就是所求的异常源信号定位结果。

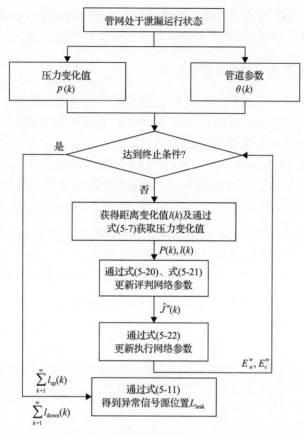

图 5.27　本章所提方法的定位流程图

5.4.4　实验结果及定位性能分析

在 5.4.3 节介绍了基于自适应动态规划的泄漏点定位的基础上，为了能够展示方法的有效性，本节采用数值仿真和现场模拟泄漏实验从两个不同方面的定位结果进行性能分析。

1. 实验设置

在不同管道运行条件下，管道压力变化值需要根据具体泄漏情况进行实时采集，管道长度 L 等管道固有参数则需要提前获取。基于真实管道参数及专家经验知识，物理约束中的误差参数 e_{up} 和 e_{down} 设置为 $0.01 \times 10^{-3}\,\mathrm{MPa}$，$e_L = 0.004L$。此外，执行网络和评判网络的隐含层神经元数量 $n_c = n_a = 10$，折扣因子 $\gamma = 1$，迭代轮次设置为 50。进一步，由于梯度下降算法在进行神经网络参数更新过程当中可能会收敛到局部最小值，并且会随着训练过程的不断深入，在局部最小值附近来回震荡，所以本章采用基于 Adam 机制的梯度下降算法用于更新执行网络和评判网络的网络参数。

2. 不同管道参数下的数值仿真分析

本节主要研究了在不同管道参数下的异常源信号定位效果，从而分析所提方法的有效性和鲁棒性。首先，针对 52.38km 管道发生泄漏事件进行研究。执行网络和评判网络的参数更新过程如图 5.28 所示。从图中可以发现，两个网络的参数调整在第 15 步后逐步停止变化，这表明两个网络的参数已经满足了泄漏点定位需求。相应地，管道两端压力变化值和距离变化值的迭代过程如图 5.29 所示。根据式(5.11)，管道泄漏点定位的结果为 $L_{\text{leak}}^{\text{up}} = 18.33$ km 和 $L_{\text{leak}}^{\text{up}} = 34.11$ km。在此次数值仿真过程中，泄漏点的位置设置在距离管道上游端 18.26km 处，通过得到的计算结果可知，泄漏点的定位误差分别为 0.13% 和 0.15%。从定位误差结果可知，基于自适应动态规划的方法能够成功定位出泄漏点位置，并且符合实际现场需求。

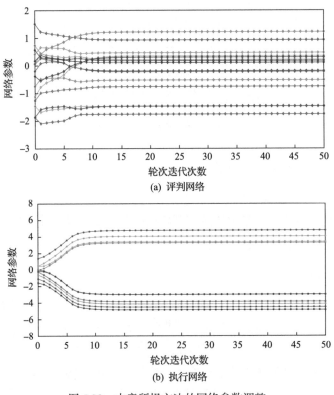

(a) 评判网络

(b) 执行网络

图 5.28　本章所提方法的网络参数调整

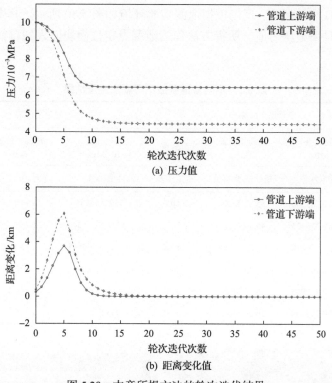

图 5.29　本章所提方法的轮次迭代结果

　　接着，进一步对包含三种不同管道参数的六个数值仿真情况进行方法鲁棒性的研究，具体计算结果如表 5.2 所示。其中，前两个数值仿真案例的管道参数为 $L = 69.30\,\text{km}$，$a = 1.18\,\text{km/s}$ 和 $D = 0.457\,\text{m}$。第三个和第四个泄漏点定位结果是在如下管道参数中得到的：一条长为 74.17km 的管道发生泄漏事件，并且泄漏点距离管道上游端的距离分别为 59.34km 和 48.95km。最后两个数值仿真案例的管道参数设置为管道长为 80km，并且管道直径为 0.45m。当管道发生泄漏时，流体密度 ρ 为 847.32kg/m³，负压波波速 a 为 1.02km/s。从表 5.2 可知，估计的压力变化值通过值迭代算法可以逐渐接近于真实压力变化值，并且估计的泄漏点位置也满足物理约束式(5.8)和式(5.9)。此外，不同管道参数下泄漏点定位结果误差均小于 0.4%，通过获得的结果可知，所提的方法有很好的鲁棒性。

　　3. 现场模拟泄漏实验定位效果

　　为了进一步评价泄漏点定位方法在实际能源输送管网中的性能，本节将所提方法应用于中国某管网的两条相邻管道。两条管道的固有参数与表 5.2 中的算例 1~4 相同。为了便于后续描述和区分，分别将相邻管道的上游端和下游端称为站场 A，站场 B 和站场 C。现场模拟泄漏实验环境如图 5.30 所示。其中，数据采集装置用于实时采集压力值。所提方法作为泄漏点定位模块嵌入到自行开发的监测软件中。

表 5.2　不同管道参数下泄漏点定位结果

算例	管道上游端			管道下游端		
	压力变化值 /10^{-3}MPa	泄漏点位置 /km	泄漏点	压力变化值 /10^{-3}MPa	泄漏点位置 /km	泄漏点
	(估计值/真实值)	(估计值/真实值)	定位误差	(估计值/真实值)	(估计值/真实值)	定位误差
1	0.283593/0.283586	55.37/55.44	0.10%	0.55782/0.557836	13.94/13.86	0.12%
2	0.333515/0.333435	45.60/45.74	0.20%	0.475351/0.475348	23.78/23.57	0.30%
3	0.296894/0.296818	59.20/59.34	0.19%	0.564584/0.564585	14.75/14.83	0.11%
4	0.261649/0.261646	48.70/48.95	0.34%	0.366627/0.366606	25.48/25.22	0.35%
5	0.332881/0.332943	35.91/36.00	0.11%	0.273947/0.274020	43.89/44.00	0.14%
6	0.152897/0.152859	56.20/56.00	0.25%	0.331095/0.331182	24.24/24.00	0.30%

(a) 数据采集装置

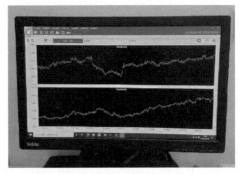

(b) 软件界面

图 5.30　现场模拟泄漏实验环境

在进行现场模拟泄漏实验中，站场 B 作为泄漏点，并且站场内泄压阀开度的调整被认为泄漏事件。也就是说泄漏点距站场 A 的距离为 69.3km，距离站场 C 为 74.17km。当泄压阀开度增大时，从站场 B 形成的负压波通过连接的管道传播到站场 A 和站场 C 中，与此同时，三个站场的压力值发生改变。图 5.31 和图 5.32 分别展示了两条管道在泄漏发生时的压力值监控界面及定位结果。从图中可以看到，泄漏点的定位误差均小于 0.4%，与上一小节展示的数值仿真定位性能结果一致。

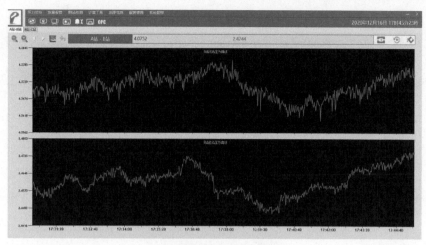

(a) 管道监控界面(站场A-站场B)

(b) 站场A泄漏点定位结果的报警信息弹窗

(c) 站场B泄漏点定位结果的报警信息弹窗

图 5.31 现场模拟泄漏实验结果

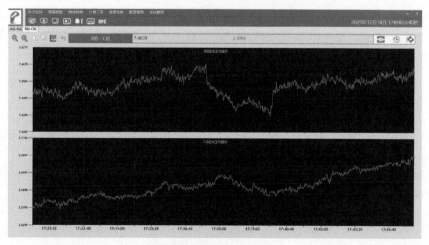

(a) 管道监控界面(站场B-站场C)

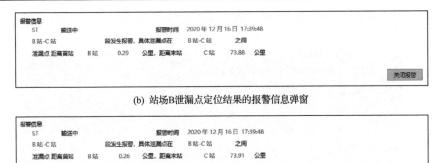

(b) 站场B泄漏点定位结果的报警信息弹窗

(c) 站场C泄漏点定位结果的报警信息弹窗

图 5.32　现场模拟泄漏实验结果

需要说明的是，在实际能源输送管网监测过程中，其泄漏点定位的误差要求在 1%左右，相较于现有定位方法来说，本章提出的方法具有更好的定位性能，因而在实际应用中，基于自适应动态规划的泄漏点定位方法是一种切实可行的定位方法。

5.5　本 章 小 结

本章根据前述数据混沌特性，提出了基于神经网络的微弱泄漏检测及定位方法。考虑到泄漏检测实时性需求，利用流体数据序列的非线性特性重构相空间，以重构向量作为神经网络模型的输入，采用视神经网络对管道内数据变化情况进行建模，然后通过非线性映射找到时间序列中异常变化点，从而实现管道的泄漏状态分析。进一步，在建立管道压力变化值沿负压波传播方向改变的神经网络模型的基础上，将传统寻找泄漏点定位问题转化为寻优问题，并通过自适应动态规划方法进行求解，克服微弱泄漏时压力突变点不清导致的泄漏点定位误差偏差大的问题，有效提升了定位的精度。

参 考 文 献

[1] 马大中, 张化光, 冯健, 等. 一种基于多传感器信息融合的故障诊断方法[J]. 智能系统学报, 2009, 4 (1): 72-75.

[2] Hu X, Zhang H, Ma D, et al. Status detection from spatial-temporal data in pipeline network using data transformation convolutional neural network[J]. Neurocomputing, 2019, 358: 401-413.

[3] Hu X, Zhang H, Ma D, et al. Minor class-based status detection for pipeline network using enhanced generative adversarial networks[J]. Neurocomputing, 2021, 424: 71-83.

[4] Aamo O M. Leak detection, size estimation and localization in pipe flows[J]. IEEE Transactions on Automatic Control, 2015, 61 (1): 246-251.

[5] Santos-Ruiz I, Bermúdez J R, López-Estrada F R, et al. Online leak diagnosis in pipelines using an EKF-based and steady-state mixed approach[J]. Control Engineering Practice, 2018, 81: 55-64.

[6] 崔谦, 靳世久, 王立坤, 等. 基于序贯检验的管道泄漏检测方法[J]. 石油学报, 2005(4): 123-126.

[7] 焦敬品, 李勇强, 吴斌, 等.基于 BP 神经网络的管道泄漏声信号识别方法研究[J]. 仪器仪表学报, 2016, 37(11): 2588-2596.

[8] Wang F, Lin W, Liu Z, et al. Pipeline leak detection by using time-domain statistical features[J]. IEEE Sensors Journal, 2017, 17(19): 6431-6442.

[9] 刘金海, 冯健. 基于模糊分类的流体管道泄漏故障智能检测方法研究[J]. 仪器仪表学报, 2011, 32(1): 26-32.

[10] Hu X G, Zhang H G, Ma D, et al. A tnGAN-based leak detection method for pipeline network considering incomplete sensor data[J]. IEEE Transactions on Instrumentation and Measurement, 2020, 70: 1-10.

[11] 刘金海, 冯健. 基于模糊最小-最大神经网络的输油管道泄漏故障诊断方法[J]. 南京航空航天大学学报, 2011, 43(S1): 199-202.

[12] Zhang H G, Liu J H, Ma D, et al. Data-core-based fuzzy min–max neural network for pattern classification[J]. IEEE transactions on neural networks, 2011, 22(12): 2339-2352.

[13] Feng J, Zhang H G. Diagnosis and localization of pipeline leak based on fuzzy decision-making method[J]. Acta automatica sinica, 2005, 31(3): 484.

[14] 伦淑娴, 张化光, 冯健. 自适应模糊神经网络系统在管道泄漏检测中的应用[J]. 石油学报, 2004(4): 101-104.

[15] Ma D, Li Y, Hu X, et al. An optimal three-dimensional drone layout method for maximum signal coverage and minimum interference in complex pipeline networks[J]. IEEE Transactions on Cybernetics, 2021, doi: 10.1109/TCYB.2020.3041261.

[16] 刘金海, 臧东, 汪刚. 基于 Markov 特征的油气管道泄漏检测与定位方法[J]. 仪器仪表学报, 2017, 38(4): 944-951.

[17] Zhang H, Liu Z, Huang G, et al. Novel weighting-delay-based stability criteria for recurrent neural networks with time-varying delay[J]. IEEE Transactions on Neural Networks, 2009, 21(1): 91-106.

[18] 刘金海, 张化光, 冯健. 基于视神经网络的混沌时间序列奇异信号实时检测算法[J]. 物理学报, 2010, 59(7): 4472-4479.

[19] Hu X, Zhang H, Ma D, et al. Real-Time Leak Location of Long-Distance Pipeline Using Adaptive Dynamic Programming[J]. IEEE Transactions on Neural Networks and Learning Systems, 2021, doi: 10.1109/TNNLS. 2021.3136939.

[20] Hu X, Zhang H, Ma D, et al. Small Leak Location for Intelligent Pipeline System Via Action-Dependent Heuristic Dynamic Programming[J]. IEEE Transactions on Industrial Electronics, 2021, doi: 10.1109/TIE.2021.3127016.

第6章 基于电磁全息的异构场解耦理论与燃气(石油)管道缺陷检测方法

6.1 引　言

随着能源互联系统中管道运行年限不断增加，针对管道腐蚀造成的缺陷检测研究备受关注。工业上常用的无损检测方法有超声、射线、渗透、涡流、磁粉检测等，在不同场景中均得到了应用并且发挥着重要的作用[1-4]。

在实现管道缺陷检测研究中，Jo 和 Lee[5]将 100kHz 涡流检测信号的特征作为输入向量，使用多层感知机神经网络对缺陷类型进行分类并且预测缺陷大小；基于超声换能器数据，Lee 等[6]提出了欧几里得支持向量机分类框架，对油气管道进行连续状态监测和故障预测；杨理践等[7]提出基于多级磁化的高速漏磁检测技术实现磁场叠加，能够提高磁场均匀性及检测速度；Kandroodi 等[8]使用与缺陷曲线相对应的漏磁信号轮廓估计缺陷的长和宽，进一步采用神经网络实现缺陷的深度估计；Huang 等[9]在通过漏磁信号水平分量信号得到初始缺陷轮廓基础上，通过漏磁信号垂直分量特征对缺陷轮廓进行了进一步识别，提高了识别精度；Fu 等[10]提出了基于空间矢量的漏磁信号信息融合方法，并采用生成对抗网络实现了缺陷识别；张化光课题组[11]提出基于漏磁信号的自监督缺陷检测方法，能够在少量缺陷样本条件下实现高精度检测；Yu 等[12]在获取时域和频域的非平稳特性基础上，提出基于动态多域特征输入的缺陷尺寸反演网络，提高了算法对不同样本集漏磁缺陷反演问题的泛化能力；根据漏磁信号特征，Lu 等[13]提出了一种视觉转换卷积神经网络，能够准确地区分不同尺寸的缺陷特征。

任何一种无损检测技术在应用上都有其自身的局限性，例如涡流检测技术仅能进行材料表面(或近表面)缺陷的检测，超声检测技术更适合进行材料深层缺陷的检测，可以说，没有任何单一的无损检测技术能识别所有的缺陷。已有的研究成果往往只重视单一检测方式的机理研究，针对揭示各检测技术本质关联性的研究却鲜有报道，这使各检测技术之间无法互相渗透、互相融合，其间壁垒至今难以打通[14-16]。仅有的复合式检测技术的研究也仅限于检测技术的简单组合，没有从动态机理和电磁关联方面深入研究[17]。

本章在分析不同检测信号之间的相互联系和相互影响基础上，揭示不同检测技术的本质关联性；探究电磁超声与涡流协同作用机制，研究海洋油气管道多频电磁–全息协同(multi-frequency electromagnetic-holographic synergy, MFEHS)检测方法，从而实现海洋油气管道的全面检测。

6.2　电磁全息检测的基本概念与一般原理

在原有单一检测方式基础上,本章提出了漏磁–涡流–应力"异构场"新概念,探究了漏磁、涡流和应力场的本质关联性和协同作用机制,构建了异构场耦合模型,研究了电磁全息检测理论与技术。

MFEHS 检测技术基于电磁理论,检测原理为当发射线圈通以交变电流(频带1)并置于金属表面上方时,在金属表面感应出涡流,当通以高频脉冲(频带2)时,在金属内部激发出超声波,通过接收线圈接收电磁超声信号和涡流信号,实现管道的多频电磁全息采样。上述检测原理的实现必须建立在以下 4 项理论和技术的突破之上,包括发射器的优化协同控制、接收线圈的间歇协同采样、原始信号的抗扰协同解耦和缺陷评估的全息协同分析。表 6.1 对当前常用的几种无损检测技术进行了对比。

表 6.1　常用的无损检测技术对比

特征值	漏磁	超声	涡流	激光	MFEHS
缺陷位置	表面	深层/下表面	表面/近表面	表面	表面/深层
内外缺陷区分			√		√
裂纹检测能力		√	√	√	√
油容器	√	√	√	√	√
气容器	√			√	√
容器口径	大/中/小	大	大/中/小		大/中/小
厚度限制	√				
耦合剂		√			
液体对检测影响				√	
速度对检测影响	√				
对蜡质层敏感性					
对金属层敏感性	√		√		√
对提离值敏感性	√	√			
检测数据分析	复杂	简单	简单		简单
检测精度	低	高	高	高	高
需要数据校验	√				
产生漏检					

表 6.1 表明，任何一种无损检测技术都有其自身的长处和局限性，单一的检测方式不能满足案例和设备的全面检测需要。在现代工业需要对质量进行全面管理的前提下，对现有的检测技术提出了更高的要求——全面性、可靠性和准确性。

MFEHS 检测技术同时具有电磁超声检测和涡流检测的功能，可以在一次检测过程中，实现被测金属的全面检测，即表面缺陷、深度缺陷及裂缝的检测，具有检测全面、检测速度快、检测精度高、检测结果真实可靠等优点，是无损检测技术未来的研究方向。

6.3　异构场的混叠特点与解耦策略

6.3.1　异构场时空维度混叠特点

1. 电磁超声和涡流检测技术本质关联性研究

电磁超声和涡流两种检测方法，都以在被测金属材料的表面感应出涡流作为实现的前提，感应的涡流将使接收线圈的阻抗、电感和品质因数等发生变化，当被测金属材料出现缺陷时，会影响涡流的强度和分布，并引起线圈电压和阻抗的变化，如图 6.1 所示。基于上述特性，本章深入研究电磁超声和涡流的激发原理、传播特性、电磁场特性及影响检测的因素，精确刻画两种检测技术的本质特性，揭示两种检测技术的本质关联性，为内检测仪器 MFEHS 检测理论的研究奠定基础。

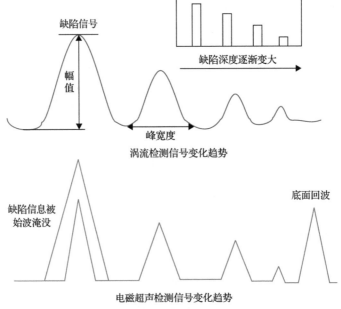

图 6.1　电磁超声和涡流检测信号变化趋势

2. 漏磁场与涡流场的耦合研究

1)有限元建模

运用 COMSOL 仿真软件构建多频涡流检测模型，如图 6.2 所示。在待测钢板正上方放置一个钢材料 U 形轭铁，将 1000 匝励磁线圈缠绕在 U 形磁轭上，并将 800 匝的检测线圈放在励磁线圈下方，通过检测线圈可以获得磁通密度的轴向分量和径向分量。

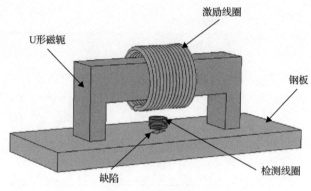

图 6.2　涡流检测模型

图 6.3 为多频涡流检测探头模型的主视图和俯视图。其中，U 形轭铁的外部长度、内部长度、外部高度、内部高度和宽度分别为 100mm、80mm、40mm、20mm 和 20mm,激励线圈的内径和外径分别为 20mm 和 32mm,检测线圈的高度为 3mm,内径和外径分别为 6mm 和 10mm，相对于钢板的提离值为 1mm。与漏磁检测方法不同的是，涡流检测线圈不需要磁芯与钢板接触产生大量磁场，故该模型不需要 U 形轭铁及检测线圈与钢板相接触。

2)缺陷特征对激励信号频率的敏感性

交流激励信号的频率决定涡流在待测金属体内的渗透深度，较低频率的激励信号产生的感生涡流的渗透深度高于较高频率的激励信号，但是低频激励信号由于频率较低也会使检测信号的信号幅值变低，从而影响检测结果。另外，不同频率的激励信号对于缺陷的长度、宽度、深度、角度的敏感性不同。下面以不同频率的激励信号对缺陷宽度和深度的研究为例，进行相应的敏感性研究及分析。选取幅值为 50mA 的交流信号作为激励，其频率变化范围在 50~2000Hz。

（1）缺陷宽度对激励信号频率的敏感性。缺陷尺寸设定为长 4mm、宽 10mm、深 3mm、角度 0°的矩形缺陷，激励频率分别为 50Hz、100Hz、200Hz、400Hz、500Hz、1000Hz、2000Hz,仿真提取缺陷上方 1mm 处的磁感应强度。因为对于缺陷宽度的检测 B_y 分量的检测效果比较明显，所以通过阵列点采集的方式对缺陷上

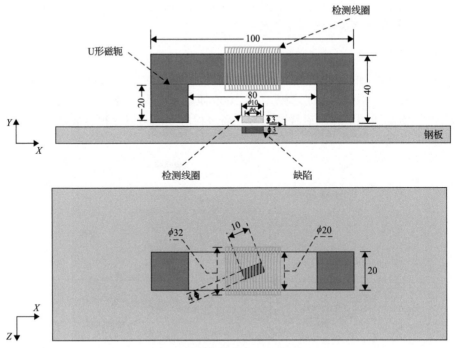

图 6.3 励磁线圈和检测线圈的位置(单位：mm)

方范围–20~20mm 的区域点进行磁感应强度 B_y 分量采集，得到了不同频率做激励对漏磁场分布的影响。通过对比研究，选取具有代表性的频率为 1000Hz、500Hz 和 100Hz 的磁感应强度 B_y 分量，如图 6.4 所示。

从图 6.4 中可以看出，磁感应强度 B_y 分量的三维图中有两个峰值区域，从峰值区域的 z 轴间距可以得出缺陷的宽度。为了对比研究，改变缺陷宽度特征为 6mm、12mm 和 16mm，比较其 B_y 分量的峰值大小，如图 6.5 所示。

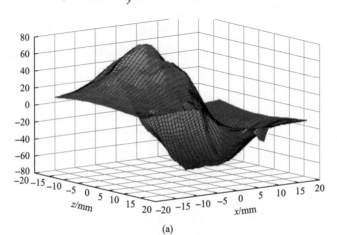

(a)

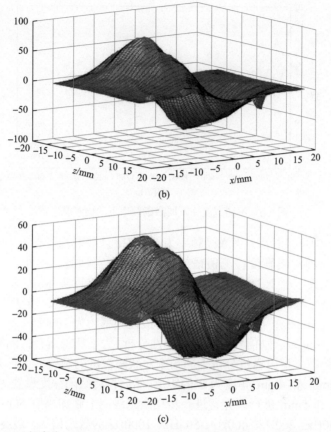

图 6.4　频率为 1000Hz、500Hz 和 100Hz 磁感应强度 B_y 分量的三维图

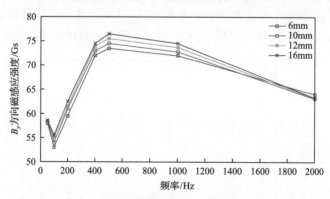

图 6.5　不同宽度缺陷磁感应强度峰值曲线

从图 6.5 中可知，磁感应强度 B_y 分量变化趋势大致相同，并在 500Hz 时取到峰值，为了确定宽度检测的激励频率，提高检测精度，将 6mm、10mm、12mm、16mm 宽度的缺陷检测精度做比较，如图 6.6 所示。

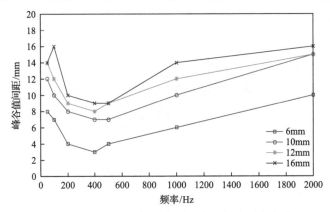

图 6.6　不同宽度在不同激励频率下的检测宽度值

在图 6.6 中可以看出，当激励频率为 1000Hz 且缺陷宽度小于 16mm 时，通过峰值间距得到的缺陷宽度检测值最接近缺陷宽度实际值。此外，当激励频率为 100Hz 且缺陷大于等于 10mm 时宽度检测值也比较接近实际值，但是在图 6.8 中可以看出其信号峰值较小。因此，对于缺陷的特征宽度 D_w，当 $D_w>10\text{mm}$ 时，最佳频率约为 100Hz；当 $D_w<16\text{mm}$ 时，最佳频率约为 1000Hz。

(2)缺陷深度对激励信号频率的敏感性分析。为了获得适合检测缺陷深度特征的最佳检测频率，可以通过分析不同频率对缺陷深度的敏感性。首先将缺陷形状设定为长 10mm、宽 4mm、角度为 0°的矩形，然后再将缺陷深度设置为 1mm、2mm、3mm、4mm 和 5mm 进行研究，进一步在激励线圈上施加幅值 50mA、频率分别为 50Hz、100Hz、200Hz、400Hz、500Hz、1000Hz 的激励信号，最终通过 ANSYS 仿真软件进行求解。对于缺陷深度检测通常依靠磁感应强度 B_y 分量峰谷差值。因此，通过路径提取的方式提取缺陷正上方 1mm 处的磁感应强度的径向分量，取不同频率下的 1～5mm 深度的磁感应强度径向分量进行对比分析，如图 6.7 所示。

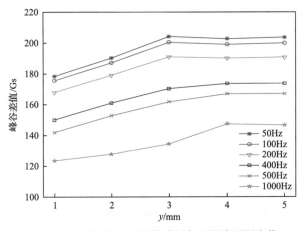

图 6.7　不同深度在不同激励频率下的检测深度值

在图 6.7 中，磁感应强度的 B_y 分量峰谷差值随着深度的增加而逐渐增加，由于趋肤效应的影响，在深度大于 3mm 后变化不再明显，只有频率为 500Hz 时峰谷差值依然随深度的增加而增加，呈现单调性趋势，而频率在 50Hz、100Hz、200Hz 和 1000Hz 时检测深度只能达到 3mm 左右，这表明对于缺陷的特征深度，最佳频率约为 500Hz。

基于上述讨论，根据频率为 500Hz 时的变化曲线，通过多项式拟合的方式可以得到求取缺陷深度的公式为

$$D_d = a_3 x^3 + a_2 x^2 + a_1 x + a_0, \quad \theta = 0 \tag{6.1}$$

$$D_d = a_3 x^3 + a_2 x^2 + a_1 x + a_0 + \frac{D_l}{\sin\theta - \alpha}, \quad \theta \neq 0 \tag{6.2}$$

式中，a_0、a_1、a_2 和 a_3 为多项式参数；α 为可调参数；D_l 为缺陷的长度；θ 为缺陷与 x 轴的夹角。

(3)通过上述方式，进一步对缺陷长度，深度内容进行了分析，最终确定了对于缺陷长度、宽度、深度和角度特征检测的最优激励频率，如表 6.2 所示。

表 6.2　缺陷特征检测最优激励频率

缺陷类型	50Hz	100Hz	200Hz	400Hz	500Hz	1000Hz	2000Hz
长度					√		
宽度		√				√	
深度					√		
角度				√			

3) 多频涡流缺陷检测

将表 6.2 中的涡流传感器得出的检测缺陷特征最佳频率应用到多频涡流检测缺陷特征的传感器探头中。本章中所讨论的关键性问题也在于多频激励信号的优化，由于多种激励信号需要在不同的时间优化每种激励频率信号，这导致了时间延长，可能使传感器无法快速扫描待测金属。

(1)多频激励信号合成。为了消除多频信号的时间延时缺点，采用在同一信号中多频率信号叠加的方式将多频激励信号施加到激励线圈上。多频激励信号为

$$s(t) = \sum_{k=1}^{N} \sqrt{2} A \sin(2\pi f_k t + \phi_k) \tag{6.3}$$

式中，A为每个交流激励的信号幅值；N为交流激励信号的个数；f_k和ϕ_k分别为第k个交流激励信号的频率和相位。由于每一种交流信号的幅值均相等，故$s(t)$的幅值为

$$S = \sqrt{N * A^2} = A\sqrt{N} \tag{6.4}$$

为了降低波峰因数，将ϕ_k进一步优化

$$\phi_k = -\pi\frac{k(k-1)}{N} \tag{6.5}$$

如此，得到了最终的多频涡流传感器的激励信号，通过多种频率信号以不同相位的方式相叠加。利用表 6.2 确定的缺陷长度、宽度、深度及角度特征的最佳激励频率分别为f_1=400Hz、f_2=1000Hz、f_3=500Hz、f_4=500Hz，将这 4 种频率代入到式(6.3)中进行计算，从而得到叠加的多频激励信号，其信号时域波形和频域波形如图 6.8 所示。

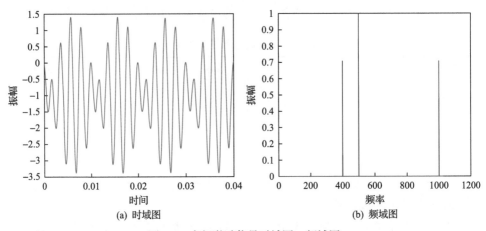

(a) 时域图　　　　　　　　　　　　(b) 频域图

图 6.8　多频激励信号时域图、频域图

通过上述方法得到的多频激励信号施加在激励线圈上。为了验证多频激励的可行性，设定缺陷形状为长 8.5mm、宽 4.5mm、深 3.5mm，角度为 0°和 30°进行检测，激励信号幅值同样设为 50mA，激励频率为f_1=400Hz、f_2=1000Hz、f_3=500Hz、f_4=500Hz 四种信号组成的多频叠加信号，通过 ANSYS 仿真进行求解。

当缺陷角度为 0°时，通过图 6.9(a)可以得出，B_y曲线的峰值和谷值拐点间距即缺陷长度为 8.25mm，峰谷差值为 165Gs。通过将峰谷差值代入到式(6.1)多项式拟合方程中可以得到缺陷深度为 3.43mm。进一步，根据图 6.9(a)坐标点位置，

通过两点间距离公式计算得到缺陷宽度为 4.40mm,并且连接峰脊或谷脊拐点可以计算得知，缺陷角度为 0°。

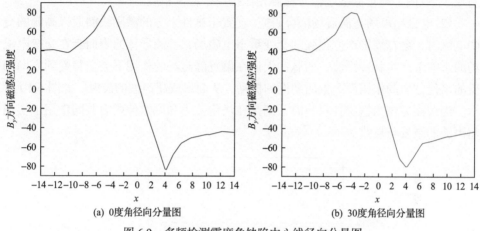

(a) 0度角径向分量图　　　　　　　　(b) 30度角径向分量图

图 6.9　多频检测零度角缺陷中心线径向分量图

当缺陷角度为 30°时，通过分析图 6.9(b)可以得出，B_y 曲线的峰值和谷值拐点间距为 6.58mm，缺陷的测量长度为 8.29mm，峰谷差值为 164Gs，通过将峰谷差值代入到式(6.2)的多项式拟合方程中得到缺陷深度为 3.40mm。进一步，根据图 6.9(b)中坐标点位置，通过两点间距离公式计算得到缺陷宽度为 4.37mm，并且连接峰脊拐点或谷脊拐点计算得到缺陷角度为 41.6°。

此外，分别将 0°和 30°、长为 8.5mm、宽为 4.5mm、深为 3.5mm 的矩形缺陷的实际值与检测值列入表 6.3 中，并计算得出其检测相对误差值。

表 6.3　多频激励电磁无损检测结果

缺陷角度/(°)	实际值	检测值	误差/%
	8.5mm	8.25mm	2.94
0	4.5mm	4.40mm	2.22
	3.5mm	3.43mm	2.0
	0°	0°	0
	8.5mm	8.29mm	2.47
30	4.5mm	4.37mm	2.89
	3.5mm	3.40mm	2.86
	30°	41.6°	−15.5

　　由于采集间距为 0.2mm，所以检测值会有误差。在利用多频激励电磁无损检测系统检测长度、宽度、深度及 0 度角的缺陷特征时，得到的检测值最大相对误差在 3%以内，与单品激励信号检测相比提高了检测精度。

　　(2)电磁超声场与涡流场耦合研究。当置于试件上方的激励线圈通以高频的交变电流时，会在周围产生很强的交变瞬态电磁场，被测导体的表面会在交变电磁场的影响下产生脉冲涡流，而脉冲涡流在偏置静磁场的作用下会交替受到方向相反的洛伦兹力的作用而产生周期性的振动，从而形成超声波的波源，如图 6.10 所示。当被测导体为铁磁性材料时，则是在洛伦兹力和磁致伸缩力共同作用下实现超声波的激发与接收。

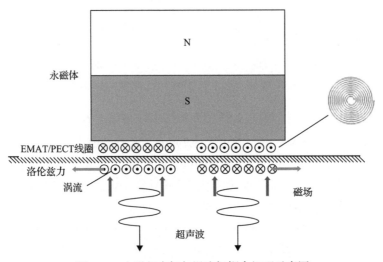

图 6.10　电磁超声场与涡流场耦合机理示意图

　　涡流在遇到导体表面缺陷时，其强度和分布会受到影响，并引起线圈电压和阻抗的变化。通过检测出线圈中电压或阻抗的变化，即可间接地发现导体表面缺陷的存在。

　　超声波在试件内向下传播的过程中，碰到内部缺陷或试件底部时产生超声回波，在偏执磁场下产生感应电流，进而在线圈中感生出电势。通过对回波时间的测量可以得到试件内部缺陷或试件厚度的信息。

　　图 6.11(a)～(h)为不同宽度、深度的非铁磁性材料缺陷涡流检测实验信号波形图，从图中可以看出，随着缺陷宽度、深度的增加，检测信号的峰值逐渐增大。图 6.11(i)～(l)为不同角度的缺陷检测信号波形图，随着缺陷角度的增加，检测信号的峰值逐渐降低。

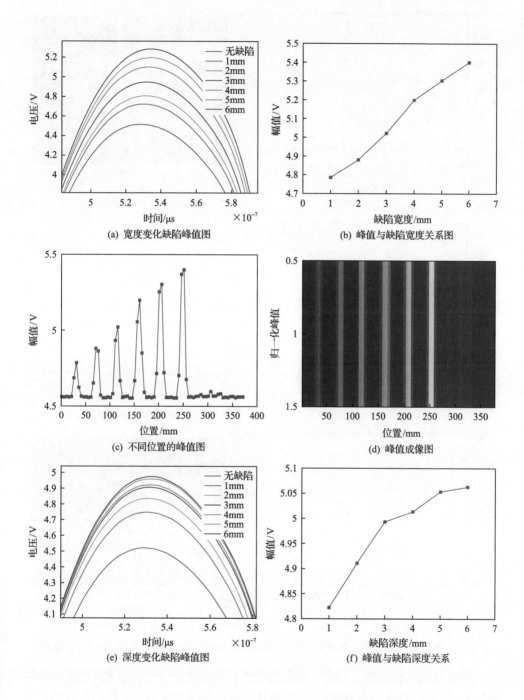

(a) 宽度变化缺陷峰值图

(b) 峰值与缺陷宽度关系图

(c) 不同位置的峰值图

(d) 峰值成像图

(e) 深度变化缺陷峰值图

(f) 峰值与缺陷深度关系

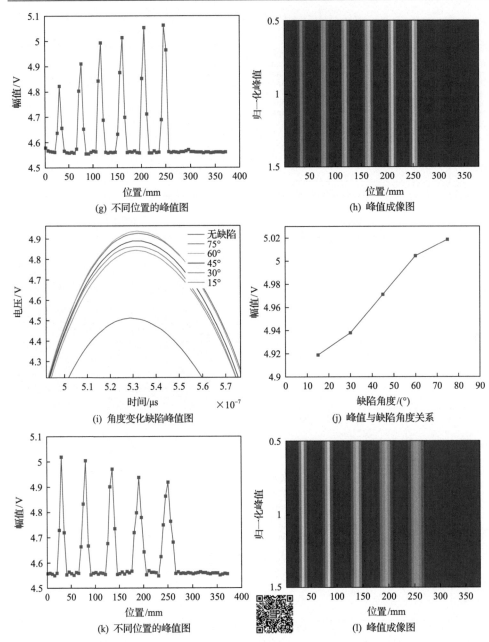

图 6.11 不同宽度、深度、角度的非铁磁性材料缺陷涡流检测信号波形图（彩图扫二维码）

图 6.12 为不同宽度、深度、角度铁磁性材料缺陷检测的电磁超声检测实验信号波形图，并且根据图中曲线可知，铁磁性材料缺陷检测信号的分析结果与图 6.13 一致。

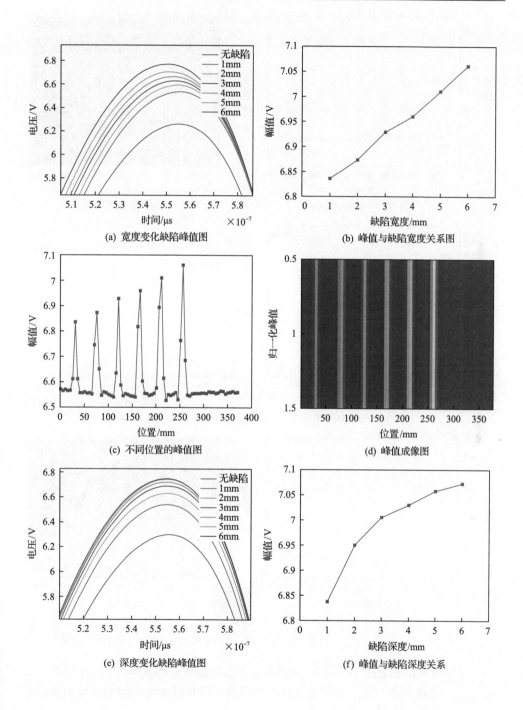

(a) 宽度变化缺陷峰值图

(b) 峰值与缺陷宽度关系图

(c) 不同位置的峰值图

(d) 峰值成像图

(e) 深度变化缺陷峰值图

(f) 峰值与缺陷深度关系

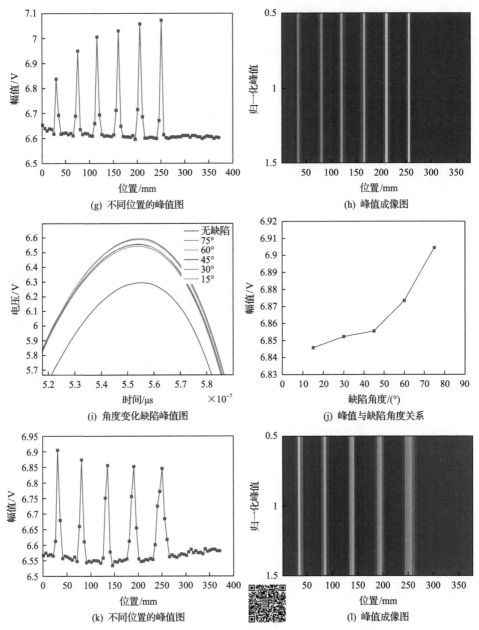

图 6.12　不同宽度、深度、角度的铁磁性材料缺陷检测信号波形图(彩图扫二维码)

综合图 6.13 及图 6.14 可知,当试件有表面缺陷或底部减薄时,超声幅值均会有一定程度的下降,因而可以通过超声幅值的下降和脉冲涡流的电压增强来验证是否存在表面缺陷。

(3)超声场、应力场对漏磁场的影响分析。由于管道所处的特殊环境,存在一个应力 T,该应力包括超声产生的磁致应力和应力场产生的环境应力。应力随时间变化会在管道上产生弹性波:

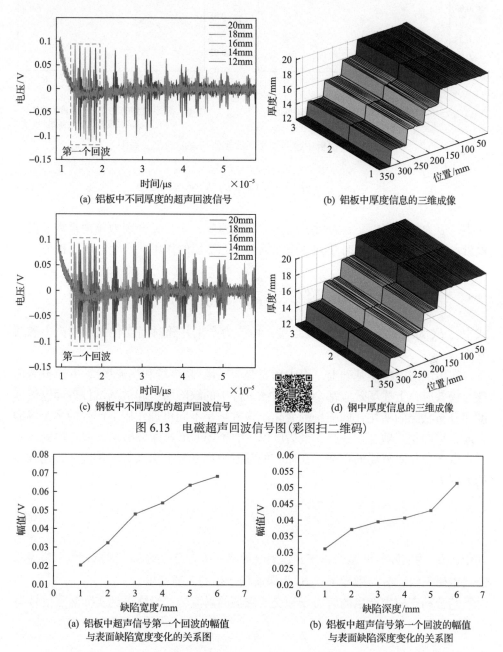

(a) 铝板中不同厚度的超声回波信号

(b) 铝板中厚度信息的三维成像

(c) 钢板中不同厚度的超声回波信号

(d) 钢中厚度信息的三维成像

图 6.13　电磁超声回波信号图(彩图扫二维码)

(a) 铝板中超声信号第一个回波的幅值
与表面缺陷宽度变化的关系图

(b) 铝板中超声信号第一个回波的幅值
与表面缺陷深度变化的关系图

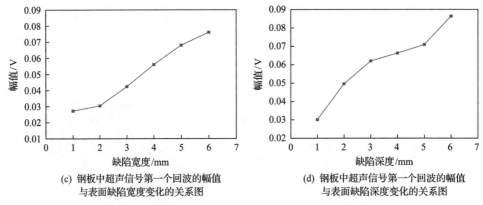

(c) 钢板中超声信号第一个回波的幅值
与表面缺陷宽度变化的关系图

(d) 钢板中超声信号第一个回波的幅值
与表面缺陷深度变化的关系图

图 6.14　铝板中超声信号回波幅值与表面缺陷关系图

$$\rho \frac{\partial^2 u}{\partial t^2} = \mu \cdot \nabla^2 u + (\lambda + \mu) \cdot \nabla(\nabla \cdot u) + T \tag{6.6}$$

式中，ρ 为材料密度；u 为所引起的弹性波速度；λ 与 μ 分别为拉梅常数和剪切模量。对应的线圈将同时受到感应磁场与动态媒质的作用，产生电场方程为

$$\nabla \times E_S = -\frac{\partial B}{\partial t} + \nabla \times \left(\frac{\partial u}{\partial t} \times B \right) \tag{6.7}$$

式中，E_S 为线圈检测到的电场强度，由应力产生并随时间变化在周围产生磁通密度。

在传统漏磁检测基础上，引入动态交变磁场(超声场和涡流场)，并充分考虑应力场效应，上述场效应都会由于被测试件中的缺陷而引起被测试件表面电流强度和分布状况的变化，即磁场的变化。该磁场是不同机理作用下产生的多个场的合成，它们相互耦合在一起，最后以单一的磁场的形式体现出来，即异构场。

由于交变涡流场的存在，在原有的漏磁模型基础上引入涡流密度 J，结合后的方程为

$$\nabla \times \frac{1}{\mu} B_E = J - \sigma \frac{\partial \nabla \times B_m}{\partial t} \tag{6.8}$$

式中，B_m 为实际空间磁通密度；σ 为电导率；J 为交变磁场的涡流密度，考虑动态的电磁系统；μ 为磁导率；B_E 为涡流场产生的磁通密度。

结合动态应力产生的应力场和交变磁场的涡流场，最终得到实际漏磁信号为

$$B_m = f\left(B_M, B_E, B_S\right) \tag{6.9}$$

式中，B_M 为静态漏磁场信号；$f(\cdot)$ 表示耦合函数。

6.3.2　异构场软/硬件解耦策略

电磁检测是无损检测中的常用技术，因其具有结构简单、频率可控、信息丰富等优点而被广泛应用。电磁检测过程中存在多场耦合，如漏磁场、涡流场、应力场等。在漏磁检测及涡流检测中，漏磁信号与涡流信号的耦合是无法避免的，二者相互制约、相互影响。为了提高缺陷检测的精度，有必要将漏磁信号和涡流信号进行解耦。在对漏磁信号和涡流信号进行分离时，可以将前端传感器采集到的信号送入两个独立的通道分成低频和高频两个部分，低频部分采用低通滤波器滤除涡流检测的高频载波信号，只允许低频的漏磁信号通过，后者则相反，采用高通滤波器只允许高频的载波通过，这样就可实现两种方法信号的分离。这种方法的关键在于如何选择滤波器的通频带，若通频带选择不当将无法对漏磁信号和涡流信号进行较好地分离。图 6.15 提供了一种能较好分离漏磁信号和涡流信号的方法。利用相敏检波技术，可以将信号分为实部和虚部两个不同的部分(实部代表漏磁信号，而虚部代表涡流信号)，这是因为涡流信号与漏磁信号相比滞后了 90°。将耦合信号送入锁相放大电路即可提取信号的实部和虚部从而将漏磁信号和涡流信号分离。

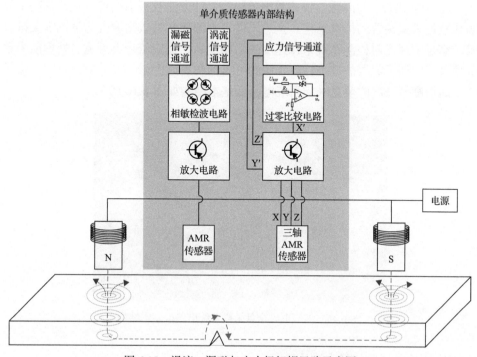

图 6.15　涡流、漏磁与应力场解耦思路示意图

应力场也是电磁检测中难以避免的。金属构件表面及内部的应力集中区域产

生一种由于磁强度变化而导致的具有伸缩性的磁畴组织，出现这种不可逆的重新取向的部位便会形成磁畴的固定节点，进而产生一种磁极，形成消退磁场。在这种情况下，铁磁金属构件的磁导率会大幅降低，在铁磁金属构件的表面会形成一种泄漏的磁场。可利用高精度磁力计获取管道轴线上方的漏磁场的三分量磁通密度。结合信号法向分量"过零"和信号切向分量出现峰值的特征，可以进一步将应力集中区域的应力信号映射为磁信号，从而对应力分布进行定量分析。

1. 高精度多频电磁全息采样系统的研制

管道内检测器运行时间长，采集管道全息信息，采样频率高，信息采集量大，数据传输线多，极易受到现场强电磁场、输油泵振动噪声等干扰，实现所有信号同步、精确、快速采样十分困难。

多频电磁全息采样系统是管道内检测器设备最重要的核心部分，负责采集漏磁、超声、涡流、应力、温度、姿态和里程等原始信号，对检测精度要求很高(一般为 0.1%，且具有高稳定性)，采样通道多达成百上千个，且各通道之间必须电气隔离。为此，本章采用高速实时分布式数据采集装置(已取得美国专利：US 11/567,732)，综合运用异构场电磁检测技术、自适应盲源解耦软/硬件三层滤波技术、高精度 A/D、时间戳、快速数据传输等设计方法及板卡插接方式，解决了分布式数据采集装置的体系结构、全息采样、多源信息的数据融合与解耦等关键技术，满足了现场对检测系统采样速度快、精度高、适应信号类型宽、处理能力强的要求，保证了数据的准确性、系统的可靠性和灵活性。

高精度多频电磁全息采样系统电路板基本结构如图 6.16 所示。

图 6.16　多频电磁全息采样系统电路板基本结构

2. 高性能协同主控系统的研究

管道内检测器传感器数量众多，实时采集包括漏磁、超声、涡流、温度、姿态、里程等信息，往往一次检测几百 km 的管道，工作时间达 10h 以上，使得系统传输和存储的数据量巨大，易引发数据拥堵、覆盖、丢失等问题。因此需要研究高性能协同主控系统、接收线圈的间歇协同采样、耦合物理场信号的协同抗扰解耦，确保检测数据与时间的精准同步，保证数据的真实性。

本章运用冗余技术、多 CPU 通信技术和高速通信技术，构建高效、可靠的协同主控器架构，研发基于"FPGA+ARM"的多层协同主控系统，合理配置各层控制器的功能和任务，通过双口 RAM 等数据缓冲技术完成跨时钟域的数据同步与传输，突破由于控制器性能限制、检测数据量大等造成整个数据采集与处理系统的速度瓶颈，保证数据的安全性。协同主控实物板如图 6.17 所示。

图 6.17　协同主控板实物图

针对电磁全息的异构场信号采集需求，分别设计了混合电磁场干扰环境下三类单一场检测传感器。基于漏磁检测原理进行缺陷检测时，运动的磁场会在被测金属试件表面感应出涡流，因而可以采用漏磁技术进行缺陷的识别与分类，涡流线圈中通入高频进行管道缺陷径向位置(内/外表面)的判别。实物图如图 6.18 所示，图 6.19 为漏磁检测传感器的差分涡流检测探头电桥电路，图 6.20 为对应传感器组装示意图。

(a) 正面　　　　　　(b) 反面

图 6.18　漏磁检测传感器实物图

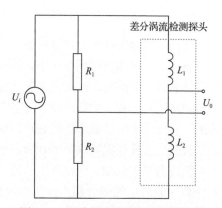

图 6.19　差分涡流检测探头电桥电路

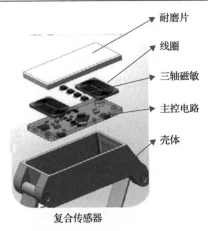

耐磨片

线圈

三轴磁敏

主控电路

壳体

复合传感器

图 6.20　传感器组装示意图

　　混合电磁场干扰环境下，本章设计的电磁超声检测传感器 PCB 板及具体实物展示分别如图 6.21 和图 6.22 所示。

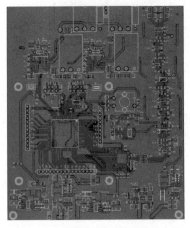

图 6.21　电磁超声检测传感器 PCB 图　　　　图 6.22　电磁超声检测传感器实物图

　　在直导线涡流线圈上加载单极性脉冲激励信号，线圈在被测导体上产生感应涡流，感应涡流在偏置磁场作用下，感应涡流区域粒子发生机械振动并产生超声波。当导体表面无缺陷时，加载脉冲激励信号的直导线涡流线圈在偏置磁场作用下将产生与激励信号同频率的超声波。直导线涡流线圈产生的超声波将垂直于直导线方向传播，且感应涡流区域产生的超声波幅值与相位均相同。而当导体表面有缺陷时，缺陷将改变直导线涡流线圈的相应的感应涡流分布。此时，缺陷位置处产生的超声波幅值将会发生改变，导致产生的超声波携带缺陷信息。通过放置在直导线涡流线圈任意一侧的空气耦合超声探头对导体有无缺陷两种情形下的超声波进行拾取并分析，即可实现对缺陷的检测。涡流场检测传感器实物如图 6.23 所示。

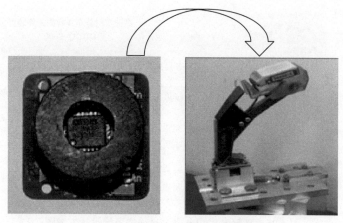

图 6.23　涡流场检测传感器实物图

　　基于磁滞行为应力检测机理，开展应力检测传感器的参数设计、应力测量探头结构设计及测量电路设计，依据设计的参数及结构试制磁致伸缩传感器。应力检测传感器实物如图 6.24 所示。

图 6.24　应力检测传感器实物图

3. 高精度多频电磁全息采样系统研究方案

高精度多频电磁全息采样系统设计方案如图 6.25 所示。

　　高精度多频电磁全息采样系统是整个仪器设备的"视觉和触角"，负责采集电磁超声、涡流、温度、姿态、里程等基础数据，采样通道多，采样频率高，采样间距小，因而需要高速、实时、大批量数据吞吐能力、高带宽的数据采集系统。为此，采用前期取得的发明专利——高速实时分布式数据采集装置 DDDQ-9000，通过时序控制模块控制数据采集模块的数据传输、读取和缓存；通过时间戳模块自动编辑时间戳信息实现打包，防止因传输时间不确定等因素引起数据错位和失真，保证数据的真实性；针对管道运行工况复杂、内检测仪器振动剧烈、环境噪

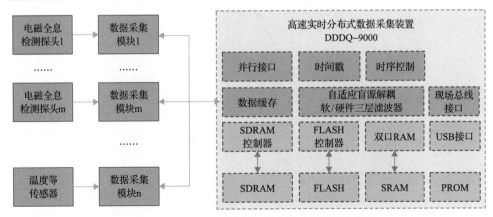

图 6.25　高精度多频电磁全息采样系统设计方案图

声对信号检测干扰严重等问题，通过自适应盲源解耦软/硬件三层滤波器模块实现采样信号的三级滤波；针对采样系统掉电等异常情况，监控系统工作电压等状态，在 FLASH 中保存系统重要信息和记录程序断点，为系统重启后的续接检测提供保障。

数据采集模块通过电磁全息检测探头、温度传感器、姿态/里程传感器等采集电磁超声、涡流、温度、姿态、里程等基础数据。针对采样精度要求高、采样通道多且通道之间必须电气隔离和数据同步等要求，提出如图 6.26 所示的研发方案。CPLD 控制高精度 A/D 和采样保持电路的时序，保证数据的采样精度、准确性和同步性。

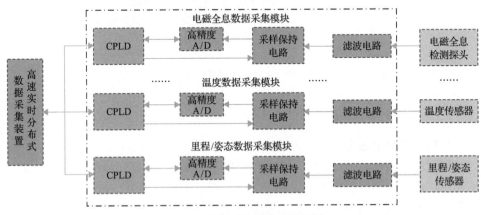

图 6.26　数据采集模块功能框图

高速实时分布式数据采集装置 DDDQ-9000 采用小型堆栈式结构和嵌入式工业控制总线系统，具有抗环境干扰能力强、采样精度高、实时性好、数据处理能力强大等特点，具体功能模块如图 6.27 所示。

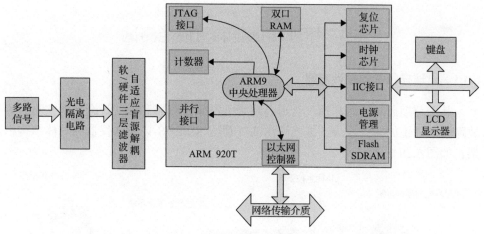

图 6.27　高速实时分布式数据采集装置 DDDQ-9000 功能模块图

　　DDDQ-9000 的中央处理器采用基于 ARM 920T 的 SOC 高性能低功耗片上系统 32 位处理器, 具有 16K 指令和 16K 数据的 Cache, 芯片处理速度为 1.1MIPS/MHz, 时钟频率达 200MHz。采用光电隔离技术, DDDQ-9000 通过并行接口与外部进行数据交换, 由于外部信号与中央处理器完全隔离, 因而具有较高的输入阻抗和共模抑制比。整个数据采样系统往往需要综合运用多种不同时钟频率的接口标准, 如并行接口、现场总线接口等, 由此引发的多时钟域问题极易造成数据传输拥堵、覆盖丢失或无效。为解决该问题, 在 DDDQ-9000 中设计了双口 RAM 高速缓存等方式, 消除数据传递过程的亚稳态, 实现数据流和控制信号的准确、稳定传输。DDDQ-9000 在数据采集过程中, 采用自适应盲源解耦软/硬件三层滤波方法, 提高数据采集的精确性和抗干扰性, 具体设计思路如图 6.28 所示。

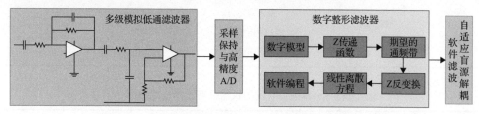

图 6.28　自适应盲源解耦软/硬件三层滤波器功能模块图

　　自适应盲源解耦软/硬件三层滤波器由三级滤波器电路组成, 多级模拟低通滤波器与数字整形滤波器结合实现采样信号的一、二级硬件滤波(粗过滤); 为进一步还原采样信号的原貌, 设计一个分离代价函数, 通过调节传递函数获得不同的特性, 在高采样频率情况下, 就可以获得在选定的代价函数意义下的信号差分估计, 实现通过算法程序的自适应盲源解耦软件滤波, 即三级滤波(精过滤)。经过软硬件三级滤波处理后可以实现信号与噪声的解耦, 为后续数据分析处理提供保证。

6.4　原理样机研制与性能测试

6.4.1　原理样机总体设计方案

　　基于前期研制的海洋油气管道高清晰度漏磁检测器和油气管道泄漏实时监测故障诊断系统的研究成果，提出海洋油气管道 MFEHS 内检测仪器的总体结构框架，如图 6.29。

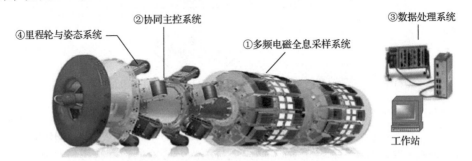

图 6.29　海洋油气管道 MFEHS 内检测仪器整体外形结构图

　　海洋油气管道 MFEHS 内检测仪器设备工作环境技术指标见表 6.4，技术性能指标见表 6.5 所示。

表 6.4　本项目研发的仪器设备工作环境技术指标

序号	项目		指标	
1	管道参数	直径	DN200	温度范围 0～65℃
		最大缩径	≤18mm	
		最大操作压力	15MPa	
		最小操作压力	0.5MPa	

表 6.5　本项目研发的仪器设备技术性能指标

序号	项目		指标	
1	采样精度	采样频率	3MHz	
		最小采样间距	≤2mm	
2	信号偏差	电磁超声信号	≤±0.1%	温度范围 0～65℃
		涡流信号	≤±0.1%	
		里程信号	≤±0.05%	
		姿态信号	≤±0.1°	
		温度信号	≤±1°	

续表

序号	项目		指标
3	故障诊断精度	最小缺陷识别	2mm×3mm×1mm
		最小裂纹识别	1mm×5mm×1mm
4	安全评估精度	剩余寿命误差	≤±10%
5	内检测仪器 性能指标	全息检测探头	120 个
		里程轮	3 个
		姿态传感器	1 个
		温度传感器	1 个
		参考长度	≤2.5m
		参考重量	≤120kg
		运行速度	0.5~3m/s

6.4.2　实验平台搭建与完善

在现有 Φ219mm 海底管线三轴漏磁无损检测系统基础上，采用三轴漏磁检测技术，基于有限元仿真和数据拟合的方法，解决了漏磁检测精度低、漏检率高、检测数据分析复杂等问题。2013 年联合中海油公司，研制了 Φ219mm 海洋油气管道高清晰度漏磁检测器(图 6.30)，并于 2015 年 10 月海试成功，该装置"在渤海 BZ34-1 油田海试成功，取得完整有效数据，检测器各项性能参数达到国际同类产品先进水平，标志着我国海底管道'洋检测'时代即将结束"(中央电视台新闻直播间报道)。2014 年与沈阳仪表科学研究院有限公司联合研制 Φ159mm 海底管线电磁涡流测径仪(图 6.31)，原理样机已初步完成。

图 6.30　Φ219mm 海洋油气管道高清晰度漏磁检测器

图 6.31　Φ159mm 海洋油气管道电磁涡流测径仪

6.4.3　现场环路实验检测效果

除了仿真平台以外，与中海油公司在天津塘沽共建了一条全长 1km 的海洋油气管道模拟试验平台和试验测试中心(图 6.32 和图 6.33)，在该段管线上设计了大量的管道缺陷、焊缝、附件和弯道，尽可能使该试验管线与铺设在海底的油气管道实际情况相一致。

(1)在跨平台算法接入等关键技术领域取得突破性进展。提出跨平台多语言软件开发体系架构，使用 C#语言完成系统的组织和功能，使用 WPF(windows presentation foundation)技术实现系统的展示，使用 MATLAB 数学计算语言完成系统核心算法的实现。通过核心数据集固化输出对比、建立跨平台错误查找连调流程等技术手段，解决跨平台的动态链接库调用、交互式的数据输入输出、错误跟踪等技术难题。

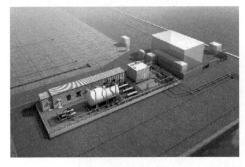

图 6.32　平面图

图 6.33　试验平台

(2)以微内核架构插件平台为基础，开发了"海底管道漏磁内检测仪器数据分析软件系统"，依据国外先进的 RUP(rational unified process)架构模型，采用跨平台算法接入技术，应用并行处理与分布式操作等先进计算机处理方法，通过 WPF 下一代显示系统，全面提升了"海底管道漏磁内检测仪器数据分析软件系统"的智能处理能力。该成果已成功应用于中海油公司海底管道漏磁信号检测与故障诊断系统中，如图 6.34 所示。

与此同时，还有多功能管道牵拉实验平台、多功能管道环路流体实验平台、全面的安全测试仪器、多套实验监测设备和测试工具及完备的测试实验控制系统和专业的测试流程，如图 6.35 所示。

(a) 登录界面

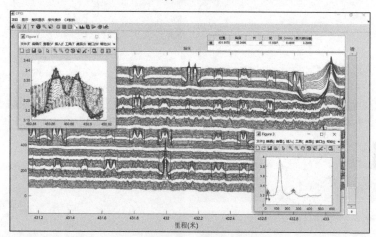

(b) 缺陷识别界面

(c) 缺陷统计界面

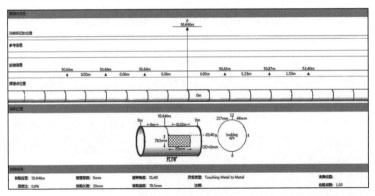

(d) 缺陷分析界面

图 6.34　海底管道漏磁内检测仪器数据分析软件系统

(a) 海管检测技术中心平面图

(b) 多功能管道环路流体实验平台

(c) 管道检测控制系统实验室

(d) 管道安全检测区

(e) 多功能管道牵拉实验平台

(f) 海上管道测试实验平台

图 6.35　海管检测技术中心

6.5　多尺度缺陷检测与轮廓精确反演

6.5.1　多尺度缺陷管道异常区位辨识

在工业数据分析中，首先需要确定每次采集的数据是有实用价值的，因而需要对采集的漏磁数据进行有效性判定。漏磁内检测数据的有效性判定过程总体可以分为四部分：数据抽样、样本数据缺失判定、样本数据异常判定和样本数据里程信息准确性判定，其有效性判定流程图如图 6.36 所示。

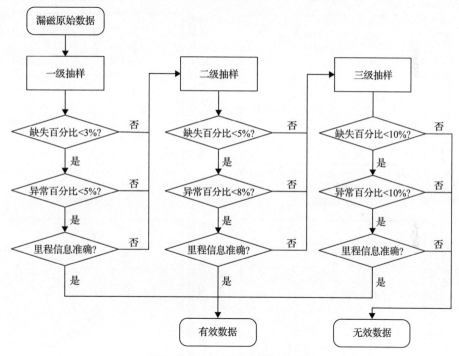

图 6.36　数据有效性判定流程图

经过有效性判定过后的数据，已经被确定为有效数据，可以通过后期的数据预处理、数据处理和数据分析来真实反映管道真实情况。

将采集到的涡流、漏磁及应力信号由原来以里程位置-周向角度标定转换为长宽形制的平面坐标表征，根据专家经验形成的频度复现率、强度变化率等指标对信号剔除显著性高的异常区域(焊缝、法兰组件等)。将平面空间以变尺度矩形窗口分块，从信息熵和能量角度生成序列化特征矩阵，将每块区域内电磁异常检测视为统计显著性检验问题求解，算法示意如图 6.37。将上述二维曲线图进一步转换成伪彩色图，利用超像素分割技术，结合先验知识设计编码层级进行多级降采

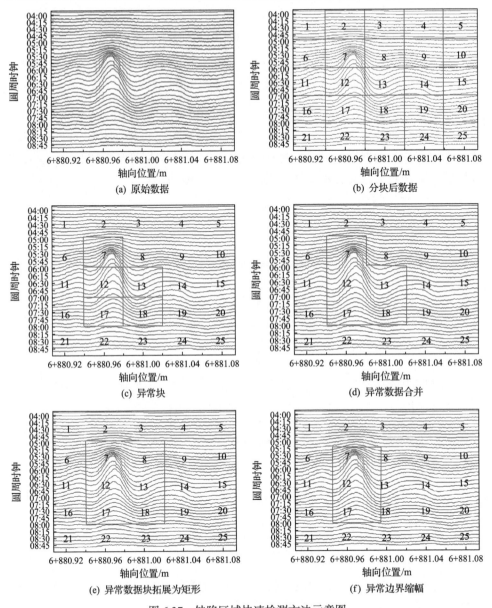

图 6.37　缺陷区域快速检测方法示意图

样。在低分辨率尺度下，结合邻域信息和动态模型拟合涡流漏磁信号背景，利用核密度估计、高斯混合估计等算法实现信号背景差分。在高分辨率尺度下，引入检测算子锚定异常信号边界，并依据信号特征构建磁场异常辨识模型圈定异常区域位置信息。

6.5.2　多目标金属损失缺陷分类与识别

数据集来源于图 6.32 和图 6.33 所示的试验场地,并且数据集内包含 5 个类别、64 个属性,共计 661 个样本,其中包括腐蚀缺陷(445 个)、正常区域(156 个)、金属增加(26 个)、仪表 1(20 个)和仪表 2(14 个)。属性中包含 8 个窗体特征和 56 个小波特征,所选小波母函数为 "db4",分解层数为 4,并且分别提取每一层级分解下低频小波系数和高频小波系数作为特征。在进行缺陷分类与识别过程中,80%的漏磁数据用于模型学习,其余的数据用于模型测试。

将本章所提的自适应模糊最小-最大异构神经网络(simplified adaptive fuzzy min-max neural network,SAFMM)算法与其他的最大异构神经网络模型相比,其中 θ 的取值范围从 0.1 到 0.9,步长是 0.1,每一个 θ 下进行 10 次实验,由图 6.38 可以看出,SAFMM 可以在生成更少的超盒的基础上具有更低的分类误差。

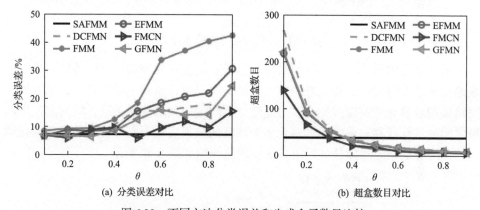

(a) 分类误差对比　　　　　　(b) 超盒数目对比

图 6.38　不同方法分类误差和生成盒子数目比较

另外,将 SAFMM 模型和其他经典的分类算法进行比较,包括 BP(neural network)、贝叶斯(Bayes)、K 近邻模型(K-nearestneighbor,KNN)和支持向量机(support vector machine,SVM),10 次随机实验分类误差比较如图 6.39 所示。由图 6.47 可以看出 SAFMM 模型的分类误差最低,并且其实验稳定性好,实验表明本章所提的 SAFMM 模型更加适用于 MFL 数据的识别,在不平衡数据中识别效果良好。

6.5.3　多视角磁测信息的缺陷轮廓反演

考虑到应力场、涡流场以及永磁场之间具有一定的耦合关系,而这种耦合关系极易导致缺陷信号发生形变,从而使缺陷反演精度的降低。此外,漏磁信号与缺陷尺寸之间存在复杂非线性关系,由于多变的环境和信号高复杂度给准确估计缺陷尺寸带来了严峻的考验,同时真实信号是非平稳并且夹杂着噪声,这使得根据漏磁数据实现管道缺陷反演变得困难[18-20]。针对管道反演精度低以及反演模型泛化能力差的问题，本章提出基于多域及多特征融合的深海管道缺陷故障迁移反演方法来提高反演精度。

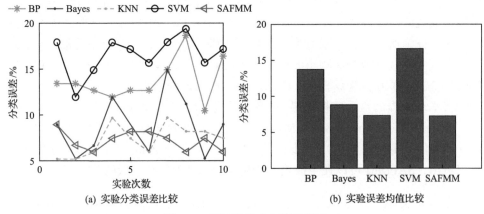

图 6.39　不同分类方法精度对比

　　面对变化的管道环境，比如壁厚、口径及其他外界因素，已知环境下建立的缺陷反演模型将难以获得很好的应用效果，同时目标域样本可能过少，单独训练网络模型容易导致模型过拟合，为此建立不同域之间的映射关系，同时实现不同域之间的特征迁移，最终通过融合多个特征的结果实现不同环境下的迁移进化学习，深海管道缺陷故障迁移反演方法技术路线图如图 6.40 所示。

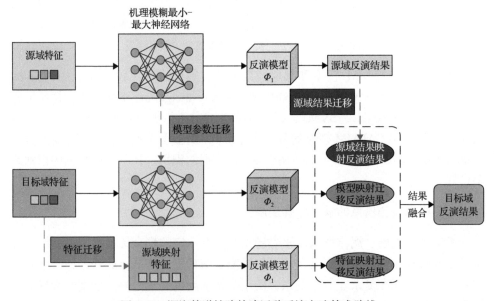

图 6.40　深海管道缺陷故障迁移反演方法技术路线

已知源域特征经过异构场机理模糊最小-最大神经网络进行回归训练,得到源域反演模型 Φ_1 。

为实现目标域的反演,主要迁移过程分为以下三部分。

(1)特征迁移学习环节。该过程将目标域特征迁移映射到源域,基于特征的迁移特征是通过学习新的特征表示,使得领域间共享特性增强而独享特性减弱,再通过特征迁移利用源域估计模型进行回归反演。

(2)源域模型参数迁移学习环节。该过程将源域模型中的参数映射到目标域模型,最终得到目标域反演模型 Φ_2 。

(3)源域结果迁移学习环节。当目标域含有部分标签时,可以建立源域与目标域的反演结果之间的映射关系,实现源域反演结果迁移学习。最终,根据三个环节的估计结果,使用融合策略,得到最终的目标域反演结果。

基于多域及多特征融合的深海管道缺陷故障迁移反演方法的网络损失函数主要分为以下三部分。

(1)原有的损失函数为源域带标签样本预测误差。

(2)在(1)的基础上加入域融合损失适配域间差异,进行优化来学习深度表征,旨在使域不可分,实现特征迁移。

(3)针对目标域有少数带标签数据情况,加入软标签损失适配任务间差异,软标签通过源域和目标域带标签样本的输出概率分布构成,使源域和目标域之间迁移标签结构相似。

本章方法与堆叠方法对比,其反演的长宽深精度图如图 6.41 所示。通过比较可知,通过本章方法的反演结果更接近于缺陷的真实值,因此本章方法优于堆叠方法。

同时为了验证本章所提方法迁移能力,针对不同数量的目标域带标签样本,利用本章所提方法与联合分布自适应的方法(joint distribution adaptation, JDA)进

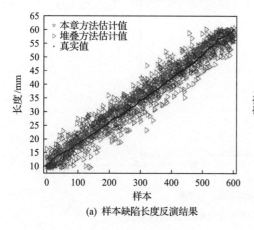

(a) 样本缺陷长度反演结果

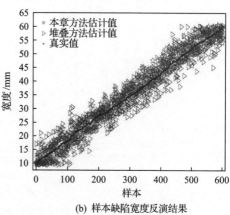

(b) 样本缺陷宽度反演结果

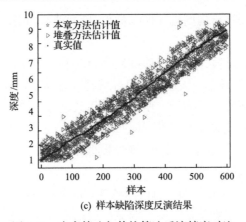

(c) 样本缺陷深度反演结果

图 6.41 本章算法与传统算法反演精度对比

行对比试验，然后观察方法的表现差异，结果列于图 6.42 中。由图 6.42 可知本章方法效果很好，尤其是在目标域 label 非常少的时候标定精度也非常高。

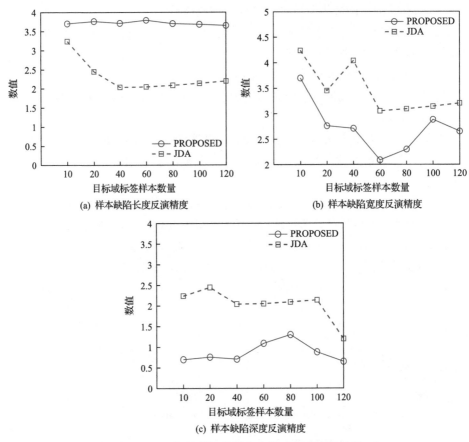

图 6.42 目标域带标签样本变化时方法精度对比

虽然 JDA 同样具有迭代收敛过程，但是由于其使用伪标签，忽略部分目标域有标签样本，所以当有标签样本数增加，精度没有明显提高，说明其忽略任务域间相似性，一味追求特征空间边缘分布和条件分布对齐。当目标域带标签数据增加时，本章方法反演精度有显著提升，通过域损失和软标签损失完成迁移任务。

针对漏磁缺陷故障诊断中，由于管道应用场景的变化、管道型号不同以及操作环境等因素影响，漏磁数据的训练样本与测试样本分布不同的问题，同时针对已有方法提取特征依赖专家经验，不能提取深层高度特征，并且已有研究只在一对源域目标域之间完成迁移，浪费了其他相似源域资源和已有的迁移经验的问题，本章提出基于多域及多特征融合的深海管道缺陷故障迁移反演方法，使用深度迁移网络端到端实现反演问题，完成域间深度适配，进行领域不变深度表征学习和概率分布差异修正，让模型学会从经验中迁移。这解决了浅层网络依赖专家经验提取构造化结构特征和浪费忽略迁移经验的两个局限性问题，并在漏磁数据集上验证了算法性能，体现了算法的优越性能。

6.6　本章小结

在经过市场调研、用户需求分析和现场的管道安全检测与可靠性评估并且分析了国内外系统优缺点的基础上，本章提出了基于电磁全息的异构场解耦理论与多尺度缺陷检测方法。在充分考虑了系统的先进性、稳定性、安全性、可扩充性和实用性的基础上，本章内容开创性地提出了永磁-涡流-应力"异构场"新概念，实现了异构场下发射信号的优化协同控制、接收线圈的间歇协同采样、耦合物理场信号的协同抗扰解耦和安全评估的信息协同补偿的管道安全检测和可靠性评估，确保了在仪器设备可靠性的核心关键技术及系统集成设计方面取得的原创性突破。

参 考 文 献

[1] Jiang L, Zhang H, Liu J, et al. A Multi-Sensor Cycle-Supervised Convolutional Neural Networks for Anomaly Detection on Magnetic Flux Leakage Signals[J]. IEEE Transactions on Industrial Informatics, 2022, doi: 10.1109/TII.2022.3146152.

[2] Zhang H, Wang L, Wang J F, et al. A pipeline defect inversion method with erratic MFL signals based on cascading abstract features[J]. IEEE Transactions on Instrumentation and Measurement, 2022, doi: 10.1109/TIM.2022.3152243.

[3] Liu J H, Ma Y, Zhang H, et al. A modified fuzzy min–max neural network for data clustering and its application on pipeline internal inspection data[J]. Neurocomputing, 2017, 238: 56-66.

[4] 刘金海, 吴振宁, 王增国, 等. 漏磁内检测数据中的管壁缺陷特征提取方法[J]. 北京工业大学学报, 2014, 40(7): 1041-1047.

[5] Jo N H, Lee H B. A novel feature extraction for eddy current testing of steam generator tubes[J]. NDT & e International, 2009, 42(7): 658-663.

[6] Lee L H, Rajkumar R, Lo L H, et al. Oil and gas pipeline failure prediction system using long range ultrasonic transducers and Euclidean-Support Vector Machines classification approach[J]. Expert Systems with Applications, 2013, 40(6): 1925-1934.

[7] 杨理践, 耿浩, 高松巍. 基于多级磁化的高速漏磁检测技术研究[J]. 仪器仪表学报, 2018, 39(6): 148-156.

[8] Kandroodi M R, Araabi B N, Bassiri M M, et al. Estimation of depth and length of defects from magnetic flux leakage measurements: verification with simulations, experiments, and pigging data[J]. IEEE Transactions on Magnetics, 2016, 53(3): 1-10.

[9] Huang S, Peng L, Wang Q, et al. An opening profile recognition method for magnetic flux leakage signals of defect[J]. IEEE Transactions on Instrumentation and Measurement, 2018, 68(6): 2229-2236.

[10] Fu M R, Liu J H, Zhang H G, et al. Multisensor Fusion for Magnetic Flux Leakage Defect Characterization Under Information Incompletion[J]. IEEE Transactions on Industrial Electronics, 2020, 68(5): 4382-4392.

[11] 刘金海, 赵贺, 神祥凯, 等. 基于漏磁内检测的自监督缺陷检测方法[J]. 仪器仪表学报, 2020, 41(9): 180-187.

[12] Yu G, Liu J, Zhang H, et al. An iterative stacking method for pipeline defect inversion with complex MFL signals[J]. IEEE Transactions on Instrumentation and Measurement, 2019, 69(6): 3780-3788.

[13] Lu S X, Feng J, Zhang H G, et al. An estimation method of defect size from MFL image using visual transformation convolutional neural network[J]. IEEE Transactions on Industrial Informatics, 2018, 15(1): 213-224.

[14] Feng J, Liu J, Zhang H. Speed control of pipeline inner detector based on interval dynamic matrix control with additional margin[J]. IEEE Transactions on Industrial Electronics, 2020, 68(12): 12657-12667.

[15] 刘金海, 付明芮, 唐建华. 基于漏磁内检测的缺陷识别方法[J]. 仪器仪表学报, 2016, 37(11): 2572-2581.

[16] 王少平, 刘金海, 高丁, 等. 海底管道内检测器实时跟踪与精确定位[J]. 无损检测, 2013, 35(9): 26-30, 65.

[17] 王少平, 王增国, 刘金海, 等. 基于三轴漏磁与电涡流检测的管道内外壁缺陷识别方法[J]. 控制工程, 2014, 21(4): 572-578.

[18] Li F, Feng J, Zhang H, et al. Quick reconstruction of arbitrary pipeline defect profiles from MFL measurements employing modified harmony search algorithm[J]. IEEE Transactions on Instrumentation and Measurement, 2018, 67(9): 2200-2213.

[19] 吴振宁, 汪力行, 刘金海. 基于空间映射的匀速采样漏磁检测复杂缺陷重构方法[J]. 仪器仪表学报, 2018, 39(7): 164-172.

[20] Xiao Q, Feng J, Xu Z, et al. Receiver signal analysis on geometry and excitation parameters of remote field eddy current probe[J]. IEEE Transactions on Industrial Electronics, 2022, 69(3): 3088-3098.

第 **7** 章 基于虚拟同步发电机及自适应动态规划的微电网最优频率控制

7.1 引　言

在全球碳减排及能源可持续发展的大趋势下，如何取代传统电网，探索新型电网组织形式成为各国的共识，而微电网以其灵活高效、可靠性强等特点赢得了全世界的普遍关注[1-4]。并网逆变器作为可再生能源与配电网(微电网)之间的纽带，其功能的深入挖掘一直是学术研究的热点。和传统大电网中的同步发电机相比，常规并网逆变器响应速度较快，缺乏转动惯量，导致其很难参与电网调节，这就是所谓的并网逆变器"只出工不出力"现象，当配电网出现扰动时，常规并网逆变器很难为其提供必要的电压和频率支撑。随着可再生能源发电的渗透率逐步提高，其对电力系统的稳定运行将是一个巨大的挑战[5-8]。

为了在逆变器中引入同步发电机的"同步"机制，有学者提出一种新型的控制方案，该策略借助微电网的储能单元，对传统并网逆变器的控制算法加以改进，使其能够模拟出同步发电机的机电暂态特性及阻尼功率振荡，动态地弥补功率差额，减少频率波动的程度，从而帮助改善系统的稳定性，提高微电网和配电网对分布式电源的接纳能力，这就是虚拟同步发电机控制技术(virtual synchronous generator, VSG)[9,10]。该技术可使逆变器表现出类似于同步发电机的外特性，有利于提高微电网的稳定运行能力，因而有望成为分布式逆变电源接入微电网系统的重要技术。

虚拟同步发电机最早见于 1997 年 IEEE TASK FORCE 工作组对 FACTS 相关术语的定义[11]，该小组提出了静态同步发电机概念，指出变换器可通过控制模拟同步发电机功率输出的下垂特性。为了适应微电网发展的需要，使虚拟同步发电机在微电网的孤岛模式下具备支撑配电网频率和电压的能力，学者们提出了电压控制型虚拟同步发电机技术。最具代表性的有英国谢菲尔德大学钟庆昌教授提出的"Synchronverter"策略[12,13]。Synchronverter 策略研究了并网逆变器与传统同步发电机之间的数学和物理联系，建立了逆变器输出参数与同步发电机相关物理量的等效模型，并设计出可模拟同步发电机输出特性的逆变器控制方法。但是该方案在实现过程中，将功率控制环路生成的参考电压直接作为调制波以生成 PWM 信号，并未进行输出电压的闭环控制，当多台逆变器并联时，可能引发谐振，同时由于同步电抗的参数固定，参数设计不当可能影响系统的稳定性。张化光团队提出了自适应同步电抗的参数设计手段，并利用自适应动态规划算法实现了最优控制[14]。

在虚拟同步发电机的工程应用方面，我国走在了世界前列。2016 年 9 月，全球首套分布式虚拟同步发电机在天津成功挂网；2016 年 11 月，由国电南瑞集团研制的 500kW 光伏虚拟同步机在张北风光储输基地并网成功，这是全球首套大功率光伏虚拟同步机并网；2017 年 12 月，世界首个具备虚拟同步机功能的新能源电站在张北正式投运。然而以上理论研究及示范工程大多着眼于逆变器接口的有功频率控制环节，通过模拟真实同步发电机的转动惯量和阻尼特性，达到提高电网频率稳定性的目的。但是通过分析张北已经完成的 24 台共 12MW 光伏逆变器的虚拟同步机技术改造实例，发现其存在系统参数整定不合理、调频支撑能力不足等技术问题，相关的解决措施还有待探索。同时，虚拟同步发电机通常可实现一次调频控制，在微电网孤岛运行时，需要讨论如何实现虚拟同步发电机技术的二次频率控制，而这通常基于这样的假设，即发电机可以在短时间内产生或吸收无限量的功率[15,16]。因此，直流侧电容器的动态限制被忽略，这在实际应用中被证明是一个问题。

7.2　基于虚拟同步发电机的微电网非线性模型构建

交流微电网是一个三相平衡系统[17-19]，图 7.1 显示了交流微电网的一般结构，其中交流负载和逆变器耦合的分布式电源同时连接到每个交流母线。

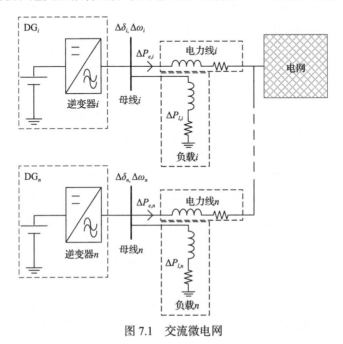

图 7.1　交流微电网

每个逆变器的输出由虚拟同步发电机的二次调频控制决定，如下所示：

$$J_i \Delta \dot{\omega}_i = \Delta P_{g,i} - \Delta P_{e,i} - D_i \Delta \omega_i + \Delta P_{l,i} \tag{7.1}$$

$$T_{g,i} \Delta \dot{P}_{g,i} = -\Delta P_{g,i} - \underbrace{R_i^{-1} \Delta \omega_i}_{\text{初级控制}} - \underbrace{\left(K_{\mathrm{P}i} + \frac{K_{\mathrm{I}i}}{s} \right) \Delta \omega_i}_{\text{二级控制}} \tag{7.2}$$

式中，$\Delta \omega_i$ 为频率偏差；$K_{\mathrm{P}i}$ 和 $K_{\mathrm{I}i}$ 分别为二次频率调节的比例系数和积分系数；$\Delta P_{g,i}$ 表示机械涡轮机功率的变化；R_i 和 $T_{g,i}$ 分别为涡轮机调速器动态的下垂增益和时间常数；J_i 和 D_i 分别为虚拟惯性和有功频率下垂阻尼系数；$\Delta P_{l,i}$ 为节点 i 的负载变化；$\Delta P_{e,i}$ 表示第 i 个分布式电源的电功率输出的变化。

电输出功率 $\Delta P_{e,i}$ 的变化可以根据交流潮流计算得出：

$$\Delta P_{e,i} = E_i \sum_{j=1}^{n} E_j \left[-G_{ij} \sin\left(\delta_i^0 - \delta_j^0 \right) + B_{ij} \cos\left(\delta_i^0 - \delta_j^0 \right) \right] \cdot \left(\Delta \delta_i - \Delta \delta_j \right) \tag{7.3}$$

为简洁起见，定义

$$C_{i,j} = E_i \sum_{j=1}^{n} E_j \left[-G_{ij} \sin\left(\delta_i^0 - \delta_j^0 \right) + B_{ij} \cos\left(\delta_i^0 - \delta_j^0 \right) \right]$$

$$C_i = \begin{bmatrix} C_{i,1} & \cdots & C_{i,j} & \cdots & C_{i,N} \end{bmatrix}$$

然后，式(7.3)重写如下：

$$\Delta P_{e,i} = C_i \cdot \left(A_{\delta,1} D_{\delta_i} - A_{\delta,2} \right) \cdot \Delta \delta \tag{7.4}$$

式中，$\Delta \delta = \begin{bmatrix} \Delta \delta_1 & \cdots & \Delta \delta_N \end{bmatrix}^{\mathrm{T}}$ 表示角度偏差向量。$A_{\delta,1}$ 是所有元素均等于 1 的 $N \times 1$ 列向量；$A_{\delta,2}$ 为大小为 $N \times N$ 的单位矩阵；D_{δ_i} 为一个 $1 \times N$ 列向量，第 i 行中的元素等于 1，剩余元素为 0；n 是交流微电网中的总节点数；G_{ij} 和 B_{ij} 是节点导纳矩阵的实部和虚部；上标 0 是变量的初始值。我们假设由于励磁系统的作用，内部电动势 E_i 是一个常数。

结合方程式(7.1)和式(7.2)，得

$$\Delta \ddot{\omega}_i = -\frac{K_{\mathrm{I}i}}{J_i T_{g,i}} \Delta \delta_i - \left(\frac{1}{J_i T_{g,i} R_i} + \frac{D_i}{J_i T_{g,i}} + \frac{K_{\mathrm{P}i}}{J_i T_{g,i}} \right) \Delta \omega_i - \left(\frac{D_i}{J_i} + \frac{1}{T_{g,i}} \right) \Delta \dot{\omega}_i$$
$$- \frac{1}{J_i T_{g,i}} \Delta P_{e,i} - \frac{1}{J_i} \Delta \dot{P}_{e,i} + \frac{1}{J_i T_{g,i}} \Delta P_{l,i} + \frac{1}{J_i} \Delta \dot{P}_{l,i} \tag{7.5}$$

将式(7.4)代入式(7.5)，即 $\Delta\ddot{\omega}_i$ 可以表示为

$$\Delta\ddot{\omega}_i = -\frac{K_{\mathrm{I}i}}{J_i T_{g,i}}\Delta\delta_i - \frac{1}{J_i T_{g,i}}C_i\left(A_{\delta,1}D_{\delta_i} - A_{\delta,2}\right)\Delta\delta - \left(\frac{1}{J_i T_{g,i}R_i} + \frac{D_i}{J_i T_{g,i}} + \frac{K_{\mathrm{P}i}}{J_i T_{g,i}}\right)\Delta\omega_i$$

$$-\frac{1}{J_i}C_i\left(A_{\delta,1}D_{\delta_i} - A_{\delta,2}\right)\Delta\omega - \left(\frac{D_i}{J_i} + \frac{1}{T_{g,i}}\right)\Delta\dot{\omega}_i + \frac{1}{J_i T_{g,i}}\Delta P_{l,i} + \frac{1}{J_i}\Delta\dot{P}_{l,i}$$

$$\tag{7.6}$$

考虑一个常阶跃扰动 $\Delta P_{l,i}$，并指定以下向量

$$\Delta\delta = \begin{bmatrix}\Delta\delta_1 & \cdots & \Delta\delta_N\end{bmatrix}^{\mathrm{T}} = \begin{bmatrix}x_1 & \cdots & x_N\end{bmatrix}^{\mathrm{T}}$$

$$\Delta\omega = \begin{bmatrix}\Delta\omega_1 & \cdots & \Delta\omega_N\end{bmatrix}^{\mathrm{T}} = \begin{bmatrix}x_{N+1} & \cdots & x_{2N}\end{bmatrix}^{\mathrm{T}}$$

$$\Delta\dot{\omega} = \begin{bmatrix}\Delta\dot{\omega}_1 & \cdots & \Delta\dot{\omega}_N\end{bmatrix}^{\mathrm{T}} = \begin{bmatrix}x_{2N+1} & \cdots & x_{3N}\end{bmatrix}^{\mathrm{T}}$$

则交流微电网的完整非线性模型可表示为

$$\dot{x} = f(x) + g(x)u(x) \tag{7.7}$$

式中

$$x = \begin{bmatrix}\Delta\delta \\ \Delta\omega \\ \Delta\dot{\omega}\end{bmatrix}, f(x) = \begin{bmatrix}0 & I & 0 \\ 0 & 0 & I \\ 0 & 0 & A_{\dot{\omega},T_g}\end{bmatrix}\begin{bmatrix}\Delta\delta \\ \Delta\omega \\ \Delta\dot{\omega}\end{bmatrix},$$

$$g(x) = \begin{bmatrix}0 \\ 0 \\ \left(A_{\delta 1} + A_{\delta 2}\right)\Delta\delta + \left(A_{\omega 1} + A_{\omega 2}\right)\Delta\omega \\ + A_{\dot{\omega},D}\Delta\dot{\omega} + A_{\mathrm{P}}\end{bmatrix},$$

$$u(x) = \begin{bmatrix}\dfrac{1}{J_1(x)} & \cdots & \dfrac{1}{J_N(x)}\end{bmatrix}^{\mathrm{T}}, A_{\dot{\omega},T_g} = \mathrm{diag}\left\{\left[-\frac{1}{T_{g,i}}\right]\right\}, A_{\dot{\omega},D} = \mathrm{diag}\left\{\left[-D_i\right]\right\},$$

$$A_{\delta 1} = \begin{bmatrix}\left(-\dfrac{C_1\cdot\left(A_{\delta,1}D_{\delta_1} - A_{\delta,2}\right)}{T_{g,1}}\right)^{\mathrm{T}} & \cdots & \left(-\dfrac{C_N\cdot\left(A_{\delta,1}D_{\delta_N} - A_{\delta,2}\right)}{T_{g,N}}\right)^{\mathrm{T}}\end{bmatrix}^{\mathrm{T}},$$

$$A_{\delta 2} = \mathrm{diag}\left\{\left[-\frac{K_{\mathrm{I}i}}{T_{g,i}}\right]\right\}, A_{\mathrm{P}} = \mathrm{diag}\left\{\left[\frac{\Delta P_{l,i}}{T_{g,i}}\right]\right\}, A_{\omega 1} = \mathrm{diag}\left\{\left[-\left(\frac{1}{T_{g,i}R_i} + \frac{D_i}{T_{g,i}} + \frac{K_{\mathrm{P}i}}{T_{g,i}}\right)\right]\right\},$$

$$A_{\omega 2} = \left[\left(-C_1 \cdot \left(A_{\delta,1}D_{\delta_1} - A_{\delta,2}\right)\right)^{\mathrm{T}} \cdots \left(-C_N \cdot \left(A_{\delta,1}D_{\delta_N} - A_{\delta,2}\right)\right)^{\mathrm{T}}\right]^{\mathrm{T}}.$$

在频率调节过程中，逆变器的虚拟同步发电机参数通过状态反馈控制进行调节。整个频率调节方案如图 7.2 所示。

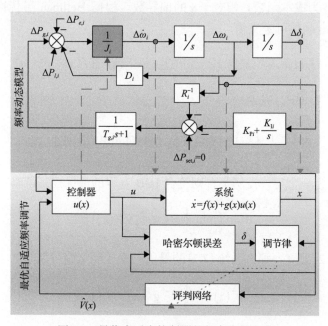

图 7.2　最优自适应控制器的频率支撑方案

7.3　基于自适应动态规划的最优频率控制

在这一节中，使用在线参与者-评判家算法和单个神经网络对其进行调节和实现自适应虚拟惯性控制器[20]。

7.3.1　自适应最优控制器设计

基于上述讨论，交流微电网的状态模型由式 (7.7) 表示。这项工作的主要目标是获得一个最优控制策略 $u(x)$，使得虚拟同步发电机能够对频率响应做出最优贡献，同时也能够满足直流侧能量的要求。为了获得这种平衡，成本函数被选择为

$$V(x_0) = \int_0^\infty r[x(\tau), u(\tau)]\mathrm{d}\tau \tag{7.8}$$

式中，效用函数 $r[x,u(x)]$ 选为 $r(x,u(x)) = x^{\mathrm{T}}Qx + u^{\mathrm{T}}Ru$ ，Q 和 R 为具有适当维数的正定对称矩阵。

然后，导出式 (7.8) 的非线性李雅普诺夫方程：

$$0 = r[x,u(x)] + [\nabla V(x)]^{\mathrm{T}}[f(x) + g(x)u], \ V(0) = 0 \tag{7.9}$$

式中，$\nabla V(x)$ 为成本函数 V 相对于 x 的偏导数。根据 Bellman 最优性原理，问题的 Hamiltonian 函数可定义为

$$H[x,u,\nabla V(x)] = r[x(t),u(t)] + [\nabla V(x)^{\mathrm{T}}][f(x) + g(x)u] \tag{7.10}$$

则最优的成本函数 $V^*(x)$ 为

$$V^*(x_0) = \min_{u \in \Psi(\Omega)}\left(\int_0^\infty r\{x(\tau), u[x(\tau)]\}\mathrm{d}\tau\right) \tag{7.11}$$

式中，$\Psi(\Omega)$ 为一个容许控制集，则符合 HJB 方程的最优控制策略 $u^*(x)$ 满足

$$0 = \min_{u \in \Psi(\Omega)}\left[H\left(x,u^*,\nabla V(x)\right)\right] \tag{7.12}$$

假设公式 (7.12) 成立，那么系统 (7.7) 的最优频率控制策略可以写为

$$u^*(x) = -\frac{1}{2}R^{-1}g^{\mathrm{T}}(x)\nabla V^*(x) \tag{7.13}$$

将式 (7.13) 代入式 (7.12)，那么 HJB 方程关于 $\nabla V^*(x)$ 的表达式可以进一步写成

$$\begin{aligned}0 &= r[x(t),u(t)] + (\nabla V^*(x))^{\mathrm{T}}[f(x) + g(x)u]\\ &= [\nabla V^*(x)]^{\mathrm{T}}f(x) + Q(x) - \frac{1}{4}(\nabla V^*(x))^{\mathrm{T}}g(x)R^{-1}g^{\mathrm{T}}(x)\nabla V^*(x)\end{aligned} \tag{7.14}$$

式中，$0 = H[x(t),u^*(x),\nabla V^*(x)]$；$u^*(x)$ 为最优控制策略。

由于式 (7.14) 的非线性性质，HJB 方程几乎不可能直接求解。因此，基于策略评估和策略改进，采用自适应动态规划 (ADP) 方法来迭代求解近似成本函数 $V^*(x)$ 和最优控制策略 $u^*(x)$。为了实现 ADP 方法，这里采用单临界神经网络来逼近成本函数和控制策略。假设存在权重 W，则成本函数按如下方式重构为

$$V^*(x) = W^{\mathrm{T}}\psi(x) + \delta_c(x) \tag{7.15}$$

式中，$\psi(x)$ 和 $\delta_c(x)$ 分别为神经网络的激活函数和理想逼近误差。相应地，$V(x)$ 相对于 $x(t)$ 的导数可以表示为

$$\nabla V^*(x) = \nabla \psi^{\mathrm{T}} W + \nabla \delta_c(x) \tag{7.16}$$

然后，将式 (7.16) 代入式 (7.14)，有

$$x^{\mathrm{T}} Q x + \left(\nabla \psi^{\mathrm{T}} W\right)^{\mathrm{T}} f - \frac{1}{4}\left(\nabla \psi^{\mathrm{T}} W\right)^{\mathrm{T}} G \nabla \psi^{\mathrm{T}} W = \delta_{\mathrm{HJB}} \tag{7.17}$$

式中，$G = g R^{-1} g$；δ_{HJB} 为 HJB 近似误差，为

$$\delta_{\mathrm{HJB}} = \frac{1}{2}\left(\nabla \psi^{\mathrm{T}} W\right)^{\mathrm{T}} G \nabla \delta_c + \frac{1}{4} \nabla \delta_c^{\mathrm{T}} G \nabla \delta_c - \nabla \delta_c f \tag{7.18}$$

代入式 (7.16) 到式 (7.13)，最优的控制器为

$$u^*(x) = -\frac{1}{2} R^{-1} g^{\mathrm{T}} \nabla \psi^{\mathrm{T}} W + \delta_a \tag{7.19}$$

式中，$\delta_a = -\frac{1}{2} R^{-1} g^{\mathrm{T}} \nabla \delta_c$。

假设神经网络近似误差 $\nabla \delta_c(x)$ 被束缚为 $\|\nabla \delta_c(x)\| < b_{\delta_c}$，HJB 近似误差满足有界性 $\|\delta_{\mathrm{HJB}}\| < b_{\mathrm{HJB}}$。

然而，所设计的神经网络的理想权重 W 未知，因而需要首先选择一个估计权重 $\hat{W}$。然后，估计成本函数表示为

$$\hat{V}(x) = \hat{W}^{\mathrm{T}} \psi(x) \tag{7.20}$$

定义理想权重的误差向量为

$$\tilde{W} = W - \hat{W} \tag{7.21}$$

则估计的控制器为

$$\hat{u}(x) = -\frac{1}{2} R^{-1} g^{\mathrm{T}} \nabla \psi^{\mathrm{T}} \hat{W} \tag{7.22}$$

将式 (7.20) 和式 (7.22) 代入式 (7.10)，近似 Hamiltonian 函数为

$$H(x, \hat{W}) = x^{\mathrm{T}} Q x - \left(\nabla \psi^{\mathrm{T}} \hat{W}\right)^{\mathrm{T}} f - \frac{1}{4}\left(\nabla \psi^{\mathrm{T}} \hat{W}\right)^{\mathrm{T}} G \nabla \psi^{\mathrm{T}} \hat{W} = \delta \tag{7.23}$$

利用式(7.17)、式(7.21)和式(7.23)，Hamiltonian 误差为

$$\delta = -\left(\nabla \psi^{\mathrm{T}} \hat{W}\right)^{\mathrm{T}} (f + g\hat{u}) + \frac{1}{4}\left(\nabla \psi^{\mathrm{T}} \hat{W}\right)^{\mathrm{T}} G\nabla \psi^{\mathrm{T}} \hat{W} + \delta_{\mathrm{HJB}} \qquad (7.24)$$

因此，用 δ 定义 E 来调节临界网络权值是合理的，即

$$E = \frac{1}{2}\delta^{\mathrm{T}}\delta \qquad (7.25)$$

通过最小化式(7.25)并考虑稳定性分析，这里将临界神经网络权值的调节律设计为

$$\dot{\hat{W}} = \lambda \frac{\sigma}{(\sigma^{\mathrm{T}}\sigma + 1)^2}\left(-\delta + \frac{1}{4}\left(\nabla \psi^{\mathrm{T}} \hat{W}\right)^{\mathrm{T}} G\nabla \psi^{\mathrm{T}} \hat{W}\right) + \lambda k\nabla \psi \nabla \psi^{\mathrm{T}} \hat{W} \qquad (7.26)$$

式中，$\sigma = \nabla \psi(f + g\hat{u})$；$\lambda$ 是神经网络的主要学习速率。

进一步，使用理想权重(7.21)的估计误差，权重误差的动态为

$$\begin{aligned}\dot{\tilde{W}} = &\lambda \frac{\sigma}{(\sigma^{\mathrm{T}}\sigma + 1)^2}\left\{\delta - \frac{1}{4}\left[\nabla \psi^{\mathrm{T}}(W - \tilde{W})\right]^{\mathrm{T}} G\nabla \psi^{\mathrm{T}}(W - \tilde{W})\right\} \\ &- \lambda k\nabla \psi \nabla \psi^{\mathrm{T}}(W - \tilde{W})\end{aligned} \qquad (7.27)$$

因此，可以通过使用式(7.26)来获得神经网络的权重，然后从方程(7.22)中得到最优频率控制律，在负载随机扰动下，该控制律可以稳定基准系统(7.7)的频率。

7.3.2　闭环系统稳定性分析

本节通过构造系统状态和神经网络权值的 Lyapunov 函数来证明闭环控制系统的稳定性。

定理 7.1：考虑交流微电网的完全非线性模型(7.7)。控制策略由式(7.22)给出，神经网络权值的自适应调整律为式(7.26)。然后，交流微电网的闭环系统和神经网络权重的估计误差 $\tilde{W}$ 在一致最终有界(UUB)意义下是稳定的。

证明：考虑如下李雅普诺夫函数：

$$\dot{L} = \dot{V}^*(x) + \dot{\hat{W}}^{\mathrm{T}}\lambda^{-1}\tilde{W} \qquad (7.28)$$

式(7.28)的偏差是

$$\dot{L} = \dot{V}^*(x) + \dot{\tilde{W}}^{\mathrm{T}}\lambda^{-1}\tilde{W} \qquad (7.29)$$

式(7.29)的第一项能被写为

$$
\begin{aligned}
\dot{V}^*(x) &= \nabla V^*(x)\big(f + g\hat{u}\big)\\
&= \big(\nabla\psi^{\mathrm{T}}W + \nabla\delta_c\big)^{\mathrm{T}}\left[f - \frac{1}{2}G\big(\nabla\psi^{\mathrm{T}}\hat{W}\big)\right]\\
&= \big(\nabla\psi^{\mathrm{T}}W\big)^{\mathrm{T}}f - \frac{1}{2}\big(\nabla\psi^{\mathrm{T}}W\big)^{\mathrm{T}}G\nabla\psi^{\mathrm{T}}W + \frac{1}{2}\big(\nabla\psi^{\mathrm{T}}W\big)^{\mathrm{T}}G\nabla\psi^{\mathrm{T}}\tilde{W}\\
&\quad + \nabla\delta_c^{\mathrm{T}}\left[f - \frac{1}{2}G\big(\nabla\psi^{\mathrm{T}}\hat{W}\big)\right]
\end{aligned}
\tag{7.30}
$$

根据 HJB 近似误差方程(7.17)，有

$$
\big(\nabla\psi^{\mathrm{T}}W\big)^{\mathrm{T}}f = -x^{\mathrm{T}}Qx + \frac{1}{4}\big(\nabla\psi^{\mathrm{T}}W\big)^{\mathrm{T}}G\nabla\psi^{\mathrm{T}}W + \delta_{\mathrm{HJB}}
\tag{7.31}
$$

将式(7.31)带入式(7.30)，即：

$$
\begin{aligned}
\dot{V}^*(x) &= -x^{\mathrm{T}}Qx - \frac{1}{4}\big(\nabla\psi^{\mathrm{T}}W\big)^{\mathrm{T}}G\nabla\psi^{\mathrm{T}}W + \frac{1}{2}\big(\nabla\psi^{\mathrm{T}}W\big)^{\mathrm{T}}G\nabla\psi^{\mathrm{T}}\tilde{W}\\
&\quad + \delta_{\mathrm{HJB}} + \delta_V
\end{aligned}
\tag{7.32}
$$

式中，$\delta_V = \nabla\delta_c^{\mathrm{T}}\left[f - \frac{1}{2}G\big(\nabla\psi^{\mathrm{T}}\hat{W}\big)\right]$。将式(7.27)代入式(7.29)，有

$$
\begin{aligned}
\dot{\tilde{W}}^{\mathrm{T}}\lambda^{-1}\tilde{W} &= \frac{\delta}{\big(\sigma^{\mathrm{T}}\sigma + 1\big)^2}\sigma^{\mathrm{T}}\tilde{W} - \frac{1}{4\big(\sigma^{\mathrm{T}}\sigma + 1\big)^2}\big[\nabla\psi^{\mathrm{T}}(W - \tilde{W})\big]^{\mathrm{T}}G\nabla\psi^{\mathrm{T}}(W - \tilde{W})\\
&\quad \times (f + g\hat{u})^{\mathrm{T}}\nabla\psi^{\mathrm{T}}\tilde{W} - k\big[\nabla\psi^{\mathrm{T}}(W - \tilde{W})\big]^{\mathrm{T}}\nabla\psi^{\mathrm{T}}\tilde{W}\\
&= \frac{1}{\big(\sigma^{\mathrm{T}}\sigma + 1\big)^2}\Big[-\big(\nabla\psi^{\mathrm{T}}\tilde{W}\big)^{\mathrm{T}}FF^{\mathrm{T}}\nabla\psi^{\mathrm{T}}\tilde{W}\\
&\quad - \frac{1}{4}\big(\nabla\psi^{\mathrm{T}}W\big)^{\mathrm{T}}G\nabla\psi^{\mathrm{T}}WF^{\mathrm{T}}\nabla\psi^{\mathrm{T}}\tilde{W}\\
&\quad + \frac{1}{2}\big(\nabla\psi^{\mathrm{T}}\tilde{W}\big)^{\mathrm{T}}G\nabla\psi^{\mathrm{T}}WF^{\mathrm{T}}\nabla\psi^{\mathrm{T}}\tilde{W} + \delta_{\mathrm{HJB}}F^{\mathrm{T}}\nabla\psi^{\mathrm{T}}\tilde{W}\Big]\\
&\quad - k\big(\nabla\psi^{\mathrm{T}}W\big)^{\mathrm{T}}\nabla\psi^{\mathrm{T}}\tilde{W} + k\big(\nabla\psi^{\mathrm{T}}\tilde{W}\big)^{\mathrm{T}}\nabla\psi^{\mathrm{T}}\tilde{W}
\end{aligned}
\tag{7.33}
$$

结合式(7.32)和式(7.33)，式(7.29)变为

$$\dot{L} = -x^{\mathrm{T}}Qx + \frac{1}{\left(\sigma^{\mathrm{T}}\sigma + 1\right)^2}\left[-\left(\nabla\psi^{\mathrm{T}}\tilde{W}\right)^{\mathrm{T}}FF^{\mathrm{T}}\nabla\psi^{\mathrm{T}}\tilde{W}\right.$$

$$\left.+\frac{1}{2}\left(\nabla\psi^{\mathrm{T}}\tilde{W}\right)^{\mathrm{T}}G\nabla\psi^{\mathrm{T}}WF^{\mathrm{T}}\nabla\psi^{\mathrm{T}}\tilde{W}\right]$$

$$+k\left(\nabla\psi^{\mathrm{T}}\tilde{W}\right)^{\mathrm{T}}\nabla\psi^{\mathrm{T}}\tilde{W}$$

$$+\frac{1}{\left(\sigma^{\mathrm{T}}\sigma + 1\right)^2}\left[-\frac{1}{4}\left(\nabla\psi^{\mathrm{T}}W\right)^{\mathrm{T}}G\nabla\psi^{\mathrm{T}}WF^{\mathrm{T}}\nabla\psi^{\mathrm{T}}\tilde{W}\right. \tag{7.34}$$

$$\left.+\delta_{\mathrm{HJB}}F^{\mathrm{T}}\nabla\psi^{\mathrm{T}}\tilde{W}\right]$$

$$-k\left(\nabla\psi^{\mathrm{T}}W\right)^{\mathrm{T}}\nabla\psi^{\mathrm{T}}\tilde{W}+\frac{1}{2}\left(\nabla\psi^{\mathrm{T}}W\right)^{\mathrm{T}}G\nabla\psi^{\mathrm{T}}\tilde{W}$$

$$-\frac{1}{4}\left(\nabla\psi^{\mathrm{T}}W\right)^{\mathrm{T}}G\nabla\psi^{\mathrm{T}}W+\delta_{\mathrm{HJB}}+\delta_V$$

根据提出的交流微电网模型的特点，假设以下有界条件成立：

$$\|f(x)\| < b_f\|x\|,\ \|g(x)\| < b_g,\ \|\nabla\psi(x)W\| < b_{\psi x}\|W\|$$

注意

$$\|\delta_V\| = \nabla\delta_c^{\mathrm{T}}\left[f - \frac{1}{2}G\left(\nabla\psi^{\mathrm{T}}\hat{W}\right)\right]$$

$$= \nabla\delta_c^{\mathrm{T}}f - \frac{1}{2}\nabla\delta_c^{\mathrm{T}}G\nabla\psi^{\mathrm{T}}W + \frac{1}{2}\nabla\delta_c^{\mathrm{T}}G\nabla\psi^{\mathrm{T}}\tilde{W} \tag{7.35}$$

$$\leqslant b_{\delta_c}b_f\|x\| + \frac{1}{2}b_{\delta_c}b_g^2\rho_{\min}(R)b_{\psi x}\|W\| + \frac{1}{2}b_{\delta_c}b_g^2\rho_{\min}(R)\|\psi^{\mathrm{T}}\tilde{W}\|$$

定义 $Y^{\mathrm{T}} = \left[x^{\mathrm{T}}, \left(\psi^{\mathrm{T}}\tilde{W}\right)^{\mathrm{T}}\right]$，则式 (7.34) 可表达为

$$\dot{L} < -Y^{\mathrm{T}}\varXi Y + DY + C \tag{7.36}$$

式中

$$\varXi = \begin{bmatrix} Q & 0 \\ 0 & \dfrac{1}{\left(\sigma^{\mathrm{T}}\sigma + 1\right)^2}\left(FF^{\mathrm{T}} - \dfrac{1}{2}G\nabla\psi^{\mathrm{T}}WF^{\mathrm{T}}\right) - k \end{bmatrix}, D = \begin{bmatrix} b_{\delta_c}b_f & D_2 \end{bmatrix},$$

$$C = \frac{1}{4}b_g^2\rho_{\min}(R)b_{\psi x}^2\|W\|^2 + b_{\mathrm{HJB}} + \frac{1}{2}b_{\delta_c}b_g^2\rho_{\min}(R)b_{\psi x}\|W\|$$

$$D_2 = \frac{1}{\left(\sigma^T \sigma + 1\right)^2}\left[-\frac{1}{4}\left(\nabla \psi^T W\right)^T G \nabla \psi^T W F^T + \delta_{\mathrm{HJB}} F^T\right] - k\left(\nabla \psi^T W\right)^T$$

$$+\frac{1}{2}\left(\nabla \psi^T W\right)^T G + \frac{1}{2}b_{\delta_c}b_g^2 \rho_{\min}(R)$$

选择交流微电网模型的适当参数，使 $\Xi > 0$，然后 (7.36) 变为

$$\dot{L} < -\|Y\|^2 \rho_{\min}(\Xi) + \|D\|\|Y\| + C \tag{7.37}$$

当下列条件成立时

$$\|Y\| > \frac{\|D\|}{2\rho_{\min}(\Xi)} + \sqrt{\frac{\|D\|^2}{4\rho_{\min}^2(\Xi)} + \frac{C}{\rho_{\min}(\Xi)}} \tag{7.38}$$

有 $\dot{L} < 0$。这意味着，如果 L 超过某个界限，则 $\dot{L} < 0$。根据标准 Lyapunov 扩张定理，状态和神经网络权值均为 UUB。进一步，在所设计的自适应控制器 (7.22) 和神经网络权值调节律 (7.26) 下，所提出的交流微电网模型的闭环控制可以保证稳定。

7.4　基于最优频率控制器的微电网小信号稳定性分析

7.4.1　微电网小信号建模

式 (7.7) 描述了交流微电网的动态模型。通过使用小信号近似，式 (7.7) 线性化为

$$\dot{x} = f'x + g'u' \tag{7.39}$$

式中

$$f' = \begin{bmatrix} 0 & I & 0 \\ 0 & 0 & I \\ \dfrac{A_{\delta 1} + A_{\delta 2}}{A_J} & \dfrac{A_{\omega 1} + A_{\omega 2}}{A_J} & \dfrac{A_{\dot{\omega},\mathrm{D}} + A_{\dot{\omega},\mathrm{T_g}}}{A_J} \end{bmatrix}, g' = \begin{bmatrix} 0 & 0 & \dfrac{A_{\mathrm{P}}}{A_J} \end{bmatrix}^T,$$

$$A_J = \mathrm{diag}\left\{\left[-\frac{1}{\left(J_i^0\right)^2}\right]\right\}, u' = -\frac{1}{2}R^{-1}\left(g'\right)^T \nabla \psi^T(x)\hat{W},$$

$$\nabla \psi^{\mathrm{T}}(x) = \begin{bmatrix} 2x_1 & x_2 & \cdots & 0 \\ 0 & x_1 & \cdots & 0 \\ \vdots & \vdots & \ddots & \vdots \\ 0 & 0 & \cdots & 2x_{3N} \end{bmatrix}_{3N \times \frac{3N(3N+1)}{2}}, \quad \hat{W} = \begin{bmatrix} \hat{W}_1 & \hat{W}_2 & \cdots & \hat{W}_{\frac{3N(3N+1)}{2}} \end{bmatrix}^{\mathrm{T}} \circ$$

简洁起见, 定义

$$g' \cdot \left[-\frac{1}{2} R^{-1} (g')^{\mathrm{T}} \nabla \psi^{\mathrm{T}}(x) \hat{W} \right] = Mx$$

式中

$$M = -\frac{1}{2} \begin{bmatrix} 0 & 0 \\ 0 & \left(\dfrac{A_{\mathrm{P}}}{A_{\mathrm{J}}}\right)^2 \end{bmatrix} \cdot \begin{bmatrix} 2\hat{W}_1 & \hat{W}_2 & \cdots & \hat{W}_{3N} \\ \hat{W}_2 & 2\hat{W}_{3N+1} & \cdots & \hat{W}_{6N-1} \\ \vdots & \vdots & \ddots & \vdots \\ \hat{W}_{3N} & \hat{W}_{6N-1} & \cdots & 2\hat{W}_{\frac{3N(3N+1)}{2}} \end{bmatrix}, \quad A = f' + M \circ$$

7.4.2　小信号稳定性分析

交流微电网的系统参数和初始值如表 7.1 所示。基于式 (7.39) 表示的小信号模型, 图 7.3 给出了随着评判神经网络权重 $\hat{W}$ 变化的特征值根轨迹。

可以观察到, 权重参数 $\hat{W}_5$ 小于 −1.2 时, 图 7.3(a) 中的特征值位于右半平面, 这意味着系统处于不稳定状态。随着 $\hat{W}_5$ 的逐渐增大, 特征值进入左平面并远离虚轴, 这在一定程度上提高了系统的阻尼。然而, 随着 $\hat{W}_5$ 的不断增加, 特征值的实部接近于零, 并当 $\hat{W}_5 > 27$ 时变为正数。因此, 在上述条件下, $\hat{W}_{5\_\min} = -1.2$ 和 $\hat{W}_{5\_\max} = 27$ 是系统稳定区域内可变权重系数的上下限。对于具有影响系统稳定性

表 7.1　仿真参数

参数	符号	值	参数	符号	值
标称频率	f_0	50Hz	下垂增益	R_1 / R_2	0.04/0.04
阻尼	D_1 / D_2	5/5	涡轮时间常数	T_{g1} / T_{g2}	3/3
惯性增益	J_1^0 / J_2^0	0.5/0.5	比例系数	K_{P1} / K_{P2}	0.02/0.02
积分系数	K_{I1} / K_{I2}	8/8	内电动势	E_1 / E_2	99.34/395.73
相位角	δ_1^0 / δ_2^0	0/0.036	电力线	$R_{\mathrm{line}} / L_{\mathrm{line}}$	0.2 Ω /1mH

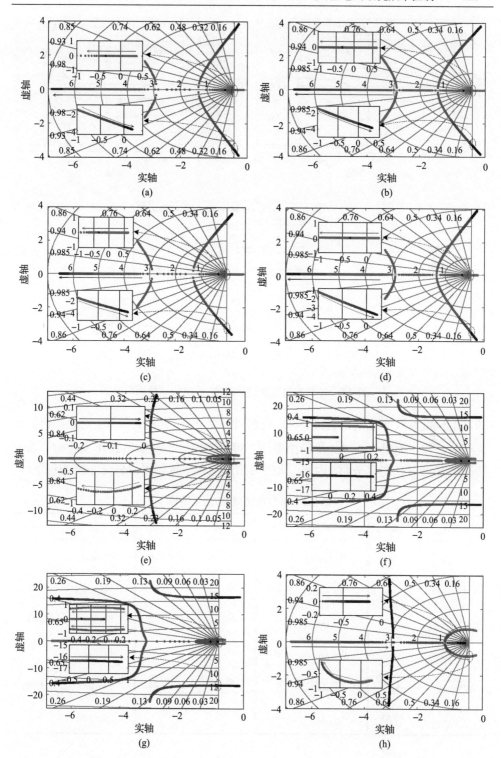

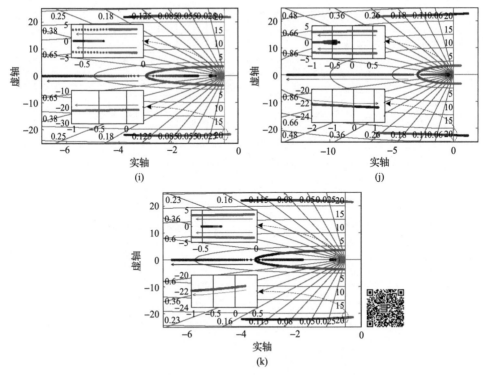

图 7.3　控制参数变化时的轨迹（彩图扫二维码）

的其他权重参数变化的根轨迹，可以观察到与变化 $\hat{W}_5$ 类似的效果。这里不再提供详细的描述，而是在表 7.2 中给出总结。可以看出，当权重参数 $\hat{W}$ 变化时，所有特征值都可以在左半平面。因此，所提出的最优频率控制可以保证系统的稳定性。

表 7.2　系统稳定域 $\hat{W}$ 的上下界

参数	值	参数	值	参数	值	参数	值
$\hat{W}_{5\_min}$	−1.2	$\hat{W}_{5\_max}$	27	$\hat{W}_{6\_min}$	−5.7	$\hat{W}_{6\_max}$	91.5
$\hat{W}_{10\_min}$	−1	$\hat{W}_{10\_max}$	23	$\hat{W}_{11\_min}$	−5	$\hat{W}_{11\_max}$	110
$\hat{W}_{14\_min}$	−3.5	$\hat{W}_{14\_max}$	—	$\hat{W}_{15\_min}$	−15.7	$\hat{W}_{15\_max}$	201.6
$\hat{W}_{17\_min}$	−3.7	$\hat{W}_{17\_max}$	50.4	$\hat{W}_{18\_min}$	−15	$\hat{W}_{18\_max}$	—
$\hat{W}_{19\_min}$	−0.87	$\hat{W}_{19\_max}$	—	$\hat{W}_{20\_min}$	−1.65	$\hat{W}_{20\_max}$	1.79
$\hat{W}_{21\_min}$	−3.85	$\hat{W}_{21\_max}$	—				

7.5　仿真结果

基于 MATLAB/Simulink，验证所提出的最优频率控制方法。系统参数如表 7.1 所示。在该交流微电网中，存在两个逆变器耦合的分布式发电、两个通用负载和一条交流电力线。起初，交流微电网处于稳定状态，即 $\Delta P_l = 0$。当 $t=2s$ 时，小负载变化 $\Delta P_{l,1} = 1$ p.u. 和 $\Delta P_{l,2} = 4$ p.u. 被执行。另外，大负荷变化 $\Delta P_{l,1} = -10$ p.u. 和 $\Delta P_{l,2} = -5$ p.u. 也被实施以进一步证明。

为了更好地展示控制性能，这里采用了恒惯量无反馈控制器(NF，$J^0 = 0.5$)、大恒惯量非自适应控制器(NA，$J^0 = 1.2$)和基于 LQR 的自适应惯量控制器作为比较方法。LQR 控制器选择为 $u = -k'x$，二次目标与式(7.8)相同，则控制反馈增益可解为

$$\begin{bmatrix} -0.0303 & -0.0303 & -0.0343 & -0.0262 & -0.0376 & -0.0045 \\ -0.1169 & -0.1252 & -0.0915 & -0.1498 & -0.0180 & -0.1503 \end{bmatrix}$$

对于基于 ADP 的控制器，使用的参数如下，$Q = I_{6\times6}$，$R = I_{2\times2}$，$\lambda = 10$ 和 $k = 2$，其中 I 是单位矩阵。在线训练期间，将励磁条件的持续性添加到控制输入中，以更好地获得系统特性。训练结束后，获得评判神经网络的权重，为了清晰起见，图 7.4 显示了四个维度。权重向量收敛到

$$\hat{W} = [1.5410, 1.5529, 1.3335, 1.3235, 0.2057, 0.1941, 1.5651,$$
$$1.3433, 1.3335, 0.1779, 0.1644, 1.4071, 1.4001, 0.2235,$$
$$0.1642, 1.3928, 0.2195, 0.1661, 0.1147, 0.0624, 0.0912]^{\text{T}}$$

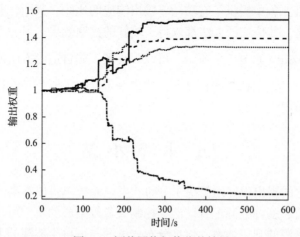

图 7.4　评价网络权值收敛结果

图 7.5 展示了在线训练期间系统状态的演变，其收敛值非常接近于零。然后，

利用收敛的神经网络权值和式(7.22)，获得最优频率控制器。

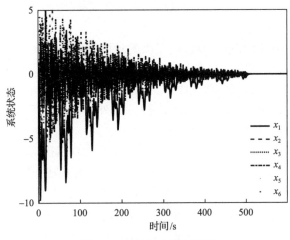

图 7.5　系统状态演变结果

　　在图 7.6 中，频率响应验证了所提出的控制方法的优点。正如所观察到的，使用基于 ADP 控制器的捕获频率极点和最大频率变化率令人非常满意，这也可以通过仿真惯性曲线很好地理解。在扰动开始时，提供相对较大的惯性以抑制频率下降，在"反弹期"，提供相对较小的惯性以加速稳态过程。LQR 控制方法本质上是一种线性最优控制方法，在小负荷变化时，其控制效果与基于 ADP 的控制器相似。然而，当面对较大的负载变化时，其性能与基于 ADP 的控制器相比变得很差，如第 7.5.2 节所示。

　　同时，在图 7.7 中提供了有功功率输出响应的比较。其中，非自适应控制导致功率输出振荡，其他三种方法都取得了较好的控制效果。另一方面，能量利用响应（$E_J = \int J\Delta\dot{\omega}\mathrm{d}t$）如图 7.8 所示。可以观察到，非自适应方法的能耗最大，其次是基于 LQR 和基于 ADP 的控制器，这进一步反映了所开发的控制方法在直流侧节能方面的作用。

7.6　本 章 小 结

　　微电网概念的提出很好地解决了分布式发电系统单机成本高、控制困难等缺陷，它是由负荷、多种电源配合储能、控制设备等组成的单一可控的集合系统，可提高分布式能源的利用效率，促进分布式电源与可再生能源的大规模接入。本章针对微电网中逆变器接口的控制策略以及多机协调控制展开研究，以虚拟同步发电机控制技术为切入点，研究其在微电网不同运行模式下所要实现的控制目标，通过虚拟同步发电机的参数设计和二次频率控制等关键技术的研究,使微源逆变器的控制更加灵活、功能更加多样,一定程度上提高了系统的安全稳定运行能力。虚拟同步发电机目前已进入工程示范阶段,近两年我国在张北、天津等地开展了数个示范性工程,经查阅相关资料后发现这些工程通常是基于虚拟同步发电机的基础算法实现,对其实际运行时可能存在的问题还需进一步完善。而本章作为虚拟同步发电机技术的前瞻性研究,虽然对虚拟同步发电机控制策略在实现过程中的参数设计问题及二次频率控制问题进行了探索,但是限于作者的知识和实践经验等客观因素,相关的研究还不够完善,许多问题仍有待进一步探索,具体如下。

(1)考虑到微电网内部的负荷波动多为小型随机负荷,针对参与二次调频的逆变器的功率限幅需要展开讨论。

(2)采用虚拟同步发电机控制策略的 DG 设备并入电网时,如何在具有不同特性的 DG 设备间进行有机协调,值得后续进一步研究。

参 考 文 献

[1] 王成山, 李鹏. 分布式发电、微电网与智能配电网的发展与挑战[J]. 电力系统自动化, 2010, 34 (2): 10-16.

[2] 杨新法, 苏剑, 吕志鹏, 等. 微电网技术综述[J]. 中国电机工程学报, 2014, 34 (1): 57-70.

[3] Majumder R. Some aspects of stability in microgrids[J]. IEEE Transactions on Power System, 2013, 3 (28): 3243-3252.

[4] Wang R, Sun Q, Hu W, et al. Stability-oriented droop coefficients region identification for inverters within weak grid: an impedance-based approach[J]. IEEE Transactions on Systems, Man, and Cybernetics: Systems, 2021, 51(4): 2258-2268.

[5] Wang R, Sun Q, Zhang H, et al. Stability-oriented minimum switching/sampling frequency for cyber-physical systems: grid-connected inverters under weak grid[J]. IEEE Transactions on Circuits and Systems I: Regular Papers, 2022, 69(2): 946-955.

[6] Wang R, Sun Q, Sun C, et al. Vehicle-vehicle energy interaction converter of electric vehicles: a disturbance observer based sliding mode control algorithm[J]. IEEE Transactions on Vehicular Technology, 2021, 70(10): 9910-9921.

[7] Sun Q, Zhang Y, He H, et al. A novel energy function-based stability evaluation and nonlinear control approach for energy internet [J]. IEEE Transactions on Smart Grid, 2017, 8(3): 1195-1210.

[8] Wang R, Sun Q, Hu W, et al. SoC-based droop coefficients stability region analysis of the battery for stand-alone supply systems with constant power loads[J]. IEEE Transactions on Power Electronics, 2021, 36(7): 7866-7879.

[9] 吴恒, 阮新波, 杨东升. 虚拟同步发电机功率环的建模与参数设计[J]. 中国电机工程学报, 2015, 35(24): 6508-6518.

[10] 吕志鹏, 盛万兴, 钟庆昌. 虚拟同步发电机及其在微电网中的应用[J]. 中国电机工程学报, 2014, 34(16): 2591-2603.

[11] Adapa R, Baker M, Clark L, et al. Proposed terms and definitions for flexible ac transmission system (FACTS) [J]. IEEE Transactions on Power Delivery, 1997, 12 (4): 1848-1853.

[12] Zhong Q, Nguyen P, Ma Z, et al. Self-synchronized synchronverters: inverters without a dedicated synchronization unit[J]. IEEE Transactions on Power Electronics, 2014, 29(2): 617-630.

[13] Zhong Q, Weiss G. Synchronverters: inverters that mimic synchronous generators[J]. IEEE Transactions on Industrial Electronics, 2011, 58(4): 1259-1267.

[14] Wang R, Sun Q, Ma D, et al. Line impedance cooperative stability region identification method for grid-tied inverters under weak grids[J]. IEEE Transactions on Smart Grid, 2020, 11(4): 2856-2866.

[15] Ashabani M, Mohamed Y, et al. Novel comprehensive control framework for incorporating VSCs to smart power grids using bidirectional synchronous-VSC[J]. IEEE Transactions on Power System, 2014, 29(2): 943-957.

[16] Sun Q, Huang B, Li D, et al. Optimal placement of energy storage devices in microgrids via structure preserving energy function[J]. IEEE Transactions on Industrial Informatics, 2016, 12(3): 1166-1179.

[17] Mu C, Zhang Y, Jia H, et al. Energy-storage-based intelligent frequency control of microgrid with stochastic model uncertainties[J]. IEEE Transactions on Smart Grid, 2019, 11(2): 1748-1758.

[18] Sun Q, Li Y, Ma D, et al. Model predictive direct power control of three-port solid-state transformer for hybrid ac/dc zonal microgrid applications[J]. IEEE Transactions on Power Delivery, 2022, 37(1): 528-538.

[19] Zhang Y, Sun Q, Zhou J, et al. Coordinated control of networked ac/dc microgrids with adaptive virtual inertia and governor-gain for stability enhancement[J]. IEEE Transactions on Energy Conversion, 2021, 36(1): 95-110.

[20] Vamvoudakis K, Lewis F. Online actor–critic algorithm to solve the continuous-time infinite horizon optimal control problem[J]. Automatica, 2010, 46(5): 878-888.

第 8 章 基于自适应动态规划的智能微电网能量最优控制

8.1 引 言

2015 年巴黎气候变化峰会提出将全球气候变化控制在 2℃之内[1]，2020 年我国在联合国峰会郑重承诺中国力争于 2060 年实现碳中和[2]。为实现上述目标，高比例可再生能源成为最优选择，其中风能和光伏被评为最具潜力的两种可再生能源[3]。同时，风能和光伏在时间和空间上具有很强的互补特性，例如在我国东北地区气候往往呈现晴天光照充沛而阴天风速较高的特性。如何利用此互补特性实现可再生能源高比例消纳成为当前亟待解决的重/难点问题。如果每个能源主体按照自身容量比例输出其电流，可再生能源的利用率和系统的稳定性/弹性可以得到极大的提升[4,5]。因此，本章提出了基于分布式自适应动态规划的含多类型分布式电源的微电网电流均衡/电压恢复协调控制策略，有助于实现可再生能源的高比例消纳。

据路透社报道，近期全球能源市场发生严重的周期性能源短缺，表现为全世界主要能源消费区的天然气、石油、煤炭库存低于平均水平，价格急剧攀升[6]。面对日益严重的传统能源供应紧张局势，新能源的可持续性发展成为一个必然要求。中央财经委第九次会议上指出，要"构建清洁低碳安全高效的能源体系，控制化石能源总量，着力提高利用效能"[2]。新电气时代正向我们走来，而电能作为重要的终端能源消费形式，承载着传统能源向新能源转化的历史使命[7,8]。我国在新能源利用领域面临着巨大问题，西北地区风、光等新能源富裕地区负荷小，京津冀、长三角、珠三角等负荷密集区域却要面对火电造成的严重雾霾等环境污染，存在严峻的能源生产与消费不对称形势。通过在负荷密集区域建设以分布式电源为主体的微网，压缩能源输送成本，促进新能源就地消纳，已经成为业内公认的有效解决手段。《"十四五"规划纲要》指出："加快电网基础设施智能化改造和智能微电网建设，提高电力系统互补互济和智能调节能力，加强源网荷储衔接，提升清洁能源消纳和存储能力，提升向边远地区输配电能力，推进煤电灵活性改造，加快抽水蓄能电站建设和新型储能技术规模化应用。"现阶段并不缺新能源的绝对装机容量和发电量，而难点是如何有效利用发出的电能[9]。因此，如何在微电网中输出稳定的电压/电流成为亟待解决的关键问题。

近年的研究表明，同时含风能和光伏的微电网系统已经得到了广泛的研究并且在各国建立了相关的应用园区，如澳大利亚，德国等[10,11]。同时相关学者提出了分布式分层控制框架，其中分布式二级协同控制技术被设计以实现电流均衡和电压恢复。其主要可以分为电压-电流曲线幅值调节、电压-电流曲线斜率调节和电压-电流曲线幅值-斜率混合调节三类方法。首先 Nasirian 等[12]提出了电流调节控制器和电压调节控制器，以实现电流均衡和电压恢复。进而 Wang 等[13]提出了分布式电压-电流曲线幅值-斜率混合调节协同控制策略，以实现电流均衡和电压恢复。同时即插即用或电压-电流双闭环零级控制策略被嵌入到分层控制框架内以提高系统的可靠性。而后，针对集群分布式电源的混联系统，张化光团队提出了异构多智能体协同控制策略以实现电流均衡[14]。相似地，张化光团队 Sun 等提出了内嵌电压-电流双闭环的分布式二级控制策略，以确保电流均衡和电压恢复[15]。然而上述内容都将不同动态特性的分布式电源简化为理想的直流电压源，完全忽略了风能和光伏的不同电能变换器特性[16]。同时，对电气工程师而言，精准的系统模型是难以获取的[17]。针对系统状态方程模型未知的控制问题，自适应动态规划控制策略提供了很好的选择。同时，自适应动态规划策略已经被广泛地应用于实际系统，如智能家居系统和储能系统的能量调度等[18]。

8.2　电能变换器广义拓扑同胚模型

当前直流微电网主要分为如图 8.1 所示的单母线直流微电网和多母线直流微电网，由于单母线结构简单而得到了广泛的研究。本章选择的研究对象即是单母线直流微电网。

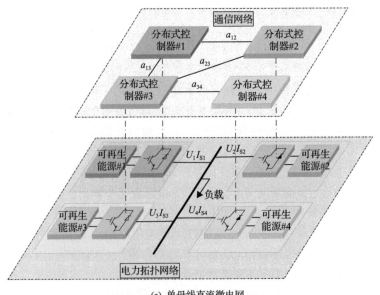

(a) 单母线直流微电网

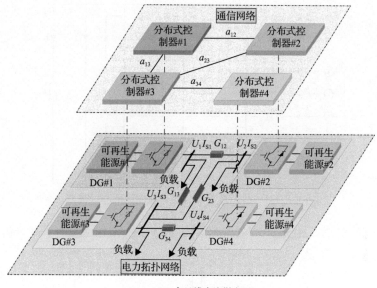

(b) 多母线直流微电网

图 8.1　直流微电网拓扑结构

典型的同时含风能和光伏的单母线微电网系统拓扑结构如图 8.2 所示,其中 W_i 表征第 i 个风力发电装置,N 表征风力发电装置的数量;S_j 表征第 j 个光伏发电装置,M 表征光伏发电装置的数量。风力发电装置和直流母线间的电能变换器为如图 8.3 所示的三相整流器,而光伏发电装置和直流母线间的电能变换器为如图 8.4 所示的升压变换器,显然风机电能变换器的状态方程不同于光伏电能变换

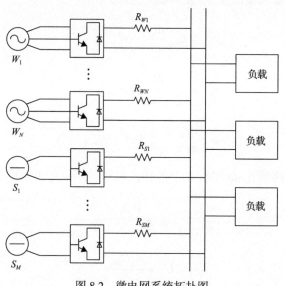

图 8.2　微电网系统拓扑图

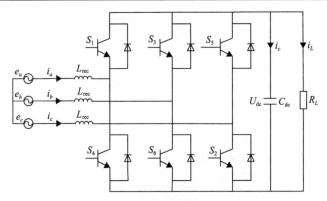

图 8.3　风力发电装置和直流母线间的电能变换器

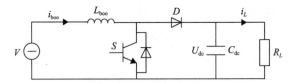

图 8.4　光伏发电装置和直流母线间的电能变换器

器的状态方程。因此，通过严格的数学推导而构建风机/光伏的统一广义电能变换器状态方程显得十分必要。基于此，本章将风机电能变换器转换为等效的光伏电能变换器。

首先，风机整流型电能变换器的详尽控制器可以通过现有研究获得，其中风机整流型电能变换器在 dq 坐标系下控制。根据基尔霍夫电压/电流定律，每个风机电能变换器的输入输出变量间的状态方程如下所示：

$$e_d = L_{\text{rec}}\frac{\mathrm{d}i_d}{\mathrm{d}t} - \omega L_{\text{rec}}i_q + U_d \tag{8.1}$$

$$e_q = L_{\text{rec}}\frac{\mathrm{d}i_q}{\mathrm{d}t} - \omega L_{\text{rec}}i_d + U_q \tag{8.2}$$

$$C_{\text{dc}}\frac{\mathrm{d}U_{\text{dc}}}{\mathrm{d}t} = \frac{3}{4}\big(\mathrm{d}_d i_d + \mathrm{d}_q i_q\big) - i_L \tag{8.3}$$

进而风机电能变换器在 dq 坐标系下的输入电压 U_d 和 U_q 可以重写为如下形式：

$$U_d = \frac{\mathrm{d}_d U_{\text{dc}}}{2} \tag{8.4}$$

$$U_q = \frac{\mathrm{d}_q U_{\text{dc}}}{2} \tag{8.5}$$

基于式(8.1)~式(8.3)，电能变换器两侧的功率方程如下所示：

$$C_{dc}U_{dc}\frac{dU_{dc}}{dt}+U_{dc}i_L=\frac{3}{2}\left(U_di_d+U_qi_q\right) \tag{8.6}$$

通过式(8.1)和式(8.2)可知，电压和电流在 dq 轴是耦合的，其中耦合项分别为 $\omega L_{rec}i_q$ 和 $\omega L_{rec}i_d$。进而，风机电能变换器在 dq 坐标系下的输入电压 U_d 和 U_q 可表达为

$$\begin{bmatrix}U_d\\U_q\end{bmatrix}=\begin{bmatrix}U_{d1}+U_{d2}\\U_{q1}+U_{q2}\end{bmatrix} \tag{8.7}$$

式中，U_{d1} 和 U_{q1} 表征耦合部分：

$$\begin{bmatrix}U_{d1}\\U_{q1}\end{bmatrix}=\begin{bmatrix}d_{d1}\dfrac{U_{dc}}{2}\\[2mm]d_{q1}\dfrac{U_{dc}}{2}\end{bmatrix}=\begin{bmatrix}\omega L_{rec}i_q\\-\omega L_{rec}i_d\end{bmatrix} \tag{8.8}$$

式中，$d_{d1}=2\omega L_{rec}i_q/U_{dc}$；$d_{q1}=-2\omega L_{rec}i_d/U_{dc}$。因此，式(8.1)、式(8.2)可以重写为如下：

$$e_d=L_{rec}\frac{di_d}{dt}+U_{d2} \tag{8.9}$$

$$e_q=L_{rec}\frac{di_q}{dt}+U_{q2} \tag{8.10}$$

将式(8.7)、式(8.8)嵌入式(8.6)，有

$$C_{dc}U_{dc}\frac{dU_{dc}}{dt}+U_{dc}i_L=\frac{3}{2}(U_{d2}i_d+U_{q2}i_q) \tag{8.11}$$

当系统稳定时，$e_q=0$ 且 $U_{q2}=0$，式(8.11)可以简化为

$$C_{dc}U_{dc}\frac{dU_{dc}}{dt}+U_{dc}i_L=\frac{3}{2}U_{d2}i_d \tag{8.12}$$

由于 q 轴电流对 d 轴的动态特性影响较低而可以忽略，因而电能变换器的系统模型如下所示：

$$e_d=L_{rec}\frac{di_d}{dt}+\frac{1}{2}d_{d2}U_{dc} \tag{8.13}$$

$$0 = L_{\text{rec}} \frac{\mathrm{d}i_q}{\mathrm{d}t} + U_{q2} \tag{8.14}$$

已知传统的升压变换器的状态方程如下所示:

$$L_{\text{boo}} \frac{\mathrm{d}i_L}{\mathrm{d}t} = U - (1-d)U_{\text{dc}} \tag{8.15}$$

$$C_{\text{dc}} \frac{\mathrm{d}U_{\text{dc}}}{\mathrm{d}t} + i_L = (1-d)i_{\text{boo}} \tag{8.16}$$

通过观察传统升压变换器,一个中间变量被引入到风机电能变换器状态方程中,即 $d = 1 - d_{\text{d2}}$,其中 d 表征等效的占空比,基于式(8.9)、式(8.10)、式(8.12)和式(8.15)、式(8.16)可知,风机电能变换器的状态方程如下所示:

$$L_{\text{boo}} \frac{\mathrm{d}i_L}{\mathrm{d}t} = U - 0.5(1-d)U_{\text{dc}} \tag{8.17}$$

$$C_{\text{dc}} \frac{\mathrm{d}U_{\text{dc}}}{\mathrm{d}t} + i_L = 0.75(1-d)i_{\text{boo}} \tag{8.18}$$

式(8.17)、式(8.18)说明风机电能变换器的拓扑可以从图 8.3 等效为图 8.5。基于此,风机电能变换器和光伏电能变换器存在拓扑同胚特性,致使风机电能变换器等效为广义风光拓扑同胚系统。其中,风机电能变换器等效部分的控制器如图 8.6 所示。因此,风机电能变换器可以等效为光伏升压电能变换器。进而含多风机和光伏的微电网系统可以等效为图 8.7 所示。可再生能源和直流母线通过广义升压变换器连接。

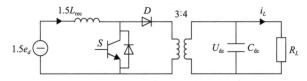

图 8.5 风力发电装置与直流母线的等效电能变换器

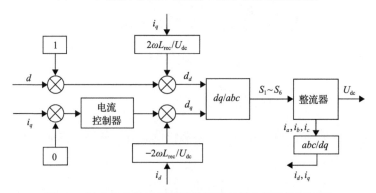

图 8.6 风力发电装置等效拓扑同胚电能变换器控制框图

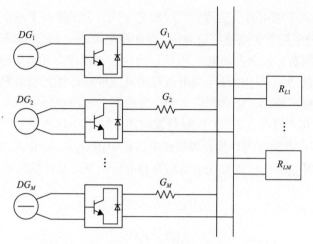

图 8.7　含多风机和光伏的微电网系统等效图

本节建立电能变换器模型是为了有效降低后续控制器设计的难度，基于数学推导可知风机电能变换器和光伏电能变换器存在相似的状态方程，从而可以将原本不同类型电能变换器设计不同控制策略的问题简化为设计一套统一控制策略的问题，从而大幅度降低后续两级式控制器设计的难度，即降低初级电压-电流双闭环控制器参数选取的难度和二级自适应动态规划控制器神经网络训练的难度。相关的统一建模结果可以为其他先进控制策略提供模型基础。

8.3　智能微电网电流/电压最优控制

对于图 8.7 所示的含多风机-光伏型可再生能源的微电网系统，定义风机和光伏的数量向量 $U_S = \{1, 2, \cdots, N\}$ 和 $U_L = \{1, 2, \cdots, M\}$。分布式电源通过广义升压变换器连接至直流母线，其电压为 U_{dc}。第 i 个广义升压变换器的输出电压和电流为 U_i 和 i_i，$i \in U_S$。通信网络模型被描述为一个带有节点 U_S、边 $H \in U_S \times U_S$ 和邻居连接矩阵 $A = (a_{ij})_{N \times N}$ 的拓扑图 $\Omega = (U_S, H, A)$。其中 $a_{ij} > 0$ 当且仅当 DG_i 可以从 DG_j 获取信息，反之则，$a_{ij} = 0$。如果 $i \neq j$，拓扑图 Ω 拉普拉斯矩阵 $L = (l_{ij})_{N \times N}$ 定义为 $l_{ij} = -a_{ij}$。否则，$l_{ij} = \sum_{h=1, h \neq i}^{N} a_{ih}$。定义 Ψ_i 为包含邻居节点 i 的集合。毫无疑问，如果两个节点间存在通路，则信息流可以被定义为连接。本章的主要目标是实现电流均衡和电压恢复，其实现的充要条件如下所示。

$$m_1 i_1 = m_2 i_2 = \cdots = m_N i_N \tag{8.19}$$

$$U_{dc} = U_{ref} \tag{8.20}$$

式中，m_i反比例于该可再生能源的实时额定电流。为了实现上述电流均衡和电压恢复的目标，分层控制策略被广泛应用。在此控制策略中，每个分布式电源DG_i存在一个本地控制器，包含内环电压/电流双闭环控制器或即插即用控制器、初级控制器和二级控制器。其中内环电压电流双闭环或即插即用控制器聚焦于广义升压变换器的电压稳定输出，以确保广义升压变换器的输出电压可以很好地跟踪电压额定值U_{ref}。在本章中，U/f控制器被应用于初级控制器当中，而二级控制器直接为内环电压/电流双闭环控制器提供电压额定值U_{ref}。分布式二级控制被嵌入用来提供辅助补偿项u_i，以实现电流均衡和电压恢复。具体的控制器如下所示：

$$U_i(t) = U_{\text{ref}} - \delta_i(t) \tag{8.21}$$

$$\dot{\delta}_i(t) = u_i(t) \tag{8.22}$$

分布式迭代学习策略被应用于二级控制器，对于每个分布式二级控制器，控制模块被当作智能体。基于此，定义$t_1, t_2, \cdots$表征一个内含时间间隔h的离散序列，其中h为$h = t_{k+1} - t_k$。因此，式(8.21)、式(8.22)可以被重新写为

$$U_i(k) = U_{\text{ref}} - \delta_i(k) \tag{8.23}$$

$$\delta_i(k+1) = \delta_i(k) + h \times u_i(k) \tag{8.24}$$

如图8.6所示，此微电网系统的功率流可以表征如下：

$$U_{\text{dc}} = \frac{1}{\sum_{i \in U_S}(1/R_i) + \sum_{j \in U_L}(1/R_{Lj})} \sum_{i \in U_S} \frac{U_i}{R_i} \tag{8.25}$$

$$i_i = \frac{U_i - U_{\text{dc}}}{R_i} \tag{8.26}$$

为了实现电流均衡和电压恢复，第i个分布式电源的电流分担偏差和电压恢复偏差分别被定义为$E_{Ii}(k)$和$E_V(k)$，其可以表征如下：

$$E_{Ii}(k) = \sum_{j \in \Psi_i} a_{ij} \left[m_j i_j(k) - m_i i_i(k) \right] \tag{8.27}$$

$$E_V(k) = U_{\text{dc}} - U_{\text{ref}} \tag{8.28}$$

以复合的形式重新撰写，分布式电源的电流分担偏差可以表征为$E_I(k) = -LMi(k)$，其中$M = \text{diag}\{m_1, m_2, \cdots, m_N\}$。因此，$LM$的零空间表征为$\text{span}\{m_1, m_2, \cdots m_N\}$当且仅当$\Omega$是连接的。基于此，$E_I(k) = 0$等价于对于$\forall i, j \in U_S$

满足 $m_1 i_1 = m_2 i_2 = \cdots = m_N i_N$。毫无疑问，电流均衡和电压恢复可以被实现，当且仅当 $E_I(k) = 0$ 和 $E_V(k) = 0$。基于式 (8.23)～式 (8.28)，电流分担偏差和电压恢复偏差的动态可以表征为

$$
\begin{aligned}
E_{Ii}(k+1) = {} & E_{Ii}(k) + \frac{h\varpi_i u_i(k)}{R_i} + h\sum_{j \in \Psi_i} a_{ij} \frac{m_j u_j(k)}{R_j} \\
& + h\vartheta \sum_{j \in \Psi_i} a_{ij} m_j \sum_{l \in U_S/\{i\}} \frac{u_l(k)}{R_l}
\end{aligned}
\tag{8.29}
$$

$$
E_v(k+1) = E_v(k) + h\vartheta \sum_{i \in U_S} \frac{u_i(k)}{R_i}
\tag{8.30}
$$

式中，$\varpi_i = \left(m_i l_{ii}(\vartheta - 1) - \sum_{j \in \Psi_i} \vartheta m_i a_{ij} \right)$；$\vartheta = \dfrac{1}{\sum_{i \in U_S}(1/R_i) + \sum_{j \in U_L}(1/R_{Lj})}$。毫无疑问，误差动态受全部多智能体影响。鉴于在博弈网络中每个智能体可以基于自身价值收益采取动作，每个分布式电源的性能指标函数定义如下：

$$
P_i = \sum_{k=0}^{\infty} \alpha^k [aE_{Ii}^2(k) + bE_V^2(k) + cu_i^2(k)]
\tag{8.31}
$$

式中，$\alpha \in (0,1]$。基于此，性能指标函数的动态与性能因子依赖于控制器动作。首先，纳什均衡技术的定义被引入，定义 $u_{-i} = \{u_j \mid j \in U_S, j \neq i\}$ 作为除第 i 个智能体以外的智能体控制器动作。基于此，期望的电流均衡和电压恢复控制器 $u_i(k)$ 应该被提供以确保 N 个智能体达到纳什均衡，为了更好地说明相关情况，两个定义提供如下。

定义 1：如果控制动作 $u_i(k)$ 可以保证式 (8.29) 和式 (8.30) 稳定且 P_i 是有限的，则控制动作 $u_i(k)$ 是最优控制动作。

定义 2：对于含有 N 个最优控制决策元组 $\left(u_1^\#, u_2^\#, \cdots, u_N^\#\right)$ 的 N 个主体的动态博弈系统应该存在一个纳什均衡解，如果对于所有的 $i \in N$

$$
P_i^\# \equiv P_i(u_i^\#, u_{-i}^\#) \leqslant P_i(u_i, u_{-i}^\#)
\tag{8.32}
$$

式中，N 个元组 $\left(P_1^\#, P_2^\#, \cdots, P_N^\#\right)$ 被定义为 N 个主体的纳什均衡结果。

根据上述的定义，期望的电流均衡和电压恢复控制动作 $u_i(k)$ 不仅可以保证电流均衡和电压恢复，还可以保证微电网系统达到纳什均衡解。

8.4　基于 Bellman 准则的自适应动态规划技术

8.4.1　自适应动态规划流程设计

在本节中，最佳的控制器 $u_i(k)$ 利用基于 Bellman 准则的自适应动态规划技术获得。首先，Bellman 函数定义如下：对于某控制动作 $u_i(k)$，$\forall i \in U_S$，其值函数为

$$J_i\left[E_{Ii}(k), E_v(k)\right] = \sum_{m=k}^{+\infty} \alpha^{m-k} H_i(m) \tag{8.33}$$

式中，$H_i(m) = aE_{Ii}^2(m) + bE_V^2(m) + cu_i^2(m)$。

通过 Bellman 最优原则可知

$$\begin{aligned} J_i^\#\left[E_{Ii}(k), E_v(k)\right] &= aE_{Ii}^2(k) + bE_V^2(k) + cu_i^{\#2}(k) \\ &\quad + \alpha J_i^\#\left[E_{Ii}(k+1)\big|_{u_i^\#(k)}, E_v(k+1)\big|_{u_i^\#(k)}\right] \end{aligned} \tag{8.34}$$

式中，$J_i^\#$ 表征最优值函数且 $J_i^\#(0,0) = 0$；$u_i^\#$ 表征最优策略。基于 Bellman 准则，时刻 k 的最优值为

$$\begin{aligned} J_i^\#\left[E_{Ii}(k), E_v(k)\right] &= \min_{u_i(k)}\left\{H_i\left[E_{Ii}(k), E_v(k), u(k)\right]\right\} \\ &\quad + \alpha J_i^\#\left[E_{Ii}(k+1)\big|_{u_i^\#(k)}, E_v(k+1)\big|_{u_i^\#(k)}\right] \end{aligned} \tag{8.35}$$

进而，在 k 时刻，最优控制动作 u_i 达到最小，其可以表征如下：

$$u_i^\# = \arg\min_{u_i}\left\{H_i(k) + \alpha J_i^\#\left[E_{Ii}(k+1), E_v(k+1)\right]\right\} \tag{8.36}$$

根据选取最优值时的必要性条件，可进一步得到

$$\begin{aligned} u_i^\#(k) = -\frac{\alpha}{2c}\Bigg[&\frac{\partial J_i^\#}{\partial E_{Ii}(k+1)}\frac{\partial E_{Ii}(k+1)}{\partial u_i(k)} \\ &+ \frac{\partial J_i^\#}{\partial E_v(k+1)}\frac{\partial E_v(k+1)}{\partial u_i(k)}\Bigg] \end{aligned} \tag{8.37}$$

嵌入式 (8.29) 和式 (8.30)，最优控制动作如下所示：

$$u_i^\#(k) = -\frac{h\alpha}{2cR_i}\left[\varpi_i \frac{\partial J_i^\#}{\partial E_{Ii}(k+1)} + \vartheta \frac{\partial J_i^\#}{\partial E_v(k+1)}\right] \tag{8.38}$$

式(8.38)所提供的控制动作可以确保微电网系统达到纳什均衡/渐近稳定，同时实现电流均衡和电压恢复，具体原因如定理 8.1 所示。

定理 8.1：选取最优值函数 $J_i^{\#}$ 满足式(8.34)，控制器 $u_i^{\#}(k)$ 可以同时满足下述两个条件：(1)电流均衡和电压恢复可以得到满足；(2)微电网系统能够达到纳什均衡，即系统渐近稳定。

证明：定义每个分布式电源的李雅普诺夫方程为

$$Q_i(k) = \alpha^k J_i^{\#}[E_{Ii}(k), E_v(k)] > 0 \ (J_i^{\#} \neq 0) \tag{8.39}$$

由于 $J_i^{\#}$ 满足等式(8.34)所示的 Bellman 最优准则，则

$$\begin{aligned}
Q_i(k+1) - Q_i(k) &= \alpha^{k+1} J_i^{\#}[E_{Ii}(k+1), E_v(k+1)] \\
&\quad - \alpha^k J_i^{\#}[E_{Ii}(k), E_v(k)] \\
&= -\alpha^k H_i(k) < 0 \ (J_i^{\#} \neq 0)
\end{aligned} \tag{8.40}$$

因此，$Q_i(k)$ 是严格单调递减的，并且存在下确界 $Q_i(k) = 0$，即当且仅当 $J_i^{\#} = 0$ 时，$Q_i(k) = 0$，此时 $E_{Ii}(k) = 0$ 且 $E_v(k) = 0$。由于 $Q_i(k) > 0$，$Q_i(k+1) - Q_i(k) < 0$，同时存在下确界 $Q_i(k|_{J_i^{\#}=0}) = 0$，故而满足李雅普诺夫稳定性第二方法中渐近稳定的定义。很明显，随着 k 增加，严格递减的 $Q_i(k)$ 将导致 $E_{Ii}(k) \to 0$ 和 $E_v(k) \to 0$，并且当 $Q_i(k) = 0$ 时，$E_{Ii}(k) = 0$ 和 $E_v(k) = 0$。因此，本章所设计的控制器保证了电流均衡和电压恢复。然后，基于上述的分析，$u_i^{\#}(k)$ 被称为最优控制动作，进而

$$P_i^{\#} = J_i^{\#}(E_{Ii}(0)|_{u_i^{\#}(k), u_{-i}^{\#}(k)}, E_v(0)|_{u_i^{\#}(k), u_{-i}^{\#}(k)}) < \infty \tag{8.41}$$

假设 $u_i(k)$ 是最优控制动作，则在最优控制动作 $u_i(k)$ 下的值函数属于 J_i。通过 Bellman 最优准则，可知

$$J_i^{\#}(E_{Ii}(k)|_{u_i^{\#}(k), u_{-i}^{\#}(k)}, E_v(k)|_{u_i^{\#}(k), u_{-i}^{\#}(k)}) \leqslant J_i(E_{Ii}(k)|_{u_i(k), u_{-i}^{\#}(k)}, E_v(k)|_{u_i(k), u_{-i}^{\#}(k)}) \tag{8.42}$$

上述的结论说明 $P_i(u_i^{\#}, u_{-i}^{\#}) \leqslant P_i(u_i, u_{-i}^{\#})$。因此，纳什均衡或渐进稳定可以得到保证。故而式(8.38)提供的控制动作可以驱使微电网系统达到纳什均衡解/渐进稳定，并确保精准的电流均衡和电压恢复。

证明完毕。

然而，式(8.35)是一个 HJB 方程，难以获取解析解，而基于 Bellman 准则的自适应动态规划技术可以有效获取该 HJB 方程的数值解。基于此，本章选用基于

Bellman 准则的自适应动态规划技术获得最佳控制器。

根据现有文献，自适应动态规划可以被分为以下四步。

(1) 初始化控制动作 $u_i^0(k)$ 和值函数 $J_i^0(k)=0$；

(2) 更新值函数

$$
\begin{aligned}
J_i^{h+1}&\left[E_{Ii}(k),E_v(k),u_i^h(k)\right]=H_i\left[E_{Ii}(k),E_v(k),u_i^h(k)\right]\\
&+\alpha J_i^h\left[E_{Ii}(k+1),E_v(k+1),u_i^h(k+1)\right]
\end{aligned}
\tag{8.43}
$$

(3) 更新控制动作

$$
\begin{aligned}
u_i^{h+1}(k)=\arg\min_{u_i}\Big\{&H_i\left[E_{Ii}(k),E_v(k),u_i(k)\right]\\
&+\alpha J_i^{h+1}\left[E_{Ii}(k+1),E_v(k+1),u_i(k+1)\right]\Big\}
\end{aligned}
\tag{8.44}
$$

(4) 若值迭代偏差收敛即迭代终止，$\Big\|J_i^{h+1}\left[E_{Ii}(k),E_v(k),u_i^h(k)\right]$ $-J_i^h\left[E_{Ii}(k),E_v(k),u_i^h(k)\right]\Big\|$ 收敛则迭代终止，否则 $h=h+1$ 并返回至 (II)。

为证明本章提出的自适应动态规划控制策略的收敛性，定义 1 个全新的迭代值函数 X_i^h，其在控制器 w_i 初始值为 $J_i^0\leqslant X_i^0\leqslant H_i(E_{Ii}(k),E_v(k),u_i^0(k))$，即，

$$
\begin{aligned}
X_i^{h+1}&\left[E_{Ii}(k),E_v(k),w_i(k)\right]=H_i\left[E_{Ii}(k),E_v(k),w_i(k)\right]\\
&+\alpha X_i^h\left[E_{Ii}(k+1),E_v(k+1),w_i(k+1)\right]
\end{aligned}
\tag{8.45}
$$

定理 8.2：值迭代策略下的值函数序列 $\{J_i^h,h\in N\}$ 和控制动作序列 $\{u_i^h,h\in N\}$ 将会分别收敛至最优解 $J_i^\#$ 和 $u_i^\#$。

证明：定义 X_i^h 通过 $w_i=u_i^{h+1}$ 和 $J_i^0\leqslant X_i^0\leqslant H_i\left[E_{Ii}(k),E_v(k),u_i^0(k)\right]$ 更新。首先，$X_i^h\geqslant J_i^h$ 可以被证明。即，鉴于 $J_i^0\leqslant X_i^0$，假设 $J_i^h\leqslant X_i^h$，式 (8.46) 可以通过式 (8.44) 获取，即

$$
\begin{aligned}
X_i^{h+1}=&H_i\left[E_{Ii}(k),E_v(k),u_i^{h+1}(k)\right]\\
&+\alpha X_i^h\left[E_{Ii}(k+1),E_v(k+1),w_i(k+1)\right]\\
\geqslant&H_i\left[E_{Ii}(k),E_v(k),u_i^{h+1}(k)\right]\\
&+\alpha J_i^h\left[E_{Ii}(k+1),E_v(k+1),u_i^{h+1}(k+1)\right]\\
\geqslant&H_i\left[E_{Ii}(k),E_v(k),u_i^h(k)\right]\\
&+\alpha J_i^h\left[E_{Ii}(k+1),E_v(k+1),u_i^h(k+1)\right]\\
\geqslant&J_i^{h+1}\left[E_{Ii}(k),E_v(k),u_i^h(k)\right]
\end{aligned}
\tag{8.46}
$$

通过数学归纳法可知，$J_i^h \leqslant X_i^h$ 可以被保证。进而，下面的等式可以被证明，即 $J_i^{h+1} \leqslant X_i^h$。由于 w_i^h 选取为 u_i^{h+1}，结合式 (8.43) 和式 (8.45) 可知

$$J_i^{h+2} - X_i^{h+1} = \alpha(J_i^{h+1} - X_i^h) \tag{8.47}$$

毫无疑问，$J_i^i \geqslant X_i^0$，显然其可以确保 $J_i^{h+1} \geqslant X_i^h$。同时，对于式 (8.45) 中的序列 $\{X_i^h\}$ 存在上确界 $\overline{X}$ 致使 $0 \leqslant X_i^h \leqslant \overline{X}$，详细的说明如下。为使符号简化，定义 $X_i^h(k)$ 作为 $X_i^h[E_{Ii}(k), E_v(k), w_i(k)]$。通过策略式 (8.45) 迭代，可得

$$\begin{aligned}
X_i^{h+1}(k) - X_i^h(k) &= \alpha\left[X_i^h(k+1) - X_i^{h-1}(k+1) \right] \\
&= \alpha^2\left[X_i^{h-1}(k+2) - X_i^{h-2}(k+2) \right] \\
&\quad \cdots \\
&= \alpha^j\left[X_i^1(k+j) - X_i^0(k+j) \right] \\
&\leqslant \alpha^j X_i^1(k+j)
\end{aligned} \tag{8.48}$$

进而

$$\begin{aligned}
X_i^{h+1}(k) &\leqslant \sum_{j=0}^{h} \alpha^j X_i^1(k+j) \\
&\leqslant \sum_{j=0}^{h} \alpha^j H_i\left[E_{Ii}(k), E_v(k), w_i(k) \right] \\
&\leqslant \sum_{j=0}^{+\infty} \alpha^j H_i\left[E_{Ii}(k), E_v(k), w_i(k) \right]
\end{aligned} \tag{8.49}$$

由于 w_i 是期望控制动作，则存在有限 $\overline{X}$ 致使

$$X_i^{h+1}(k) \leqslant \sum_{j=0}^{+\infty} \alpha^j H_i\left[E_{Ii}(k), E_v(k), w_i(k) \right] \leqslant \overline{X} \tag{8.50}$$

因此，下述函数可以被获得：

$$J_i^h \leqslant X_i^h \leqslant J_i^{h+1} \leqslant X_i^{h+1} \leqslant \overline{X} \tag{8.51}$$

故而，J_i 是一个含上确界的单调递增系统的序列，其将会收敛至 J_i^*。因此，对于 $\forall \epsilon > 0$ 和 $h > N_\epsilon$ 存在 N_ϵ 使

$$\left\| \frac{\partial J_i^h\left[E_{Ii}(k), E_v(k), u_i(k) \right]}{\partial u_i(k)} - \frac{\partial J_i^*\left[E_{Ii}(k), E_v(k), u_i(k) \right]}{\partial u_i(k)} \right\| < \epsilon \tag{8.52}$$

基于此，对于 $h > N_\epsilon$，存在

$$
\begin{aligned}
u_i^{h+1}(k) \leqslant \arg\min_{u_i} &\left\{ H_i \left[E_{Ii}(k), E_v(k), u_i(k) \right] \right. \\
&\left. + \alpha J_i^* \left[E_{Ii}(k+1), E_v(k+1), u_i(k+1) \right] \right\} \\
&+ \frac{\alpha}{2c}\epsilon
\end{aligned}
\tag{8.53}
$$

可以被进一步改写为

$$
\left\| u_i^h - u_i^* \right\| < \frac{\alpha}{2c}\epsilon
\tag{8.54}
$$

式中

$$
\begin{aligned}
u_i^*(k) = \arg\min_{u_i(k)} &\left\{ H_i \left[E_{Ii}(k), E_v(k), u_i(k) \right] \right. \\
&\left. + \alpha J_i^* \left[E_{Ii}(k+1), E_v(k+1), u_i(k+1) \right] \right\}
\end{aligned}
\tag{8.55}
$$

上述分析说明序列 $\{u_i^h\}$ 可以收敛至 $\{u_i^*\}$。因此 (J_i^*, u_i^*) 满足 Bellman 最优准则，即式 (8.34) 和式 (8.36)，上述内容表明序列 $\{J_i^h\}$ 和 $\{J_i^h\}$ 分别收敛至 $J_i^\#$ 和 $u_i^\#$。

证明完毕。

8.4.2　执行网–评价网神经网络

本章采用执行网–评价网的结构实现值迭代策略，以实现精准的电流分担和电压恢复协同控制。如图 8.8 所示，为了能够迭代逼近最优解 $J_i^\#$ 和 $u_i^\#$，利用神经网络来得到控制动作 $u_i(k)$ 和值函数 $J_i(k)$。具体实现结构及方式如下。

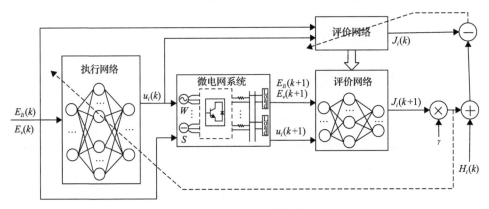

图 8.8　自适应动态规划结构

1. 评价网络

评价网络由三层 BP 神经网络得到值函数 $J_i(k)$，其输入由 $\tilde{m}$ 维向量 $x_i(k)=[E_{Ii}(k),E_V(k)]^{\mathrm{T}}$ 和 $\tilde{n}$ 维向量 $u_i(k)$ 构成。设隐含层有 N_c 个神经元，输入层到隐含层的权重参数为 $W_c^1(k)$，隐含层到输出层的权重参数为 $W_c^2(k)$，于是评价网络的输出为

$$J_i(k)=W_c^2(k)\varsigma_c(k)=\sum_{\ell=1}^{N_c}w_{c\ell}^2(k)\varsigma_{c\ell}(k)$$

$$\varsigma_{c\ell}(k)=\varphi[\zeta_{c\ell}(k)]=\frac{1-\mathrm{e}^{-\zeta_{c\ell}(k)}}{1+\mathrm{e}^{-\zeta_{c\ell}(k)}},\qquad \ell=1,2,\cdots,N_c \tag{8.56}$$

$$\zeta_{c\ell}(k)=\sum_{p=1}^{m}w_{cp}^1(k)x_{ip}(k)+\sum_{q=1}^{n}w_{cq}^1(k)u_{iq}(k)$$

式中，$w_{cp}^1(k)$ 和 $w_{cq}^1(k)$ 为 $W_c^1(k)$ 内的元素；$w_{c\ell}^2(k)$ 为 $W_c^2(k)$ 内的元素。$\zeta_{c\ell}(k)$ 为所有输入到一个隐含层神经元 ℓ 的加权和，并且 $\varsigma_{c\ell}(k)$ 为隐含层神经元 ℓ 通过激活函数 $\varphi(\cdot)$ 得到的输出值。

进一步，评价网络的误差函数定义为

$$e_c(k)=J_i^{h+1}(k)-[\alpha J_i^h(k+1)+H_i(k)] \tag{8.57}$$

为了能够得到最优值，误差函数 $e_c(k)$ 的值需要为 0。因此，评价网络的训练目标为通过更新网络权重参数 $W_c^1(k)$ 和 $W_c^2(k)$，使得误差 $e_c(k)$ 最小。进而，目标函数为

$$E_c(k)=\frac{1}{2}e_c^2(k) \tag{8.58}$$

通过梯度下降法迭代更新评价网络的权值矩阵，即

$$W_{c,p+1}(k)=W_{c,p}(k)+\Delta W_{c,p}(k)$$

$$\Delta W_{c,p}(k)=l_c\left[-\frac{\partial E_{c,p}(k)}{\partial W_{c,p}(k)}\right] \tag{8.59}$$

$$\frac{\partial E_{c,p}(k)}{\partial W_{c,p}(k)}=\frac{\partial E_{c,p}(k)}{\partial e_{c,p}(k)}\frac{\partial e_{c,p}(k)}{\partial J_{i,p}^{h+1}(k)}\frac{\partial J_{i,p}^{h+1}(k)}{\partial W_{c,p}(k)}$$

式中，$W_{c,p}(k)=\{W_{c,p}^1(k),W_{c,p}^2(k)\}$；$l_c$ 为评价网络的学习率；p 为迭代次数编号。

2. 执行网络

与评价网络一致，执行网络结构同样由三层 BP 神经网络构成，其输入和输出分别为 $x_i(k)$ 和 $u_i(k)$。设其隐含层由 N_a 个神经元构成，并且输入层到隐含层的权重参数为 $W_a^1(k)$，隐含层到输出层的权重参数为 $W_a^2(k)$，则执行网络的输出方程表达为

$$u_j(k) = \frac{1 - \mathrm{e}^{-\xi_j(k)}}{1 + \mathrm{e}^{-\xi_j(k)}}, \qquad j = 1, 2, \cdots, n$$

$$\xi_j(k) = \sum_{\gamma=1}^{N_a} w_{a\gamma j}^2(k) \varsigma_{a\gamma}(k)$$

$$\varsigma_{a\gamma}(k) = \varphi[\zeta_{a\gamma}(k)] = \frac{1 - \mathrm{e}^{-\zeta_{a\gamma}(k)}}{1 + \mathrm{e}^{-\zeta_{a\gamma}(k)}}, \qquad \gamma = 1, 2, \cdots, N_a$$

$$\zeta_{a\gamma}(k) = \sum_{p=1}^{m} w_{a\gamma p}^1(k) x_{ip}(k)$$

$$(8.60)$$

式中，$w_{a\gamma p}^1(k)$ 为 $W_a^1(k)$ 内的元素；$w_{a\gamma j}^2(k)$ 为 $W_a^2(k)$ 内的元素。

评价网络的误差函数定义为

$$e_a(k) = \alpha J_i^{h+1}(k) + c\left[u_i^{h+1}(k)\right]^2 \tag{8.61}$$

随着权重参数 $W_a^1(k)$ 和 $W_a^2(k)$ 的不断更新，当 $x_i(k)$ 输入到执行网络时可以得到最优控制动作序列。因此，执行网络的训练目标为最小化误差 $e_a(k)$，即

$$E_a(k) = \frac{1}{2} e_a^2(k) \tag{8.62}$$

类似于评价网络的更新方式，权重参数 $W_a^1(k)$ 和 $W_a^2(k)$ 的更新方法为

$$W_{a,p+1}(k) = W_{a,p}(k) + \Delta W_{a,p}(k)$$

$$\Delta W_{a,p}(k) = l_a\left[-\frac{\partial E_{a,p}(k)}{\partial W_{a,p}(k)}\right]$$

$$\frac{\partial E_{a,p}(k)}{\partial W_{a,p}(k)} = \frac{\partial E_{a,p}(k)}{\partial e_{a,p}(k)} \frac{\partial e_{a,p}(k)}{\partial W_{c,p}(k)}$$

$$(8.63)$$

式中，$W_{a,p}(k) = \{W_{a,p}^1(k), W_{a,p}^2(k)\}$，$l_a$ 为执行网络的学习率。

本章所提出的相关建模方法和控制器设计方法可以推广至混联可再生能源系统中。即风/光异构的分布式电源可以利用本章第一节的内容进行统一建模，进而利用现有文献获得混联系统的功率流动方程以替换本章的式(8.25)、式(8.26)。后续的相关控制器的设计和稳定性/收敛性的证明不变，这也体现了本章方法的通用性。本章模型未知部分在于系统状态方程未知，其中包括由于隐私保护等原因造成的初级和零级控制器具体参数未知。值得注意的是，本章第一部分仅将风机电能变换器转换为等效的光伏电能变换器，可以将原本不同类型电能变换器设计不同控制策略的问题简化为设计一套统一控制策略的问题，从而大幅度降低了后续两级式控制器设计的难度。然而本章并未建立包含初级和零级控制器的精准状态方程，而是通过输入/输出数据训练神经网络得到基于自适应动态规划策略的微电网二级控制器。

8.5　仿真结果及控制策略性能分析

在本部分，本章提出的自适应动态规划控制策略将利用 MATLAB/Simulink 测试系统验证，本测试系统包含两个风力发电装置和两个光伏发电装置，负载总耗能为 192W，直流母线电压参考值为 48V。每个分布式电源通过广义升压变换器接入直流母线。详细的控制参数如下，分布式电源与直流母线间的线路阻抗分别为 $R_1 = 0.15\Omega$、$R_2 = 0.2\Omega$、$R_3 = 0.25\Omega$ 和 $R_4 = 0.3\Omega$，全部广义升压变换器的电感和电容分别为 $300\mu H$ 和 $1500\mu F$，全部广义升压变换器的输入电压为 12V，全部广义升压变换器的内环电压/电流双闭环 PI 参数分别为 $1.2 + 120 / s$ 和 $0.8 + 10 / s$。对于二级控制器，采样时长为 $h = 0.01s$；折扣因子为 $\alpha = 0.97$，学习率 l_c 和 l_a 为 0.05，隐含层神经元个数 $N_c = N_a = 5$；正值权重 $a = b = 1$ 和 $c = 0.15$。

为了更好地验证提出的自适应动态规划控制策略对于电流均衡和电压恢复效果的有效性，此测试系统的时间序列选取为 $[0,9]s$。其中，在初始时刻，提出的自适应动态规划控制策略未被采纳，同时四个分布式电源的额定电流比为 1∶1∶1∶1，在该时刻，提出的自适应动态规划控制策略嵌入至二级控制器当中。进而在 $t = 5s$ 时刻，由于气象因素改变，风力发电装置的实时额定电流增加而光伏发电装置的实时额定电流降低，两者的实时额定电流比为 3∶2。基于此，自适应动态规划控制策略对于电流均衡和电压恢复效果的有效性可以得到验证。当且仅当在 $t \in [1,5]s$ 时，广义升压变换器的输出电流比为 1∶1∶1∶1，而在 $t \in [5,9]s$ 时，广义升压变换器的输出电流比为 3∶3∶2∶2。同时在 $t \in [1,9]s$ 内，直流母线电压稳定在 48V。如图 8.9 所示，广义升压变换器的实际输出电流比为 1∶1∶1∶1，而在 $t \in [5,9]s$ 时，广义升压变换器的实际输出电流比为 3∶3∶2∶2。因此电流精准分担任务可以被很好地实现，每个广义升压变换器的实际输出电压如图 8.10 所示。

同时，直流母线的实时电压如图 8.11 所示，由此可知，在 $t \in [1,9]$s 内，直流母线的实时电压持续稳定在 48V。此过程中系统的值函数和控制输入随着迭代次数的收敛曲线分别如图 8.12 和图 8.13 所示，其可以在 2s 之内收敛至 0。综上所述，本章提出的自适应动态规划控制策略具有良好的性能。

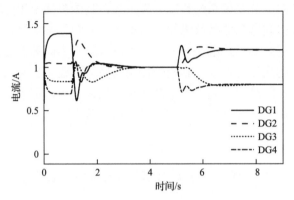

图 8.9　微电网系统实时电流

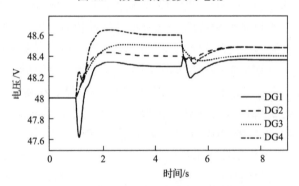

图 8.10　微电网系统分布式电源实时电压

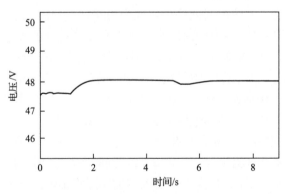

图 8.11　微电网系统直流母线实时电压

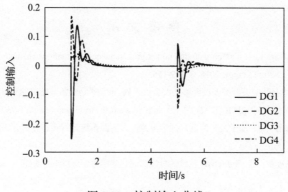

图 8.12　控制输入曲线

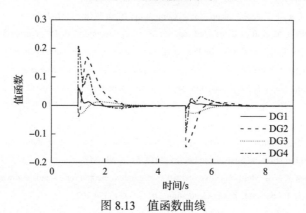

图 8.13　值函数曲线

8.6　本 章 小 结

随着低碳经济越来越受到各国政府的广泛关注，风能和光伏已经成为实现该目标的两大核心手段。虽然同时含风能和光伏的微电网系统已经得到了广泛的研究，但其秒级实时电流按容量比例精准分担和电压实时恢复尚未实现。基于此，本章提出了微电网系统中基于自适应动态规划的电流均衡和电压恢复控制策略。相较于现有文献，该策略存在以下三个主要优势。首先，本章完成了内嵌风光实时互补特性的广义风光拓扑同胚系统模型的构建，其能够有效简化后续控制器设计难度和提供模型基础；电流均衡和电压恢复问题已经被转化为最优控制问题。其次，每个能源主体的目标函数已经被转化为获取最优控制器和最小电压/电流控制偏差。最后，基于 Bellman 准则的自适应动态规划控制策略已经被提出，其能够有效确保电流均衡和电压恢复，从而提高可再生能源的利用率和系统稳定性，与此同时提出的自适应动态规划策略的收敛性已经被证明。最后仿真结果验证了所提自适应动态规划控制策略的有效性。

参 考 文 献

[1] Schfer B, Beck C, Aihara K, et al. Non-gaussian power grid frequency fluctuations characterized by levy-stable laws and superstatistics[J]. Nature Energy, 2018, 3: 119-126.

[2] 新华社. 习近平主持召开中央财经委员会第九次会议强调 推动平台经济规范健康持续发展 把碳达峰碳中和纳入生态文明建设整体布局[EB/OL] (2021-03-15). http://www.qstheory.cn/yaowen/2021-03/15/c_1127214373.htm.

[3] 胡旭光, 马大中, 郑君, 等. 基于关联信息对抗学习的综合能源系统运行状态分析方法[J]. 自动化学报, 2020, 46(9): 1783-1797.

[4] 孙秋野, 胡旌伟, 杨凌霄, 等 基于 GAN 技术的自能源混合建模与参数辨识方法[J]. 自动化学报, 2018, 44(5): 901-914.

[5] Sekander S, Tabassum H, Hossain E. Statistical performance modeling of solar and wind-powered UAV communications[J]. IEEE Transactions on Mobile Computing, 2020, 20(8): 2686-2700.

[6] Liu X, Jiang H, Wang Y, et al. A distributed iterative learning framework for DC microgrids: Current sharing and voltage regulation[J]. IEEE Transactions on Emerging Topics in Computational Intelligence, 2020, 4(2): 119-129.

[7] Mehrjerdi H, Hemmati R, Shafie-khah M, et al. Zero energy building by multi-carrier energy systems including hydro, wind, solar and hydrogen[J]. IEEE Transactions on Industrial Informatics, 2020, 17(8): 5474-5484.

[8] 孙秋野, 滕菲, 张化光, 等. 能源互联网动态协调优化控制体系构建[J]. 中国电机工程学报, 2015, 35(14): 3667-3677.

[9] Zhou T, Sun W. Optimization of battery-supercapacitor hybrid energy storage station in wind/solar generation system[J]. IEEE Transactions on Sustainable Energy, 2014, 5(2): 408-415.

[10] Ma G, Xu G, Chen Y, et al. Multi-objective optimal configuration method for a standalone wind-solar-battery hybrid power system[J]. IET Renewable Power Generation, 2017, 11(1): 194-202.

[11] Aquila G, de Queiroz A R, Lima L M M, et al. Modelling and design of wind-solar hybrid generation projects in long-term energy auctions: a multi-objective optimisation approach[J]. IET Renewable Power Generation, 2020, 14(14): 2612-2619.

[12] Nasirian V, Moayedi S, Davoudi A, et al. Distributed cooperative control of DC microgrids[J]. IEEE Transactions on Power Electronics, 2015, 30(4): 2288-2303.

[13] Wang P, Lu X, Yang X, et al. An improved distributed secondary control method for DC microgrids with enhanced dynamic current sharing performance[J]. IEEE Transactions on Power Electronics, 2016, 31(9): 6658-6673.

[14] Zhou J, Xu Y, Sun H, et al. Distributed event-triggered consensus based current sharing control of DC microgrids considering uncertainties[J]. IEEE Transactions on Industrial Informatics, 2020, 16(12): 7413-7425.

[15] Sun Q, Han R, Zhang H, et al A multiagent-based consensus algorithm for distributed coordinated control of distributed generators in the energy internet[J]. IEEE Transactions on Smart Grid, 2015, 6(6): 3006-3019.

[16] Wang R, Sun Q, Gui Y, et al. Exponential-function-based droop control for islanded microgrids[J]. Journal of Modern Power Systems and Clean Energy, 2019, 7(4): 899-912.

[17] 王睿, 胡旌伟, 孙秋野, 等. 电动汽车车-车能量互济控制策略研究[J/OL]. 中国科学: 技术科学: 1-14 [2022-03-26].

[18] 王睿, 孙秋野, 张化光. 微电网的电流均衡/电压恢复自适应动态规划策略研究[J]. 自动化学报, 2022, 48(2): 479-491.